博物馆·特色藏品

琥珀千年

［英］雷切尔·金 著

燕 子 译

中国科学技术出版社

·北 京·

图书在版编目（CIP）数据

琥珀千年 /（英）雷切尔·金著；燕子译 . -- 北京：
中国科学技术出版社，2025. 3. --（博物馆·特色藏品）
. -- ISBN 978-7-5236-1205-7

Ⅰ . TS933.23

中国国家版本馆 CIP 数据核字第 20243HU502 号

著作权合同登记号：01-2024-5962

Amber: From Antiquity to Eternity by Rachel King was first published by Reaktion Books,
London, UK, 2022. Copyright © Rachel King 2022.
Rights arranged through CA-Link International LLC

审图号：GS（2025）0171 号

策划编辑	王轶杰
责任编辑	徐世新　王轶杰
封面设计	中文天地
正文设计	中文天地
责任校对	吕传新
责任印制	李晓霖

出　　版	中国科学技术出版社
发　　行	中国科学技术出版社有限公司
地　　址	北京市海淀区中关村南大街 16 号
邮　　编	100081
发行电话	010-62173865
传　　真	010-62173081
网　　址	http://www.cspbooks.com.cn

开　　本	710mm×1000mm　1/16
字　　数	260 千字
印　　张	17
版　　次	2025 年 3 月第 1 版
印　　次	2025 年 3 月第 1 次印刷
印　　刷	北京瑞禾彩色印刷有限公司
书　　号	ISBN 978-7-5236-1205-7 / TS·119
定　　价	108.00 元

（凡购买本社图书，如有缺页、倒页、脱页者，本社销售中心负责调换）

目 录

各种色彩斑斓的琥珀样本，来自波兰格但斯克市的一位私人收藏家的藏品

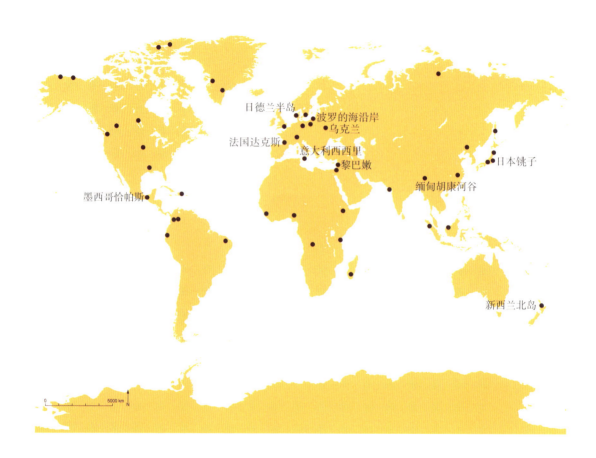

日德兰半岛
波罗的海沿岸
乌克兰
法国达克斯
意大利西西里
黎巴嫩
墨西哥恰帕斯
缅甸胡康河谷
日本铫子
新西兰北岛

0   5000 km
N

著名的琥珀和亚化石树脂分布地，
本书将详述本图中所标示的地点
（此地图系原文插附地图）

一

琥珀的前世今生

如果要对琥珀做一番详细描述，人们通常会从哪里切入呢？当然还是琥珀的色彩。在日常生活中，人们对色彩中的某一种或某些色调十分敏感，也许可以倒过来说，琥珀的某种色彩或某些色调格外抢眼并触发人的感官神经，比如奶油色、蜜黄色、焦糖色、樱桃色、紫红色，甚至包括咖啡色。然而，提到琥珀，许多人的第一反应往往是它所蕴含并呈现出的色调各异的金黄色，这几乎成了琥珀独有的一种象征性色彩。在英语中，琥珀（Amber）一词兼具名词和形容词两种词性，前者指"琥珀"，后者表示为"琥珀色的"。无论哪个词性，该词都自然而然地使人联想到玲珑剔透、清澈、温暖、靓丽。琥珀所独具的这种诱惑力令人无法抗拒，数千年来，人类一直在努力揭开琥珀魅力之所在。因此，我们在本书中深入分析并探讨琥珀缘何能令世界各地的人们，无论其国别、文化、宗教、历史等有多大的差异，都对琥珀如此陶醉与痴迷，并在借鉴不同历史时期人们研究琥珀的不同方法的基础上，回答三个简单且涉及本质的问题：何为琥珀？琥珀的身世？什么成就了琥珀？

在现代文学作品中，不少作者都不约而同地将琥珀这件神来之物作为主题，并将笔墨重点放到琥珀的这几个或那几个方面。通常情况下，这类作品一般都会提出一些具体问题并加以分析解答，而所提出的各式各样的问题总是与作者的个人经历或者他们的写作意图相关联。近年来，关于琥珀的各种专著层出不穷。然而，在许多情况下，这些专著的写作手法仍然没有跳出传统路径的窠臼，这些作品在将有关琥珀的各种信息简单地汇集后，又将它们分散到不同章节中，各章节却使这些信息失去了内在的有机联系，没能使它们成为一个既相互对立，又相互交织的有机统一体。为避免这样的情况发生，本书的各章节作为一个平台，对关于琥珀的不同理解和相近的观点进行比较，从而展示人类在与琥珀互动中的那些丰富、久远和深沉的内涵，并在不同章节中，追寻那些不同观点及其持有者的人生故事、政治倾向、学术纷争，以及针对琥珀的各种问题背后隐藏着的民族特性和个人身份认同。此外，本书还将从宗教、艺术、文学、音乐和科学等不同角度对琥珀进行分析。

数百年以来，用英语和其他欧洲语言发表并出版的有关琥珀的故事主导了整个全球北方［Global North，这是近年来与"全球南方"相对应的一个新词。2023 年由中国、俄罗斯、巴西、南非和印度组成的"金砖国家"决定扩员并吸纳沙特、伊朗、阿联酋、埃及、埃塞俄比亚、阿根廷（后因国内选举没有加入）成为新成员后，国际社会将该组织及所代表的广大发展中国家称为"全球南方"。总体来看，像"全球南方"一样，"全球北方"也具有地缘政治含义，泛指西方发达国家。——译者注］的琥珀研究。然而，近几十年来，关于琥珀的各种新发现层出不穷，其频度不断加大，在全球范围内的研究方兴未艾。本书聚焦非洲、亚洲、中南美洲和大洋洲，解读人类与琥珀互动的漫长历史，呈现人类与琥珀的情缘和对琥珀认识的共同特征。对人类漫长的琥珀传统研究史进行界定和划分，以及对目前研究这种迷人物质的意义进行深入探讨算不上什么惊天动地的事情，充其量不过是一次很普通的学术尝试。不过，在这项研究中，一些敏感、棘手的伦理和道德问题将无法回避，这些问题不但塑造着今天人类与琥珀的各类联系方式，还直接影响到这些关系的未来。

定义琥珀

在世界历史中，对于琥珀从来就没有一个统一的定义，而且在琥珀研究领域也不可能对它下一个单一的定义。这也不足为奇，自从人类认识琥珀以来，就一直在琢磨这种物质到底为何物，这个进程仍在继续。此外，由于人类对琥珀认识标准的不断变化，对它既简明扼要又科学准确地加以界定也一直是人们所面临的一个挑战。正如 16 世纪德国医师格奥尔格·鲍尔［Georg Bauer，笔名为阿格里科拉（Agricola）］[1] 所指出的那样："就像世界各地对琥珀的称谓五花八门一样，人们对该物的认知亦千奇百怪。"个中原因不外乎两点，一是看人们使用哪种语言，例如，英语国家对琥珀的表述是"Amber"，说立陶宛语的人将其称为"Gintaras"，琥珀在德语里是"Bernstein"。二是看人们的文化背景以及对琥珀作为一种物质的真正认识程度。在非专业性的英语表述中或非科学性的语境下，"琥珀"（amber）一词的适用范围也鲜见边际，任何一些长着琥珀相貌的东西都可能被冠上琥珀之名，即使它们确实是琥珀的话，其成分也可能有非常大的差别，姑且不说它们各自在形成地域大相径庭，就说形成的时间跨度也千差万别，长的可达 3.2 亿年，短则可能 250 万年[2]。当然，这绝不意味着，人们对琥珀的看法毫无任何共同点，完全莫衷一是。在一些理念相似者当中，有时也能达成一些意义宽泛的共识。譬如，《大不列颠百科全书》就从一个科学的角度对琥珀做了定义，这个定义主要还是基于地球科学、时间与化石的历史演变。换句话说，《大不列颠百科全书》中关于琥珀的定义代表着诸如地质学家、植物学家和有机化学家的观点。他们认为琥珀是一种化石化的树脂，产生于某一地质年代，这个年代远远晚于该树脂出现的时期。究实而论，琥珀是一种远古时期的树脂。

年轻与年长的树脂

在大自然中，每当树木遭受损伤时，例如火灾、气候变化或环境遭到破坏、疾病或虫害等，通常都会自动分泌树脂。这是树木为自己封堵伤口的一种本能反应（见图 1）。在树木分泌的所有物质中，唯有树脂才有可能最终演化为琥珀。当然，这并不意味着树木分泌出的所有树脂都能成为化石，即树脂化石化。所谓的树脂化石化是特指一个曾经的生物或生物的小部分被存留下来的过程。自然界里，只有当树脂分子完全彼此联结和相互聚合时，该树脂的化石化才会发生。这是一个化学变化过程，这个过程的起点是树脂从树木中被挤出并遇到光线那一刻。这一进程一旦开启，它便会伴随树脂的长成而持续进行，这时的树脂通常会被土壤或沉积物掩埋。身处土壤或沉积物中的树脂会受到其他不同的元素、温度和所在地区环境及其氧含量等因素的影响。有时候，树脂不断成长的这个过程被称为树脂的"琥珀化"，当这种物质的挥发性成分完全消失并完全处于稳定状态后，这个琥珀化的整个演变过程才会落下帷幕。然而，树脂及其源生的树木以及被保留在树脂中的动物被掩埋后形成的遗骸均被称为化石。

新近硬化后的各种树脂统称柯巴脂（Copals）。在英语中，如果追溯"Copal"的词源，它是从纳瓦特尔语（Nahuatl）中的词汇"Copalli"演化而来

图 1　英国苏格兰地区中洛锡安（Midlothian）的达尔克伊斯国家公园（Dalkeith Country Park），树脂正从一棵树干中渗出

的。然而，像英文单词琥珀一样，柯巴脂一词的演化历史轨迹也十分复杂。在哥伦布发现美洲大陆以前，柯巴脂一词在中美洲具有特定的含义，但自欧洲人到达美洲大陆之后 500 多年以来，该词的含义不断扩展，逐渐包含了各种各样的亚化石树脂。在各类柯巴脂中，大量分子未能实现完全融合，仍存在一些挥发性物质，只要一滴乙醇即能使它们表面发黏，而一束火焰又能将之熔化。无论哪种柯巴脂都能被打磨得闪闪发亮，但它们很快就会炸裂，其中所含的各种油脂、酸、乙醇和挥发性的芳香成分也会随之"蒸发"。如果柯巴脂被掩埋在土壤里并且周遭条件适中的话，这些成分也将逐渐消失。实际上，由于硬度的不同，琥珀在世界各地是纷繁多样、丰富多彩的。时间是一种硬度，时段又是另一种硬度，但它们都被认为是琥珀。即使从历史和文化的角度出发，琥珀也是一个宽泛的称谓，它是大量各类科学意义上的、有着黄色外表的树脂统称。

即使是当柯巴脂（类）物质已经演化成为真正意义上的琥珀时，它也并不具备一种单纯而带实质特性的征候。柯巴脂是在自然状态下逐渐成熟的，换言之，柯巴脂是在悠悠岁月的流逝中演变为琥珀的，而决定琥珀成熟程度的关键因素有两点：一是蜕变成为琥珀的原树脂的原始构成与成分，二是该树脂在整个蜕变过程中所处的地质环境与具体条件。当然，这并不意味着在如此漫长的时间和空间的转换中，这两个因素与时间之间的关系总是处在稳定状态下。虽然有一些琥珀被发现时仍然待在出生地，从未离开过"故土"，但有一些琥珀在成长过程中不断漂泊，发现这些琥珀的地方与它们的"前生"——树脂刚刚被挤出的位置完全南辕北辙，其中就包括不少树干才分泌出的树脂液滴就坠入溪流并随之流淌到四面八方，最终形成了琥珀。正因为如此，人们总能在浅滩、三角洲、潟湖、沉积物、淤泥中发现它们；也有一些研究人员认为树脂的液滴附着在树枝树干上，有些树枝和树干有时也会被大水冲走，液滴也就随波逐流了（见图 2）[3]。还有持另外一种思路的研究者相信，早已化石化的琥珀是在原生地受到环境侵蚀之后并进入冰川时代才再次开始"迁徙他乡"之旅的。

图 2 一幅想象中可能的古代琥珀森林重构景象，树脂从树上渗出，滴落到地面上和水中，树木、树林的枝枝杈杈以及大量滴状树脂可能会随着河水漂流并存留在下游的某个地方

琥珀色的钙铝榴石——波罗的海地区琥珀

对于大多数欧洲人，尤其是北欧人来说，琥珀在历史上曾经是一种源自波罗的海地区的树脂化石的称谓。波罗的海也是世界上最大的琥珀矿藏发源地之一。比较而言，波罗的海地区的琥珀矿藏不但是世界上开采时间最长的，而且还是具有科学和经济价值以及文化特色的开采地之一。据估计，这片地区的琥珀交易额占整个欧洲琥珀交易总量的 90%。就国际琥珀市场而言，即使是进入 21 世纪，当多米尼加共和国琥珀和缅甸琥珀逐渐开始声名鹊起并蜚声海外时也未能撼动波罗的海琥珀在国际琥珀市场上的霸主地位。时至今天，放眼全球，波罗的海的琥珀产值仍然独占鳌头。

此外，波罗的海琥珀因具体分布地区不同而具有显著的多样性和地域特色，该区域琥珀矿区蕴藏的已经变为化石的树脂生成地是多源的。尽管如此，并非在它们的命名上没有主次之分。在波罗的海地区发现的已经化石化的主要树脂就有正式的矿物学名称，即（琥珀色）的钙铝榴石（Succinite）。这个术语命名于19世纪20年代，源自拉丁语"Succinum"（Succinum 词起源于"Succus"，意为"汁、液、浆"），特指丁二酸（Succinic acid）含量在3% ~ 8%的琥珀。这个种类的琥珀约占所有波罗的海琥珀总量的90%。当使用红外光谱法检测（琥珀色）钙铝榴石时，生成的光谱在诸多波峰中的一个的侧部显示出一个较高的平台，称为"波罗的海峰肩"（Baltic Shoulder）[4]，请见图3。然而，在本地区发现的琥珀中仍然有80多种，其中的丁二酸含量很少，或者干脆就不含丁二酸[5]。在这些琥珀中，每一种都拥有自己的专属名称。例如，以波兰格但斯克市（Gdańsk）的名称所命名的脂光琥珀（Gedanite）；黑琥珀（Stantienite）和酚醛琥珀（Beckerite）是以一家琥珀矿业公司（Stantien & Becker）的名称命名的；而褐色琥珀（Glessite）的名称则源自拉丁语

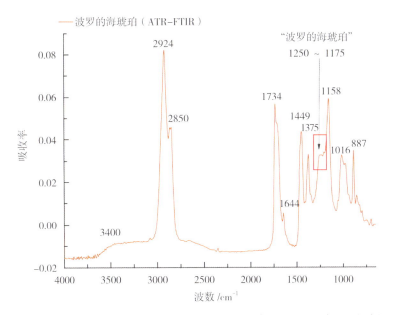

图3　具备吸收峰值的波罗的海琥珀参照值FTIR（傅立叶变换红外线分光镜）光谱，"波罗的海峰肩"十分明显

"Glaesum"，据说该名出自古罗马著名历史学家塔西佗（Tacitus，全名为 Publius Cornelius Tacitus，约 56—120，古罗马政治家、著名历史学家。——译者注）的笔端，看来这位人士是根据褐色琥珀所处地区的特征专门取的名字。

琥珀距今岁月几许？

事实上，无论波罗的海琥珀的名声多么享誉四海，原产于波罗的海的琥珀并不是世界上历史最悠久的，它们母体树脂形成的时间在 4800 万～3400 万年前。然而，最古老的树脂化石只有在显微状态下才能微微露出尊容，大约形成于 3.2 亿年前。这种早期琥珀被称为石炭纪形成的岩层（Carboniferous），它们是以该琥珀形成的地质年代名称命名的。

由于碳-14 技术能够测定的年限具有相当的局限性，使用该技术测定琥珀形成的年代几乎不大可能。所以，能够反映时间先后关系的地层学的数据就为那些希冀确定琥珀年代的研究人员提供了非常重要的信息。即使如此，在很多情况下，面对那些历史上采集的具有地质学和地理学的意义上年代更久的样本起源问题，研究者仍然是一头雾水。相比之下，一些异质的遗存物体和微粒所包含的一些线索反而对科学家确定琥珀的形成年代有所帮助。他们在三叠纪时代的琥珀中发现了一些细菌、原生动物、真菌以及植物孢子等微生物，而大量琥珀形成的年代在 1.46 亿～6600 万年前，这个时期被称作白垩纪。尽管人们对陆生的松柏类植物和苏铁类植物（外形像棕榈树，长球果的树木）了解较多，但在白垩纪之前的开花类植物，又名"被子植物"并不为人所知。不过，人们却在北美、多米尼加共和国、埃塞俄比亚、法国、西班牙、瑞士、俄罗斯的西伯利亚、以色列、印度、日本、新西兰等国家和地区陆续发现了白垩纪时期和第三纪时期的琥珀，特别是在日本发现的琥珀中含有化石化的海洋生物、昆虫和羽毛。近年来，在缅甸发掘出的琥珀，即缅甸硬琥珀（Burmite），也越来越多，从而为科学家进一步研究和认识琥珀提供了更多的机会。古生物学家们一直在尝试利用这种缅甸琥珀中所蕴含的内含物以及对周围土壤和灰尘样本进行放射性测量的年代数据，将缅甸琥珀的主要蕴藏地——胡康河谷地的缅甸硬琥珀的形成年代重新确定为约 9900 万年前。之前，人们普遍认为缅甸琥珀与波罗的海琥珀形成于同一个时代。

现场捕捉到的信息证据

很少有其他宝石能像琥珀那样成为各种新闻媒体的头条消息，引发热议。最近的一些报道将世界各地人们的眼球吸引到了缅甸，此地发现了一条 "1 亿年前的恐龙尾巴"，这个重大发现引起了世人的轰动。此外，媒体还重点讨论了保存在琥珀中的 "远古的鸟类" 的翅膀，探究隐藏在琥珀中的蜥蜴化石所重现的 "逝去的世界"，考证 "已发现的灭绝植物物种"[6]。为抓住读者的心，记者们对标题的选择煞费苦心，"远古""揭秘""逝去""灭绝" 等各色标题的确激发起公众因对琥珀神秘感而产生的痴迷。学者们在深入追寻琥珀年龄奥秘的同时，一方面将琥珀视为一种极具魔力的时代文物密藏器，另一方面又对 "藏匿" 在琥珀中的那些小生物到底是怎样进入其中的不得其解，并且对它们倍生怜悯之心。

其实，人们对琥珀这般痴迷完全合情合理。在自然界中，任何生命体都有十八般武艺。琥珀可以将大自然中那些纤细精致的小生灵或其他物质完整地保留下来并且毫发无损，这一项就是独门利器。这些小生物体和物质包罗万象，从肉眼几乎无法看见的细菌到身体蜷伏着的青蛙，从空气气泡到雨水泡，从生物的排泄物到矿物质，还有的是树干中刚刚分泌出的树脂液滴。凡此种种，琥珀不但 "一视同仁" 而且 "当仁不让" 地承担起它们的 "终极保护者" 角色。事实证明，在琥珀中目前所发现的种种 "证据" 在相关的地质记录中均是前所未有的，而通过琥珀所保存下来的许多软组织提供了大量有关细胞和躯体化学（Body Chemistry）方面的潜在信息。无论是单独还是作为一个整体，琥珀中所蕴藏的内含物都是一些非凡的信息源，这些总是令人惊叹不已的信息源有助于揭开地球上生命的漫长进化过程及其历史[7]。值得注意的是，这些科学研究的价值不仅为全球琥珀贸易推波助澜，还不断催生了一些天价琥珀，有时还悲剧性地导致琥珀的非法交易和对人权的践踏，也会造成文化倒退和环境的恶化[8]。

在世界范围内，迄今已知含有昆虫的琥珀矿区有 30 多个。在这些琥珀矿区发掘出的琥珀中，人们所发现的昆虫种类还不少，例如有目前发现的世界上最古老的蜘蛛、食羽毛的昆虫、扁虱和正在传粉的蜜蜂。此外，包含这些昆虫的这种琥珀还将昆虫的某些互动保留了下来，而这些互动可能已经消失，例如昆虫之间的交配、捕食者捕捉猎物、产卵、进食和蹭吃蹭喝（Ride-hitching）。人们在德国斯图加特发现的一块琥珀中竟然蕴藏着 200 多个昆虫个体，它们分别属于 22 个不同的科。

存在于琥珀中的那些各式各样喧嚣热闹的世界给人们的提示是：在很久以前的那个包罗万象的生态系统中，树脂曾经是其中的一个部分，而琥珀中的内含物所展示的是一个范围更大、更宽广的天地。忆往昔，这片天地也曾属于那个生态系统。当然，并不是这个系统中的所有东西都被琥珀保留了下来，但借助被保留在琥珀中的某些昆虫，科学家能够推断出自然界的某些植物群落的存在。多米尼加琥珀展示出丰富的生物多样性，有些科学家据此提出设想：这座岛上的远古森林生态系统和气候或许能够进行重建[9]。当然，还有一些科学家对此是持怀疑态度的，他们指出某些琥珀的确是在特别极端的条件中形成的，例如琥珀是树脂大量分泌时期的产物。当下，某些科学家认为在地质记录中，共发生了四次显著的"琥珀大爆发"（Amber Bursts），这种思路自然也存在争议。在树木占主导地位的森林难道一直在稳定地滴落树脂吗？抑或大量的树脂是由少量树木产生的吗？树脂是在一个漫长的期间稳定地累积吗？或者为应对巨大压力或本地或全球性突发事件，树脂在瞬间灾难性地大量排出吗？[10]如果能为这些问题的答案找到确切的依据的话，隐藏在琥珀中的化石记录的研究将获得突破性的进展。

恐龙与脱氧核糖核酸（DNA）

科学家们已经确定并建立了对琥珀的研究方向。一个多世纪以来，研究人员同样一直在尝试从保留在琥珀中的大量昆虫中提取生物学信息。这项研究取得的首次成功是由俄国科学家尼古拉·科尼洛维奇（Nicolai Kornilowitch）在1903 年实现的。这位科学家当时正在潜心研究波罗的海琥珀，通过使用普普通通的光学显微镜和显微解剖技术，从琥珀中的一些昆虫的身体组织中提取了具备典型的现代肌肉纤维特征的染色体带型（Banding pattern）。进入 20 世纪 80 年代，科学家们公布了从一只菌蝇（Fungus gnat）组织中拍摄到的大量亚细胞结构（Subcellular structures）影像，这些影像是利用电子显微镜拍摄的。这项工作意义重大，被公认为开启了未来研究并采集远古生物 DNA 可能性的大门。[11]

DNA 与恐龙早已成为大众科学的热点。今天，难道说还有人不知道 1993 年上映的根据迈克尔·克赖顿（Michael Crichton）创作的一部同名小说《侏罗纪公园》（Jurassic Park）改编的电影吗？影片的情节是围绕着一群科学家展开的，为了使早已灭绝的恐龙重新回到今天，这些科学家们利用被保留在琥珀里的蚊子胃中的恐龙血液，并从中提取恐龙的 DNA，这些蚊子都是在落入树脂并最终成为琥珀之前叮咬并吸食了恐龙的血液。[12] 其实，在拍摄这部电影时，科学家们手中既没有侏罗纪时期的琥珀及其中的昆虫样本，也没有生活在真正的恐龙时代的"浸淫"在琥珀中的蚊子的样本。此前，研究人员也只是发现了数量极其有限的远古时期的几只蚊子。[13] 不过，科学家们在 2017 年却意外地发现了一块奇特的琥珀，在这块琥珀中蕴藏着一只黏附在一根恐龙羽毛上的扁虱（Tick），而这枚琥珀的时间可追溯到 9900 万年前。这个意外发现引起强烈反响，科学家们无比振奋。事实证明，那只扁虱即使死后，其胃酸仍然在消化食物，但是那只扁虱的 DNA 大部分被毁坏，要对这些 DNA 碎片进行分析，恐怕极其困难，甚至不太可能。[14]

与此同时，科学家们还希望从琥珀的那些内含物中提取它们的 DNA 并进行基因排序。还有另外一些科学家从事人类基因组的研究，他们能够利用近乎无穷无尽的人体组织资源和完好无损的人体 DNA 序列。但保存在琥珀化石中的内含物的 DNA 是破碎、无序和退化的。长期以来，科学家不断努力尝试读取并重组一种早已灭绝的白蚁的基因组，但事实证明要想实现这个愿望极其困难，这就好像从来没有读过一本作品的原著，仅凭只言片语就想要重构这部作品，几乎是天方夜谭。不过，30 年前情况有了变化，科学家开始采用一种新技术，从一个已灭绝的蜜蜂物种以及一只被包裹在一块多米尼加琥珀内的白蚁来提取、复制和繁殖完全碎片化了的 DNA。[15] 此外，研究人员还从果蝇、树木、菌蝇、蜥蜴和叶甲（Leaf beetle）中重新获得它们的 DNA，类似尝试获得成功的概率约为三分之一。不过，这类工作中的一些内容在今天看来不大受欢迎，经常受到质疑，即使是一些有积极意义的成果也会招致批评。

不久前，在缅甸硬琥珀中发现的多只鸟的遗骸（见图 4 和图 5），引起了巨大轰动，这再次唤醒了人们的猜测：如果科学上可行，能不能使这些鸟复活呢？[16]2007 年，在西伯利亚发现了一头毛茸茸猛犸象小幼崽，这具躯干被冰冻的时间长达 4.18 万年之久，保存完好，令人称奇。然而，即使如此，也无法提取它的一个完整细胞，以用于克隆早已灭绝的猛犸象。试想，如果无法从不足 5 万年的动物骨骼和组织中提取 DNA，难道还有机会从 6500 万年前的琥珀片中提取完整的 DNA 吗？

毫无疑问，在提取 DNA 方面，研究人员还将会继续进行更多的探索，这对人类认识和理解自然界进化的真正内涵具有重要作用，但这种科学意义上的探索所起的作用也不全然是正面和积极的。在这个问题上还存在着诸多伦理上的问题，尤其是把灭绝的微生物的培养作为终极目标。1995 年，有几位科学家发表报告并指出，他们已经具备培养一种细菌的能力，这种细菌是科学家们从一只裹藏在琥珀中的无螯刺的蜜蜂身体上提取的。科学家对这种细菌尤其感兴趣，因为它与现代蜜蜂携带的其他细菌类型十分相似，但并不相同。[17] 如果能将 DNA 保存下来，那么不确定的病毒、细菌、原生动物和真菌的保存也就成为可能，由此可能带来的安全问题大大增加了人们的忧虑，同时还引发了我

图4 裹藏在琥珀中的恐龙时代的一只鸟：通过这枚琥珀，可透视这只鸟在腹部一侧的体腔

图5 通过透视这枚琥珀和一张利用计算机断层扫描技术（CT，computer tomography）对这只鸟的骨骼系统进行的重构图（自鸟的背部方向观察）

们对环境保护和博物馆的海量收藏的相关责任问题，这些都关系到子孙后代。

何物造就了琥珀？

琥珀中的小蜥蜴、小青蛙和蝇类小昆虫既令人惊喜，又的确使人费解。尽管这些小生命展现了琥珀在形成时的大自然的某些情形，但要想通过从琥珀中发现的这些小生命探索它们的起源极其困难，因为这些小生命能够提供的信息非常有限。数个世纪以来，人们将被封裹在琥珀中的树叶、花瓣、柔荑花序、球果和苔藓视作与环境有关的证据，这些证据表明琥珀应该是一种树木的树脂。西方的古典作家（Classical authors，在这里主要指19世纪之前的一些作家。——译者注）注意到，当琥珀燃烧时，会散发出松树的气味，欧洲的早期现代作家对琥珀的相关描述是："十分明显的松树气味氤氲留在曾拿过琥珀的手指上"或者"琥珀在燃烧后，其在空气中飘浮的气味证明它是一种松树树脂"。[18] 一些波罗的海琥珀收藏家认为，漫长的岁月将琥珀造成了类似冰柱和水滴的形状，有时也会带有树皮和树叶的印记（见图6）。19世纪80年代，德国植物学家海因里希·戈伯特（Heinrich Göppert）为这种未知的孕育琥珀发源树（Mother-tree）起了一个名字：*Pinites succinifer*[19]。在亚洲，关于琥珀性质的讨论至少可以追溯到1400年前，诸多研究者通过著书立说提出一种说法，即琥珀是冷杉分泌的树液或树脂。这些分泌物渗透进入深深的土壤中，经过100～1000年逐渐凝固并硬化。[20]

　　科学家们为什么花费了如此漫长的岁月才搞清楚琥珀的确是源自树木？在西方，针对琥珀的科学研究主要集中在波罗的海地区。几个世纪来，人们一直是从海里开采，或者通过在沙丘上开矿井挖掘琥珀，恰恰是这一点掩盖了

图6　英国博物学家马克·盖茨比（Mark Catesby）对琥珀中一株植物的两项研究（1727～1749年），纸上留有墨迹和水印，墨迹上有这位英国博物学家的题词："在普鲁士发现的一块琥珀，现存于丹泽的秘书或记录员克洛伊克先生的橱柜中。"水印的内容是"大英博物馆（馆藏）"

琥珀与树木相关联的各种线索。一位名叫格列戈尔·东克尔（Gregor Duncker）的俄国医生对这个问题进行了长期思考，约于1538年撰写了一篇较为详细的论文，这篇被公认为琥珀起源研究领域最早的专题论文被保留至今。这位俄国医生大部分时光居住在菲施豪森（Fischhausen），也就是今天的普里莫尔斯克（Primorsk），位于萨姆兰德（Samland）南部，现在是俄罗斯加里宁格勒州的一部分（见图7）。他基本同意古代研究者们声称琥珀源自树木的观点，他同时还认为，并非所有的琥珀都必然与波罗的海有关。然而，作为一个土生土长的波罗的海地区的人，东克尔知道只是在挪威才生长有松树，而如果琥珀确实是源自松树的话，那么琥珀怎么可能游动如此遥远的距离并穿越丹麦哥本哈根那个狭窄的海峡到达波罗的海地区呢？对于这个疑问，他一直不得其解。

　　事实上，关于琥珀最初是以液态形式存在的观点，东克尔是同意的，他

图7　17世纪晚期的菲施豪森，插图为克里斯托夫·哈克诺克（Christoph Hartknoch）所绘

甚至写道，他本人曾经亲眼看见过液态的琥珀。[21] 但这是什么类型的液体呢？大约与他同时代的德国医师乔治·鲍尔（阿格里科拉）认为这不大可能是树木分泌的树脂，因为树液通常是在炙热的阳光"烘烤"下才会从树干中渗透出来。阿格里科拉显然搞不明白在全年阳光都如此匮乏的欧洲北部，这么丰富的琥珀究竟是怎样产生的，同时还令他费解的是，为什么在地球的热带地区根本就不产琥珀。因此，根据琥珀的外观、可燃性和颜色的变化范围来判断，阿格里科拉对琥珀提出了自己的观点，他认为琥珀是一种含沥青的树脂。[22] 安德鲁·戈尔施密特［Andreas Goldschmidt，笔名为安德鲁·奥利法伯尔（Andreas Aurifaber），德国医师，1514—1559。——译者注］几乎在同时发表文章，对阿格里科拉的这个观点表示赞同。琥珀在热水中并不会溶解，所以不可能是一种树脂。琥珀能够燃烧，所以也不可能是一种矿物质。他十分认同琥珀产生自地球深处的观点，并且指出琥珀的发现方式也充分证明了这一点。由于某些在内陆新近发现的琥珀的尺寸都非同寻常的大，奥利法伯尔因此认为这是因为池塘和湖泊风平浪静，波澜不惊，不会冲散最初的黏稠状团块，否则发生的情景就如人们的所料了。[23] 这些不同观点的热烈争论一直持续了 100 多年，直到 17 世纪 60 年代才告一段落。彼时，位于伦敦的英国皇家学会的学者们写信要求居住在但泽（Danzig，今波兰格但斯克。——译者注）的天文学家约翰内斯·赫维留（Johannes Hevelius，波兰天文学家，1611—1687，月球表面环形山即以其名字命名。——译者注）予以澄清，他们收到的回复是：琥珀是"一种树脂化石或沥青"。[24] 其实，一个世纪后，瑞典植物学家卡尔·林奈（Carl Linnaeus，1707—1778，生物属、种界定的创立者，生命命名系统，即"双名法"之父。——译者注）仍然坚持认为琥珀"源自沥青"。[25]

对琥珀进行分析

历史上，讲德语的科学家们曾经主导着对琥珀的研究领域。普鲁士由于本身拥有大量的琥珀矿藏，因此本地的多所大学和众多学者收集了许许多多的优质琥珀样本，加之德国在显微镜技术和制造方面的优势，德国科学家得以在琥珀研究领域一直处于最前沿并不断取得一些突破。在 19 世纪末，（德国）植物学家雨果·康维恩茨（Hugo Conwentz）利用现代仪器设备进行研究，其斐然的研究成绩（见图 8）使得该领域一些老前辈的成果相形见绌。康维恩茨长

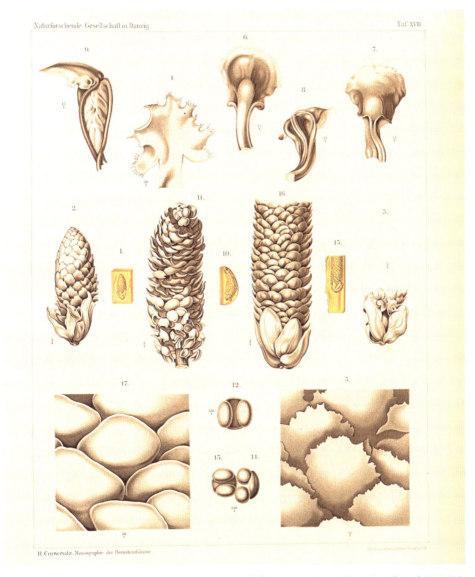

图 8　这组插图显示的是琥珀中一些不同的花卉，资料来源于雨果·康维恩茨所著的《波罗的海琥珀专论》（*Monographie der baltischen Bernsteinbäume*，1890）

期致力于研究波罗的海琥珀中的内含物。[26]他始终认为，对琥珀中植物的研究是揭开生成琥珀的树种之谜的关键所在。他将海因里希·戈伯特对琥珀的命名由 *Pinites succinifer* 改为 *Pinus succinifer*，这个修改名义上虽微不足道，但意义重大。*Pinites* 的后缀 *–ites* 意味着琥珀孕育自一种单株发源树，而这是现代生物物种松属（*Pinus*）的远古亲缘物种。康维恩茨认定他眼前的这些树木碎片并不是任何现代松树的远古亲缘物种，他因此建议将"*Pinus*"作属的术语，使它用于表示琥珀是由若干松树品种的树脂混合物，或许甚至还包括云杉的成分。令人遗憾的是，他的这项决定导致了人们对琥珀来源的不少迷惑和误解，甚至使人们误认为现在松属物种树木是经过化石化最终变为琥珀的松脂的源头。[27]

当代科学

今天，基于琥珀的化学性能所做的分析结果显示，琥珀并不是源于现代松属（*Pinus*）的某种树木。对此，几乎所有的科学家都无异议。他们现在还认识到琥珀中裹藏的残留植物往往更是一种信息源，直接反映出曾生活在所谓的琥珀森林中的生物。此外，研究人员在波罗的海琥珀中发现了许多松柏科植物的遗存物，这意味着这些植物曾经在生长地郁郁葱葱、生生不息。还有一个事实也可作为佐证，即纤细的针叶更容易被最初的树脂粘住，从而成了琥珀的内含物。前不久，科学家们将在琥珀中发现的某些松柏科的样本与今天生长在北美洲、亚洲的中国和日本，以及非洲的现代松树和柏树物种联系起来在一起。其实，密封在琥珀中的开花类植物虽然呈现出显著的多样性，但从已经发现的琥珀内含物的比例上看，低于正常水平。目前，研究人员从琥珀中发现植物样本中还有柳树（Willow）、枣椰树（Date palm）、茶树（Sorrel）、天竺葵（Geranium）、绣球花（Hydrangea）、杜松（Juniper）、木兰（Magnolia）和樟树（Camphor）等。这些植物能够与今天生长在欧洲南部和非洲北部的亚热带和热带地区的生物相联系，科学家们因此认为波罗的海地区目前的气候曾经与地球上热带、亚热带和温暖地区生长的植物物种共同生长（Co-exist）的一些地区相似，就像现在的佛罗里达州南部地区或缅甸北部一样。事实上，与研究人员在波罗的海地区琥珀内含物中发现的昆虫亲缘关系最近的一些昆虫物种今天生活在东南亚、非洲南部和南美地区。

　　科学家们最近还认识到树脂化石能够将树脂的化学性能较为完整、详细地保存下来。通过建立化石与现代树脂的关系，就能利用有机地球化学证明某些琥珀的母植株。[28] 通过这样的方法，研究人员已经准确无误地确定了一些琥珀的"前世今生"。例如，根据化学分析方法和对相关植物遗留物的深入研究，科学家确信产于多米尼加共和国的琥珀最初是从一种已灭绝的李叶豆属树种（Hymenaea protera）上分泌出来的。另外，研究人员同样已经认定产自缅甸和新西兰的琥珀是出自贝壳杉属（Agathis），而新西兰贝壳杉（Agathis australis），又名考瑞松（kauri pine），贝壳杉属就是今天仍然活着、家喻户晓的后代（见图9）。不过人们利用化学手段目前尚未掌握带有结论性的波罗的海琥珀起源的证据。有些科学家认为与金钱松属（Pseudolarix）有亲缘关系的某种植物应该是波罗的海琥珀的源头，因为金钱松树的树木也能产生丁二酸。人们在产自加拿大北极圈中的琥珀内含物中发现了金钱松属的一些松针和球果，从而证实了这些植物曾经生长在地球的高纬度地区，而几乎在同一个时期，波罗的海琥珀也正在形成中。金钱松属植物只会在自身受到损伤时才会分泌树脂，这种情况支持了下面的观点，即在波罗的海地区发现数量巨大琥珀的原因是当时该地区的相关树木对外界因素作出应激反应而大量分泌了树脂。

　　化学分析还有助于解释为什么某些种类的琥珀内含物比其他琥珀内含物保存得更好。研究人员经过长期观察认为，波罗的海琥珀中的内含物的全部或部分都有一个乳白色外层，称为"模具"（Schimmel），该词源自德语"模具"之意。在显微镜下观察，这个外层是内含物释放的气泡，是内含物在分解过程中产生的。这表明琥珀内含物中的昆虫的体内软组织能够在化石化过程启动之前开始腐烂。从另外一个角度看，多米尼加琥珀的保存状态更佳。

　　李叶豆属（Hymenaea）的树木能分泌一种豆科树脂，这种树脂能够将软

图 9　新西兰但尼丁植物园的贝壳杉木（*Agathis australis*）

组织中各种纤细的成分完整保存下来，甚至包括树叶中的每一个个体细胞。同样，昆虫的肌肉组织和体内器官也能原封不动得以保存，几乎没有发生任何萎缩的情况。对于产于多米尼加的琥珀来说，它们保存内含物的过程看起来十分迅速，或许是由于它们拥有一种特别的固有成分，这种成分能够穿透内含物的躯干和机体组织。时至今天，科学家仍然对琥珀的防腐特性知之甚少，不过琥珀的这种属性的确卓越非凡，可参见德国斯图加特国立自然博物馆中保存的这块琥珀的一片。在这片琥珀中，地钱的细微小枝和叶子在琥珀的水泡中随意漂浮，这里的水一定是无菌的，不然的话，这些植物可能早就被分解了。

在检测和识别琥珀的真伪和打击假冒方面，化学分析方法发挥着重要作用。从本质上说，对琥珀进行科学分析远比根据"经验法则"（Rule of Thumb）的判断或检测更加可靠，而"经验法则"更多是通俗文学作品或互联网所经常推崇的。国际琥珀协会（The International Amber Association，IAA）的成立旨在世界范围内保护波罗的海琥珀的声誉，同时保护收藏者的利益。国际琥珀协会使用多种无创技术检测琥珀原料和"琥珀成品"，从而科学地将各种琥珀、树脂化石和人工合成树脂区分开来。目前，任何一所大学、博物馆或专业的宝石研究机构的实验室，只要拥有相关的精良设备就能"照方开药"，做同样的工作。但是，仅仅在琥珀的分子结构水平上揭开了琥珀之谜绝不意味着真正认识了这种物质。其实，这还差得远呢！对琥珀的科学研究正在逐渐变成琥珀自身价值的一个重要组成部分。目前，国际琥珀协会通过鉴定用于珠宝饰品中琥珀的真实性并维持着一份协会举荐的琥珀交易商名录，从而维护琥珀消费者的利益和信心，同时保证波罗的海琥珀产业在与多米尼加共和国、墨西哥和缅甸同行竞争中的优势地位。

二

传说与神话

　　只要步入图书馆并走马观花地浏览陈列在书架上的书籍就不难发现，但凡涉及琥珀的出版物的书名或标题往往都赏心悦目，令人眼前一亮。其中不少著作将琥珀那水灵灵的外表比喻成赫丽阿迪斯姊妹们（Heliades，古希腊神话中太阳神赫利俄斯的女儿们。——译者注）、众神和仙女们的泪珠或太阳的眼泪。还有一些作者在为自己的著作取名时大胆使用文学艺术中的隐喻等修饰手法，甚至将琥珀与历史与永恒紧密联系在一起，譬如:《岁月的黄金宝石》（Golden Gem of Ages）、《通向远古的视窗》（Window to the Past）等。另外，也有一些书籍侧重展现琥珀自身所具备的诱惑力，挑选"神奇、难以令人置信"（Amazing）这类词来押头韵，或使用"有魔力的、不可思议的"（magic）凸显琥珀的神秘性，并吸引读者的注意力。

　　一千年来，由于琥珀的巨大魔力，世界各地的人们一直对它进行苦苦思索、口口相传和著书立说。人们不断尝试对琥珀所具有的明显的海生缘起特征与其内含物中的树叶和各种生物的相互矛盾作出解释。琥珀本身的色调和气味特征、可燃性和能产生静电等特性，以及与其他"石头"相比在重量上明显的"轻盈"，始终使人既为之困惑，又为之着迷。在中国，现存最早关于琥珀的记载可回溯至 5 ~ 6 世纪，但考古记录还能向前追溯更长的时间。在西方，古希腊和古罗马时期就出现了关于琥珀的记载，这也是目前发现的最早的文字记录。关于琥珀的鸿篇巨制出自老普林尼［Pliny the Elder，古罗马作家，23—79，作品共 7 部，现仅存百科全书式著作《博物志》（37 卷）。——译者注］笔下，就篇幅而论，他所撰写的琥珀专著是公认的最长的。据他本人说，他专门创作了这部著作，以纠正并反驳他在研究琥珀的过程中遇到的诸多"谬误和谎言"。[1]这也表明，在老普林尼生活的那个时代，就有大量关于琥珀的"令人惊讶的各种传说"流行于世间。也正是从那时开始，关于琥珀的各种传说此起彼伏，人们争辩、求证。那么，随着人们不断深入探求、解释这种神秘物质，古人围绕琥珀到底都写了些什么，说了些什么？在不同历史时期、不同地区，琥珀在人们的心目中到底是何种神秘之物呢？本章将对这些问题进行探讨，不过对今天的读者朋友来说这些问题或许并不陌生。

法厄同（PHAETHON）坠落凡尘

有人曾声称琥珀起源于意大利，虽然意大利是老普林尼的祖国，但他仍然对这种说法嗤之以鼻，并始终不变，因为老普林尼在此之前从未发现过任何这方面的确凿证据。对于他来说，琥珀是一种物质，意大利是从遥远的地区进口的。在老普林尼之前，生活在西西里岛的迪奥多拉斯（Diodorus）在自己关于琥珀的作品中也是这样描述的。根据研究，老普林尼认为这种"谬误"之所以如此盛行并大行其道，其根源还在于法厄同与赫丽阿迪斯姐妹们的有关传说。[2]通过赫西奥德（Hesiod，公元前8世纪的古希腊诗人。——译者注）、赫拉克利特（Heraclitus，古希腊哲学家，前540—前480。——译者注）、柏拉图（Plato）和西塞罗（Cicero，公元前1世纪的古罗马政治家、著作家。——译者注）、卢克莱修（Lucretius，古罗马诗人、哲学家，前98—前55。——译者注）和维吉尔（Virgil，古罗马诗人，前70—前19。——译者注）等古希腊和古罗马著名学者的著作，人们对法厄同的命运详细情节能够或多或少地有所了解。不过，在讲述法厄同故事方面最成功的作家非奥维德（Ovid，古罗马诗人，前43—17。——译者注）莫属。在其长篇叙事诗《变形记》（*Metamorphoses*）第二卷中，奥维德详细记载了诸神蜕变的情形，这个故事成了流传最广的神话故事之一。

奥维德写了不少有关居住在太阳神庙中的太阳神的故事，其中包括发生在太阳神与儿子法厄同之间的那段经历：当法厄同被告知太阳神是自己的父亲时，他直接向太阳神提出挑战，太阳神欣然接受。太阳神为了证明自己确实是法厄同的父亲，答应满足法厄同提出的任何愿望。法厄同要求驾驶他父亲曾使用的战车，这辆战车是伏尔甘（Vulcan，希腊神话中的火神赫淮斯托斯。——译者注）专门为太阳神建造的，太阳神总是驾着这辆战车在苍穹中引领太阳（见图 10 和图 11）。太阳神同意了儿子的要求，但从安全的角度出发，太阳神再三

图 10　维吉尔·索利斯（Virgil Solis）绘制的"法厄同恳求其父"，取自奥维德《变形记》（1563）

提醒法厄同这辆车所隐藏的危险。但这些潜在的危险并未能阻止住这位年轻人。事实上，法厄同既无驾车经验，又不具有驾驭这几匹战马的力量。法厄同驾着这辆战车在寰宇间飞驰，眼看着法厄同的战车就要撞上地球时，为了避免一场毁灭性悲剧的发生，朱庇特（Jupiter，罗马神话中的主神，对应希腊神话里的宙斯。——译者注）打了一个霹雳，击倒了在空中飞驰的法厄同连同那辆战车和拉车的几匹骏马。法厄同从空中坠落并重重地摔到地面，死在了艾伊达鲁斯河

图 11　维吉尔·索利斯绘制的"法厄同驾驶着其父的太阳战车"，取自奥维德《变形记》（1563）

（Eridanus，在西方文化中，这条河俗称波河，通常分别指天文学中的波江星座和希腊神话传说中北欧的一条大河。意大利有一条河流也称波河，人们常说它就是神话传说中法厄同坠入的那条河。——译者注）的河边。这条河的河神将法厄同掩埋了起来。他的母亲得知噩耗后便带着法厄同的姐妹们一同赶往他的长眠之地。面对死去的法厄同，母亲和他的姐妹们悲痛欲绝。失去法厄同的悲伤使她们几个人的身躯突然巨变：她们的手臂被抛到了空中，变得僵硬，并被树皮包裹住了；她们的手指发了芽，长成了树叶；她们因悲痛而流出的眼泪则不断变硬，最终成了琥珀。这些泪珠掉落进水中，河水推着泪珠向前涌动奔向罗马，去扮靓那里的一代又一代的新娘们。[3] 有意义的是，死亡和往生也是一些中国传统文化中的主题。例如，中国古人认为琥珀是死去老虎的魂灵，它们化入尘土，最后变成了石头。[4] 这种将琥珀与凶猛老虎之间的关联，意味着在中国传统文化中琥珀是勇气、胆量的象征。

法厄同生命的重生与精神的复活

法厄同的故事在古罗马家喻户晓，战车竞技也因此逐渐成了一项热门的运动，热衷于此项游戏的常客们十分熟悉飞驰的骏马和战车，更不用提马车在赛道上的人仰马翻了。数百年来，虽然人们一遍又一遍地传颂着这个故事，但在欧洲文艺复兴时期，更宽泛地说是在1400 ~ 1600年这200年中尤甚。在意大利人文学家们的心中，法厄同之死承载着一种道德维度与理念。考虑到欧洲的一些掌权者也留意到了这个传说，洛多维科·阿里奥斯托［Lodovico Ariosto，文艺复兴时期意大利诗人，其代表作《疯狂的罗兰》（1516）被誉为文艺复兴时期的不朽巨著。——译者注］将法厄同之死作为"超越人类自身地位的政治和道德难题"的隐喻。[5] 与此同时，阿里奥斯托还认为，这个传说对于手中没有掌握政权的所有人来说也有教育意义，他说："法厄同的故事能给那些无法有效控制自己一时感情冲动的人们以警示，即冲动是魔鬼。"无论如何，"法厄同之死，对全人类而言不能不说是一个典型"，[6] 并与那个时期的艺术完美地结合在一起，成了各种艺术素材。整个故事情节似乎天生就是重要建筑物穹顶的装饰首选（见图12）。根据有关文字记载，早在2～3世纪希腊作家菲洛斯特拉托斯（Philostratus，160/170—244/249）即率先注意到这个具有寓言意义的故事，他观察到有人用有一种隐喻的手法刻画法厄同的命运。[7]这段故事情节也被用来装饰挂毯、家具和陶瓷制品。有一款银盆的设计图案流传至今，那个银盆通常是与一只大口水罐共同使用的，主要将它们一起摆放在桌上供主人和宾客们洗手，这种别致的设计及其在日常生活中的习惯做法凸显了关于法厄同的传说就像水和空气一样不可或缺。

图12　朱利奥·罗曼诺（Giulio Romano）创作的湿壁画《法厄同的坠落》（1526），绘于意大利曼图亚帕拉佐特宫雄鹰厅（Chamber of the Eagles, Palazzo Te, Mantua, Italy）的天花板

艾伊达鲁斯河、帕杜斯河和波河

早在老普林尼的时代，一大批文人墨客就对法厄同罹难的具体位置兴趣盎然，各种见解层出不穷，终究没能达成共识。其中有人认为法厄同遇难之地是在伊比利亚半岛，并将艾伊达鲁斯河与罗丹鲁斯河（Rhodanus）联系起来。也有人表明是在古代的帕杜斯河（Padus），也就是现代波河（River Po）在亚得里亚海（Adriatic）入海口，有些人声称入海口的位置是在一片名叫埃里克瑞蒂斯（Electrides）的岛屿中，这个名字与希腊语中的 ἤλεκτρον（elektron，即古希腊语的琥珀）遥相呼应。[8] 另外有些人坚持埃塞俄比亚（Ethiopia）是法厄同的遇难地。凡此种种，众说纷纭，莫衷一是。老普林尼一一予以了驳斥，并认为持这些观点的人"对地理常识是如此荒谬的愚昧无知"。不过，在文艺复兴时期的意大利，这些争论就慢慢销声匿迹了。彼时的意大利，波河成了商业、农业和防御的核心枢纽。

在著作《意大利全论》（Descrittione di tutta Italia，1550）中，历史学家莱安德罗·阿尔贝蒂（Leandro Alberti，15 世纪意大利艺术家、文艺理论家、建筑师。——译者注）把一些现存的证据整合在一起，他认为波河和艾伊达鲁斯河指的是同一条河。波河流经埃斯特（Este，埃斯特为意大利王公世家，始祖为阿尔贝托·阿佐二世，该家族于 13 ~ 16 世纪统治费拉拉、13 ~ 18 世纪统治摩德纳和雷焦。——译者注）家族统治的意大利北部城市费拉拉，那里的学者们利用法厄同与艾伊达鲁斯河这一个主题，毫不犹豫地将当代宫廷文化与古代诸神世界紧密地联系在一起。1525 年，埃斯特王朝将这种关系直观地表现在由五块组成的一套挂毯上，其中一幅就表现了法厄同的姐妹们幻化为树木的场景，挂毯上的场景显然是受到了那位古罗马大诗人奥维德作品的启发。这也反映出法厄同的故事在埃斯特王朝中占有重要地位，总是通过以法厄同之死为蓝本，编撰自己家族所创造的神话传说。[9] 在广泛收藏琥珀的意大利名门望族中，埃斯特世系属于最早的一批。众所周知，在被视为最奇妙的琥珀艺术品中，就包括由弗朗索瓦·迪凯努瓦（François Duquesnoy，17世纪意大利巴洛克风格艺术家。——译者注）创作的一位侧卧的酒神巴克斯的女祭司（Bacchante，酒神巴克斯的一位女信徒，见图13）形象，而埃斯特家族与波河及其琥珀的关系甚至间接地揭开了这件琥珀雕塑作品的来历。迪凯努瓦来自佛兰德，当时在罗马工作，是一位雕塑家。[10] 他的这幅雕刻作品与提香（Titian，原名 Tiziano Vecellio，1488—1576，意大利文艺复兴时期威尼斯画派画家，其《酒神与阿里阿德涅》被誉为文艺复兴时期最杰出的作品之一。——译者注）创作的《安德里安斯》（Andrians，1523～1525年）十分相似，而提香的那幅画作最初是受阿方索·德斯特（Alfonso d'Este）委托专门为赞美波河而作的，画中刻画了一位斜倚着的女性人物形象（见图14）。

　　从提香这幅作品《安德里安斯》中还能够发现，这位画家刻意安排了不少可谓稀奇古怪的细节，其中包括预料之外的一只珍珠鸡（Guinea fowl）。实

图13　弗朗索瓦·迪凯努瓦（François Duquesnoy）或许是其追随者于1625年创作的琥珀作品《慵懒的女祭司》

图 14　提香的帆布油画《安德里安斯》（1523 ~ 1525 年）

际上，这些鸟类在有关琥珀的神话传说中也占据着一席之地。例如，在希腊神话中就有一则关于梅利埃格［Meleager，希腊神话中，卡莱顿国王欧伊纽乌斯（Oeneus）和王后阿尔泰亚（Althaea）之子。——译者注］的故事：梅利埃格刚刚出生，就有人预言这个婴儿的生命将与他家中壁炉里某一块尚未燃烧的木柴一样的短暂，这块木柴燃尽的时刻，就是梅利埃格生命结束之时。得知该消息后，梅利埃格的母亲阿尔泰亚迅速在家里那座壁炉中找到并取出了那块尚未燃烧的木柴，避免了悲剧的发生。不幸的是，几年过去阿尔泰亚得知梅利埃格竟然杀了他的舅舅以及一奶同胞的哥哥的消息后，她马上将那块木柴重新放进她家壁炉中正在熊熊燃烧着的火焰中，从此结束了儿子梅利埃格的生命。与法厄同与赫丽阿迪斯姐妹们的有关传说大同小异，当梅利埃格的姐妹们对他的离世倍感伤痛时便幻化成了珍珠鸡。索福克勒斯（Sophocles，古希腊三大悲剧剧作家之一，前495—前406。——译者注）竟将这个故事与琥珀相联系并写道：琥珀源自遥远的印度，在那里梅利埃格的姐妹为他之死悲伤哭泣，她们流下的眼泪最终变成了琥珀。然而，古罗马文学家老普林尼对这位古希腊悲剧大师的说法并不苟同，他即通过手中那只笔，寥寥数语，勾勒出几幅催人泪下的动人场面，同时还巧妙地引出了一个耐人寻味的问题：

"鸟儿，岁岁年年，穿云破雾，飞到东西印度群岛；鸟儿，盘旋高空，悲泣的泪珠汇成串串雨滴，淅淅沥沥，洒落大地；鸟儿，来自遥远的希腊，无不知晓，那里才是梅利埃格辞别人世之域，却到异乡哀鸣恸哭，不停地唱着凄婉的挽歌。"假设梅利埃格在天有灵，必定会感到兴趣盎然。老普林尼的这段（拟人化的）文字激发起不少人的幽思。例如，古希腊大地理学家斯特拉博（Strabo，古希腊知名地理学家、历史学家，前63？—24？。——译者注）即将这些忠贞的鸟儿与他自己的故乡紧密联系在一起，他坚持认为这些鸟儿就"栖息在距离帕杜斯河不远的那片星罗棋布的埃里克瑞蒂斯岛上。"[11]

虔诚的泪滴

在西方文化中，女性的虔诚奉献与女性眼泪的内涵早已成为全方位描述琥珀的一种普遍特征。长期以来，琥珀作为女性哭泣的泪珠的象征性意义在文学作品的比喻修辞中成了一种约定俗成的表述，尤其是英国维多利亚时代的诗人们特别青睐这种抒情方式，不但愿意将琥珀元素纳入自己的作品，并且对琥珀的描述不吝笔墨。例如，托马斯·霍利·奇弗斯（Thomas Holley Chivers）的《怀念》（*Memoralia*）、《满含着挚爱泪花的琥珀碎片》（*Phials of Amber Full of the Tears of Love*）、《致丽人》（*A Gift for the Beautiful*）（1853）以及伊丽莎白·巴雷特·勃朗宁（Elizabeth Barrett Browning）所写的一首诗《安逸》（*Comfort*）。在这首诗里，这位女诗人展开了她那丰富想象力的翅膀，把自己比喻为圣母玛利亚，在祈祷中希望自己的泪珠将化作琥珀，缓缓地流淌到捆绑着自己的亲骨肉——圣子耶稣的那副十字架上。

无论如何，围绕法厄同之死引申出来的那种情同手足、亲如姐妹般的忧伤还催生了大量的卓越艺术品。相比之下，最知名的作品应该是桑蒂·迪·提托（Santi di Tito，16世纪意大利佛罗伦萨矫饰主义派画家。——译者注）创作的一幅板面油画。这是提托在1570～1571年为托斯卡纳大公国弗朗西斯科·德·梅迪奇（Francesco de' Medici）大公的私人画廊创作的作品。这幅画非同寻常，它的过人之处在于它不但表现了法厄同的姐妹们幻化为树木、眼泪变为琥珀的场景，还描绘了从她们脚下的水中积聚泪水的画面（见图15）。画中的一位女性已被确认为卢克雷齐亚·德·梅迪奇（Lucrezia de' Medici），她是弗朗西斯科的姐姐，于1558年结婚，婚后不久就去世了。因此，这幅画的隐秘之处在于，尽管画面上表现的是姐妹们痛悼自己的兄弟，但实际上是生活中的兄弟哀悼自己亲爱的姐姐，所以这是一种复杂的表达方式。[12]

在欧洲，关于琥珀形成并且与女性经历相联系的另外一套说辞主要起源于立陶宛，风行于19世纪，当时欧洲正处于民族主义斗争中。作为一位民间传说的收集者，柳德维卡斯·阿多马斯·尤塞维西乌斯（Liudvikas Adomas Jucevičius）在他的作品《尤拉特和卡斯蒂提斯》（*Jūratė and Kastytis*，1842）中详细叙述了这个传说。尤塞维西乌斯写道，大海王子卡斯蒂提斯拐骗了濒临死亡边缘的尤拉特。之后，卡斯蒂提斯与她结了婚，给她戴上了用琥珀精制而成的一个花冠。尤拉特为了安慰她那悲伤的父母，把琥珀花冠抛到了大海汹涌的浪涛中。不过，关于这个故事还有两种不同的说法，区别不算大。在有一种说法中，尤拉特是赫赫有名的大海女神，卡斯蒂提斯不再是大海王子而是一个普普通通的渔夫。卡斯蒂提斯把渔网抛到了不应该下网的地方，结果引起了巨大灾难。刚开始时，大海女神尤拉特准备教训一下卡斯蒂提斯，但阴差阳错

图 15　桑蒂·迪·提托的石板油画《琥珀诞生记》（1570 ~ 1571 年）

地爱上了他，并且将他带到这位女神位于波涛下面的琥珀宫殿。这激怒了众神之首的雷电雨神珀库纳斯（Perkūnas），珀库纳斯一怒之下杀死了卡斯蒂提斯，摧毁了尤拉特的整座琥珀宫殿，并用铁链把尤拉特牢牢地锁在废墟上。与此不同的另一个说法是，由于大海女神尤拉特深深地迷恋上了渔夫卡斯蒂提斯并且无法自拔，以致她决定不再做大海女神，将与卡斯蒂提斯一起永远离开大海，过他们希望的生活。不料，这个消息传到了珀库纳斯耳中，他一气之下就杀了卡斯蒂提斯，然后毁灭了琥珀宫殿，并用铁链把尤拉特永远锁在那座琥珀宫殿的废墟中。

然而有意思的是，自人类进入现代社会，关于古希腊神话中太阳神的儿子法厄同与赫丽阿迪斯等几个亲姊妹们之间围绕琥珀的动人传说，竟然成了推动现代技术进步的元素。以人们十分熟悉的现代汽车为例，就有法厄同敞篷客车（Phaeton Open-Top Carriage）、法厄同汽车（the Phaeton Automobile）以及德国大众汽车公司制造的"大众法厄同"车（the Volkswagen Phaeton）等。其实，大量的古希腊和古罗马神话故事在不断被后人传颂的同时，还被赋予各种新意，并且总是使人令人眼前一亮。尤拉特和卡斯蒂提斯之间的浪漫传说也不例外。细究起来，尤拉特和卡斯蒂提斯的这段爱情故事重新被人们述说始于1923年的克莱佩达［Klaipėda，今立陶宛一港口市镇，17世纪由普鲁士统治，取名梅梅尔（Memel），1923年归立陶宛。——译者注］。这一重大事件让大量立陶宛人再次走进那个赫赫有名的琥珀海岸，领略当地百姓的习俗和各种古老的传统。[13] 大约就在此时，立陶宛爱国诗人迈罗尼斯［Maironis，原名：Jonas Maciulis，1862—1932，立陶宛最负盛名的浪漫主义诗人之一，代表作《春天的呐喊》（the Voice of Spring）。——译者注］把这个传说重新编成了歌谣。1933年，又被改变成一部芭蕾舞剧并正式上演。1937年，艺术家瓦茨洛瓦斯·拉塔斯（Vaclovas Ratas）以尤拉特爱情故事为主线雕刻了一个木版画专题系列，大受追捧。20世纪50年代，这个美好爱情传说又被改编为一部歌剧。1959年，格拉兹纳·布拉希斯基特（Gražina Brašiškytė）又把它拍摄成了一部动画片《琥珀城堡》。20世纪90年代，这个传说又被改编为戏剧上演。2002 年，为纪念克莱佩达建镇 750 周年，这段爱情传说还被写成一出摇滚剧。然而，这并没有结束。令人深感不安的是，立陶宛国内的极右翼势力利用尤拉特和卡斯蒂提斯的故事扩大自己的影响力，例如立陶宛国内一支名为"独断者"（Diktatūra，立陶宛国内一支极端右翼主义乐队。——译者注）的重金属乐队就以这段爱情传说为蓝本不断创作一些歌词。

艾伊达鲁斯河中不出产琥珀

在北欧地区，法厄同的故事就像上述那些各种各样的版本一样，为人们津津乐道，代代相传。比较而言，德意志的学者们却将它仅视为一个神话。这些学者对此毫无兴趣，可能是基于一个现实存在的情况，即关于法厄同的那个美丽动人的传说与他们所研究并熟知的地理学毫不相干。不过也有例外，马丁·泽耶（Martin Zeiller，17 世纪学者。——译者注）就是一个。他尝试着根据实际情况来验证这个传说，他指出艾伊达鲁斯河这个名称或许是从普鲁士境内的拉德鲁勒河（Radaune），即今天的"拉杜亚埃河"（Radunia）演变而来的。泽耶还认为，维斯杜拉河（Vistula，波兰境内最长的一条河流。——译者注）曾经称为艾伊达鲁斯河，他据此提出一种思路，即维斯杜拉河与诺加特河（Nogat，维斯杜拉河的一条分支。——译者注）之间的土地就是埃里克瑞蒂斯岛。他认为萨姆兰德半岛（Samland Peninsula，位于波罗的海东南的半岛，历史上曾经是东普鲁士的一部分，今属俄罗斯加里宁格勒。——译者注）就是古代作家们在自己作品中所写的格莱赛利亚（Glessaria），请见图 16。[14]

对泽耶来说，艾伊达鲁斯河必须在普鲁士境内，唯一的原因是，在普鲁士人的心目中，只有在普鲁士才发现了大量琥珀。在其他学者的作品中，因为将关注的重点放到了艾伊达鲁斯河与波河的相互联系上，而忽视了这两条河之间的各种前后不一致性。英国作家约翰·伊夫林（John Evelyn）则代表了一种特殊情况。1645 年 5 月，他造访了费拉拉并发表了如下评论：

我记得在意大利波河两岸长满了各种（黑杨木），十分壮观，这条河就是诗人们一直赞颂的老艾伊达鲁斯河，据说鲁莽而不计后果的法厄同就是坠落在这条河里，而河边的这些树正是法厄同死后他那

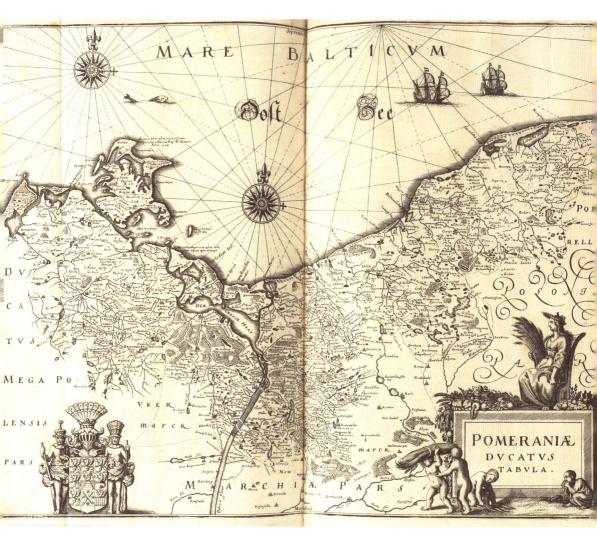

图16　马丁·泽耶所绘制的波美拉尼亚地图，该图选自他的著作《位于波美拉尼亚地区的勃兰登堡和公爵领地全体选民地图》（ *Topographia electorat，Brandenburgici et ducatus Pomeraniæ*，1652）。这幅地图集中体现了斯德丁（现代的波兰什切青）和奥得河地区，该图的最东侧是但泽（今波兰格但斯克）和拉杜尼埃河（Radunia）。从海岸线最东部能看到萨姆兰德半岛。（波美拉尼亚是从今天波兰西北部的奥德河下游起，东到维斯亘河之间的波罗的海沿地区，现分别属于波兰和德国。——译者注）

36

几个悲哀的姐妹们变成的。所以，这些树就是这个传说毋庸置疑的证据。至于说琥珀是她们珍贵的眼泪变成的，我却没听到过任何这方面的说法。[15]

老普林尼相信，他对这些前后矛盾且含混不清的种种说法的出处和缘由了然于胸。在他看来，人们之所以将琥珀与波河如此紧密地联系在一起，是因为生活在波河沿岸的人们的确有将琥珀加工为饰品佩戴的习惯。他因此认为，围绕琥珀的那些五花八门说法产生的根源与生活在波河两岸将琥珀加工成饰物的传统密切相关。而当地人在生活中之所以能够以琥珀为佩饰，意味着本地盛产天然琥珀。此外，当地人还从域外输入一些琥珀用于医用，因为当地人一口咬定："阿尔卑斯山脉周边的水源都具有一个共同的特点，会通过不同方式损伤人的咽喉。"他们的依据是琥珀对"扁桃体炎和其他咽喉炎症有预防作用"[16]。有意思的是，公元 3 世纪欧洲出版的百科全书的编撰者索利努斯（Solinus，公元 3 世纪罗马知名学者。——译者注）也持同样观点。在文艺复兴时期，人们像喜欢公元 1 世纪的老普林尼的作品一样，同样热衷于大量阅读索利努斯的著作，而索利努斯对琥珀也留下了不少文字。他认为，匈牙利人向巴尔干地区的人兜售琥珀，巴尔干地区的人反过来再将这些琥珀中一部分转手卖给居住在波河周边的人，"由于我们罗马人在波河地区首次见到琥珀，所以就误认为琥珀起源于波河地区"[17]。

猞猁的尿液

尽管现实不支持上述观点，欧洲文艺复兴时期的作家们仍乐此不疲，使用生花妙笔、浪漫传奇的语句不断地重述着关于"意大利原生的琥珀最为丰富"这种古代传统说法。[18] 毕竟，不仅是那些作家曾经对波河和位于亚得里亚海的埃里克瑞蒂斯岛津津乐道，而且其他作家也不时地用手中的笔描绘位于意大利西北地区的利古里亚自治大区（Liguria，首府热那亚。——译者

注）。很多时候，生活在利古里亚地区的人们对于琥珀的兴趣都不亚于波河地区的那些居民，但在琥珀的称谓上存在一些令人难解的问题。作为地理学家，斯特拉博曾经记载利古里亚地区土壤中富含一种物质，有些人将这种物质称为"Amber"（琥珀），也有些人叫它"Electrum"（银金，又称"琥珀色银金矿"。——译者注），另外有人给它取名为"Lyncurium"或"Lingurio"（都指琥珀）。Lyncurio/lingurio 也有自己的文学传承。古希腊作家泰奥弗拉斯托斯（Theophrastus，古希腊哲学家、自然科学家，前 372—前 287。——译者注）拥有一言九鼎的影响力。他写道：Lingurio 是一种野生雄性猞猁尿液的硬化物（见图 17）。他还在著作中记载了 Amber（琥珀），并提出 Lingurio 和 Amber 都出现在利古里亚自治大区，两者之间存在许多共同的特征。[19]

启蒙运动的评论家们沿用泰奥弗拉斯托斯的这个事例足以证明 Lingurio 和 Amber 不可能是同一种物质。[20]无论是偶然一次的结论还是一贯如此的论断，它们属于完全不同的物质，这一点毋庸置疑。此外，还有一个客观事实，即几乎没人亲眼见到过 Lingurio，这也是对上述观点提出质疑的合理依据。由于无法找到它，曾经有一位作者非常恼怒地说："我曾经在书中读到过的'Lincurio'根本就无处可寻。"不过，这位学者还写道："如果它不是琥珀的话，那它还能是什么别的东西呢？"[21]有一位名叫安东尼奥·穆萨·布拉撒夫拉（Antonio Musa Brassavola）的医师据此提醒药剂师们一定要对在药材市场上出售的称为 Lingurio 的石头倍加小心，尽量远离它们；有趣的是，这位医师的朋友尼科洛·塔索（Niccolò Tasso）养了几只猞猁当宠物，却从未遇到过它们的尿液变成石头的情况。[22]

那么，彼时中国人又是怎样认识琥珀呢？在中国人的认识中，琥珀是由老虎灵魂转化成的石头。然而，没有任何证据证明同时代的西方学者们知晓中国人的这一认知，但这种关联的可能性的确使人浮想联翩。实际上，意大利人痴迷于 Lingurio，并不是他们想表明自己有能力证明它是一种现实存在的真正物质，也不是想显示他们有能力购买或积累收藏它，而是有意将它们归结于一种民族的荣耀。古代地理学家们认定意大利这片土地不但孕育了 Lingurio，还

图 17　一本 15 世纪英格兰动物生活指南中的书页（Bestiarius），展现了一只猞猁的尿液变成的石头

是猞猁的真正故乡。一些古代诗人声称艾伊达鲁斯河就是琥珀的发祥地。还有一些文人坚持 Lingurio 与 Amber 本来就是同一种东西。总之，无论是对这些因素分开考虑还是将它们联系在一起加以分析，都有助于得出一个重要结论：意大利曾经是人类古代历史的主要舞台。

成就经典

如果意大利这只"靴子"（Boot，意大利地图形似一只女式靴子，南部地中海沿岸为靴跟和鞋尖。——译者注）确实是法厄同的罹难之处，那么在那只靴子里找到琥珀就不会是一件什么不得了的难事。对此，在文艺复兴时期那些秉持人文精神的学者始终相信，在意大利这片孕育了文艺复兴的沃土上，发现琥珀仅仅只是一个时间问题。情况果真如此，在 17 世纪 30 年代末期，有人在意大利找到了琥珀。这个极具轰动性的消息不胫而走，甚至引起远在伦敦的人们热议。[23] 然而，琥珀是在意大利哪个具体地方现身的呢？时至今日这个问题仍然不得而知。西西里岛的可能性最大，彼得罗·卡雷拉（Pietro Carrera，1573—1647，西西里地区的牧师、学者和棋手。——译者注）在 17 世纪 30 年代出版的书中就有关于琥珀的记载，卡雷拉对琥珀做了一番有趣的描述：琥珀大小不一，其中"大个头的就像一只酸橙在西西里岛的沙滩上被人发现"，而小块琥珀中多少都裹藏着一些小动物，比如，一只蚂蚁、一个蚊子、一只苍蝇或一个跳蚤以及其他类似的东西。[24] 在接下来的十年中，当地留下来了大量关于琥珀的各种记录，半个世纪以后，那里的孩子们就能够为对琥珀感兴趣的外地游客充当寻找并观赏琥珀的向导了。保罗·博科内（Paolo Boccone，1633—1704，西西里地区植物学家。——译者注）在观察了阿格里真托市（Agrigento，西西里南部一海滨城市，今意大利阿格里真托省会城市。——译者注）附近的琥珀藏品后，留下了如下的文字：

那些地区的孩子们从海草中收集琥珀……（他们）为了一点微薄的酬

全在我面前搜寻，我的确亲眼所见一些长方形的琥珀碎片，这些碎片的表面就像粗糙的灰色石头，但内部是红锆石般偏黄的颜色。[25]

尽管研究人员发现，早在 5000 年前，西西里人就用自己的所谓"西西里琥珀"（Sicilian amber）与伊比利亚半岛的人们做双边贸易。今天人们习惯于将"西西里琥珀"称为"高氧琥珀"（Simetite），不过，在古代文献中，几乎查不到关于这种"西西里琥珀"的记载。[26] 另外，在狄奥多鲁斯·希库鲁斯（Diodorus Siculus，公元前 1 世纪希腊历史学家，出生在西西里岛。——译者注）自己的研究著作中竟然完全没有提及西西里琥珀，这一点十分令人费解。原因是希库鲁斯的出生地就是阿格利亚姆［Agyrium，这是西西里地区的一个地名，现在的名称是阿吉拉尔（Agira）。——译者注］，而大约 2000 年后，美国琥珀鉴赏家威廉·阿诺德·巴法姆（William Arnold Buffum）就是在阿格利亚姆的某处的"地面上"捡到了琥珀。[27] 希库鲁斯本人就是一个琥珀的玩家，但西西里琥珀在希库鲁斯著作中的缺席令人难以置信。[28] 甚至直到今天，西西里琥珀究竟是在这个地区的具体哪个区域形成的，仍然众说纷纭。地壳构造的活动会使地上的裂缝时不时暴露出来，大部分发现物都很小，而且都是偶然发现的，有时洪水还会把它们从发源地冲到很远的地方。另外，西西里琥珀在杂乱无章的石头堆里并不显眼：在整个夏季，它们在干涸的河床里会被石头不断地撞击，从而"隐藏"在一个难以辨识的灰色外壳里。[29]

意大利的琥珀传奇

到了 17 世纪中叶，发现琥珀的消息传遍了整个意大利。1650 年，安东尼奥·马西尼（Antonio Masini）宣布，在博洛尼亚周边地区发现了"无与伦比的黄色琥珀"，从此开启了一轮又一轮寻找新琥珀的新篇章。[30] 这期间所发生的关于琥珀的故事，不但形式多样，并且内容丰富，浪漫无比。例如，其中有一个关于一位石灰岩收藏者的传说，大意是有一个来自翁布里亚区（Umbria，意大利中部一大区。——者注）的人，他的个人偏好是收集各种形状的石灰岩。然而，当他发现不少人都在寻觅琥珀时，他苦寻不得，后突发奇想，竟然将他收藏的石灰岩劈开，并放到自家的火炉里去烧，希冀能从中得到意外的惊喜。说来也怪，从那时开始的每年 3 月，农民们在春耕时陆续发现大量琥珀，他们也将琥珀放在火中烧，仅仅是为了能够闻到琥珀燃烧时产生的芬芳的香气。此外，农民们还将琥珀一批又一批地送到当地药店请药店老板们帮助销售。那些精通药材的店主和药剂师掌握着许多各色药材和药品，他们在识别并鉴定各种发现物中起到了至关重要的作用，他们的药店不仅成为琥珀买卖场所，还逐渐变成了琥珀展示地。例如，一次有人在塞泽（Sezze，意大利拉蒂纳省一小镇。——译者注）附近发现两块小琥珀（重量均为 200 多克），送往 60 千米之外的罗马的一家药店，在那里向公众展示。[31]

无心插柳柳成荫——考古学家的意外收获

正可谓歪打正着，凡此种种，反而证明了历史上那些意大利自然学家关于"意大利琥珀"的描述和记载不是空穴来风，同时还表明意大利的确是孕育了琥珀的母体这个事实。此外，这些学者们还在他们的作品中加注了罗马人对琥珀的挚爱之情。不过，他们对自己的祖先消耗的琥珀如此巨大而惊诧不已。老普林尼在公元 1 世纪就曾发出过这样的叹息。其实，除了文字记载外，在罗马的一些新开工的建筑工地上，经常"冒出"这种或那种琥珀制成品不是一件大惊小怪的事。例如，1565 年，在罗马的一个规划建设教堂的工地上，有一座坟墓，其中发掘出两个琥珀制成的丘比特、一个在下颚与鼻子之间握住自己手指（这是"安静"的一种人格化表达）的人像（见图 18），还有一头大象形的琥珀。[32] 同时代的人们认为这些都是古董，并予以承认。但是对一些在意大利人人皆知的其他琥珀，情况却并不如此。难道这些与发掘的自然矿区有关吗？的确有关，比如西西里岛和毗邻博洛尼亚的地区。在其他地区，这些东西或许是考古过程中不经意的发现。例如，考古中碰到了墓地，从墓地中发现了

图 18　雕有头部轮廓的琥珀容器，制作于公元 80 ～ 100 年

某些意外之喜。所有这些的共同之处在于，人们都没有提及或了解其他丧葬物品或金属丝线，抑或曾经把琥珀珠子制成项链或扣（衣）针形状的物品。或许学者们如此精通古希腊古罗马的经典，以至于没有任何理由质疑不断增加的琥珀分布地点，或者越来越海量的琥珀正在被发现。关于琥珀所蕴含的现实影响，人们进行了无数富于想象力的尝试，上述的故事只是这些众多事例中的一个而已。琥珀的存在往往使神话变为现实。

三

祖先与琥珀

已知与人类活动有关的最早的琥珀要追溯到大约 4 万年前。在这个时期，人类先使用石头进行狩猎，之后利用骨骼和鹿角制成各种复杂的工具和武器。当时及之后的狩猎者、耕种者、游牧者、城镇定居者、陶工和金属工匠都会迷上琥珀，视它为宝物。这种对琥珀的痴迷很可能会刺激人们产生灵感，根据用途的不同而产生无数的含义。人类是社会化的动物，具有丰富的情感，还拥有精神上的追求，如何将上述因素融汇在小小的琥珀身上？考古学为我们提供了大量信息，这些信息事关创新、传统和历史意识。

欧洲冰河时代的琥珀

在当今称为欧洲的地区，生活在冰河时代后期的人们，在 4 万 ~ 1.2 万年前，其居住环境类似冻原，比今天寒冷得多，此时虽称冰河时代，但此地并不经常下雪或结冰。部分人已开始定居，但大部分仍是采集狩猎者，正是他们破天荒地首次使用了琥珀（见图 19）。在比利牛斯山脉西部的伊斯图利茨（Isturitz）洞穴，大量碎片遗物表明在 3.4 万 ~ 2.9 万年前，琥珀就为当时的人们所共知。对此进行的分析排除了琥珀起源于某个波罗的海地区，并且人们认为琥珀或许来自达克斯（Dax，法国西南部城市。——译者注）周边，在这个地区也发现了褐煤，[1] 此地的褐煤被用来制作个人饰品。同样，在上比利牛斯山欧朗桑（Aurensan）的洞穴发掘的琥珀，很有可能也是本地出产的。早在

图 19　雕刻有人像的琥珀垂饰品，产自丹麦阿莫（Åmosen）辛达尔歌德（SindalgÅrd），前 12800～前 1700 年

1.7 万～1.15 万年前，人类就在这个地区居住了。西班牙近期的研究成果表明本地的物料与从意大利南部进口的琥珀并驾齐驱。[2] 大约在 1.1 万年前，北美的早期定居者使用由琥珀制作的黏合剂，将石质矛尖和其他尖锐武器粘牢。在更晚近时期，因纽特人在地球极北地区的祖先们使用当地出产的琥珀制成了小珠子。

大约在 1.25 万年前，在今天欧洲北部地区，随着温度的升高，波罗的海地区的琥珀矿藏开始从厚厚的冰层下面显露出来。起初，不列颠岛与欧洲大陆西部连在一起。随着海平面的抬升，英吉利海峡形成了，海水涌进了今天的波罗的海地区。经过不断的冲刷，在新近形成的英吉利海岸线周边出现了大量琥珀鹅卵石。这些琥珀鹅卵石可能源自波罗的海琥珀，在切达峡谷（Cheddar Gorge）、克雷斯韦尔峭壁（Creswell Crags）和斯塔卡尔（Star Carr）开采挖掘的。[3]今天波罗的海琥珀仍然浸润在大海的汹涌波涛中，在英国东部海滨被冲上岸边。然而英国本土也出产天然琥珀，包括从深埋在伦敦黏土中发现的琥珀。现如今，在进行一些地下基础设施工程项目施工时，仍然能挖到这种地下深处的琥珀。[4]

早期的琥珀艺术

从冰河时代晚期到后冰河时代早期的采集狩猎者，在今天的丹麦也会根据情况选择刺穿并设计琥珀小块，用不同的小凹坑和丰富的线条图案将琥珀设计成精美的珠子和垂饰品。[5]出自丹麦西兰岛西部（West Zealand）埃莫森（Åmosen）的一小块琥珀刻上了几个人物图案，因而该琥珀成为已知北欧最早的刻画人物的艺术品之一。刻上了鸟类、麋鹿、熊、野猪和马等动物的大尺寸琥珀制品已经出土，还有不少琥珀被海浪一遍遍地搅动、翻腾，最后被冲上了岸边，现在这些地区已被淹没。[6]2015年，一位冬季海滨拾荒者在丹麦奈斯比（Næsby）海滨的海藻中意外地发现刻着一头麋鹿的琥珀（见图20）。这种意外的发现经媒体报道后，顿时引发了社会各界的轰动，昭示着这件琥珀成为北欧最古老的"艺术品"。

这些意外发现的小动物雕刻只能透过推断来确定它们的年代，但在德国韦茨切（Weitsche）于1994~2004年发掘出土的一些琥珀块，上面都刻着一头麋鹿图案，这就为确定琥珀年代提供了其他佐证，即它们的时间大约在1.37万年前。这个发现被用来重新确定其他刻着图案的琥珀原始年份，一些刻有动物图案的琥珀曾经在德国北部平原（North German Plain）被找到，现在已经公

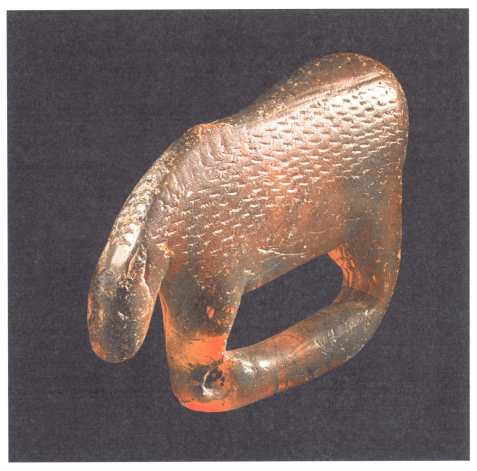

图20　一只动物形象（很可能是一头麋鹿）的琥珀，在丹麦奈斯比海滨发现，时间范围在前1.28万~前1700年

认这些发现是人类已知最古老的琥珀艺术品之一。[7]

　　其他地区的情形如何？在现今日本的铫子市，自绳纹文化中期就开始发掘琥珀。[8]最早的狩猎者和抢劫者对这种物件特别青睐，把它当作一种荣耀。他们将琥珀做成珠子和垂饰物，这两种饰品既可自己佩戴，也作为礼物赠送，以便与其他人和部落笼络感情，搞好关系。有时为了展示这种善意，还不惜长途跋涉，车马颠簸。据说用这种方式表达友善是为了便于有资格在其他部落的地盘上狩猎。这些装饰品的形状还与某些神秘的信仰有关联，也与人们试图创立

图 21 在施沃佐特（Schwarzort）发现的人形图案，年代范围在前 2350 ～ 前 2050 年，由琥珀制成，现存德国哥廷根（Göttingen）丘威森沙弗特利奇斯（Geowissenschaftliches）博物馆

和塑造自己的身份存在关系。

人类收集和修饰的琥珀大部分都是偶然发现的，或者是考古发掘的副产品。19世纪末期，人们设法挖掘琥珀以赚取暴利，最负盛名的琥珀就是这种过程中被发现的。[9] 在施沃佐特，即当今立陶宛的尤德克兰特（Juodkrantė），礁湖的浅滩处已实现机械开挖。沙子和沉积物会通过筛子过滤掉，这些筛子就连最小块的琥珀都不会放过。最后成果丰硕，发现了大量神秘的被雕刻成人形的琥珀（见图 21），现在人们认为这些发现的物件在 4350 ～ 4050 年前制成，这个时期差不多与埃及金字塔建造的时间属于同时代。这类人工制品一开始就被视为珍品，用来分发给部属和来宾，后来被收集摆放在博物馆。在第二次世界大战期间，苏联军队占领德国时，这些珍贵琥珀的一小部分被戏剧性地转移到德国的哥廷根，从而得以幸存。

对于在琥珀上刻画这些图案的真正目的，人们至今不得而知。在丹麦和其他地区发掘的琥珀雕刻图案还会刻有各种标记。这些标记是有意赋予这类雕刻以更美好的未来，还是它们本身就是吉祥物，抑或两者含义兼备？实际上，这些图案经常会被抹掉，并且人们还会再次刻画，这种情况本身就说明此类图案说不定就是某种形式的象征或具备狩猎者护身符的功能。在施沃佐特发现的一些图案通常点缀着一些钻孔留下的星星点点，意味着细节和纹理。琥珀上的象形轮廓为方脸、宽鼻梁，下巴和肢体的其他部位只是简单地做了勾画，形象被描绘成猫头鹰的模样，现代学者们认为这些图案象征着动物灵魂。

这些琥珀制品的色调呈深橙色，表面色泽鲜艳、光滑，这种利用琥珀的方式令人醒目。它们代表着当时技艺的实际运用能力、创造美的内涵的无限想象以及情感力量的展现。制作这些东西需要耗费大量琥珀碎片，显然它们生来就身价不菲，意义非凡，今天要对这些价值进行量化实属不易。这些物件迁移得越远，就会不断升值。在近东，已知最古老的波罗的海琥珀念珠之一，距今大约 3800 年，是在亚述（Assur）制作，亚述位于现在的伊拉克北部底格里斯河（Tigris）沿岸。[10] 在叙利亚古城夸特纳（Qatna）发掘一座王室墓地时，发现了一只琥珀制作的器皿，状似狮子，已有 3360 年的历史，令人叹为观止（见图 22）。对这件珍品进行鉴定时，确定这个琥珀为钙铝榴石（Succinite，波罗的海琥珀），狮子状的琥珀是已知欧洲以外年代最久的象征性表现手法。很多考古学家认为这件艺术品是在本地制作的，很可能是以其原始天然形态进口的，或许是通过爱琴海中转，这是一条重要的贸易路线。[11] 其他大部分琥珀，

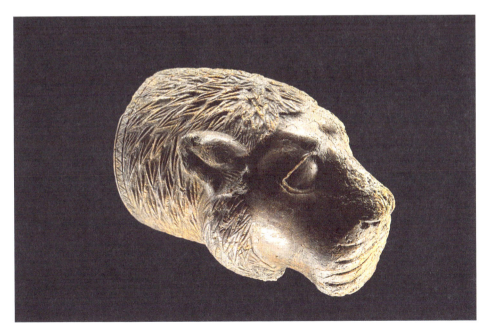

图 22　形似一个狮头的器皿，在叙利亚古城夸特纳一座墓地发现，材质为琥珀，大约为公元前 1340 年

通常是小珠子，从希腊的迈锡尼进口时都已是制成品，正如在土耳其利西亚沿岸（Lycian Coast）发现的当代海难沉船货物所展示的那样。[12]

敬献众神的一种祭品？

在尤德克兰特，琥珀制成的珠子、圆盘和纽扣的数量远超神秘的人形和动物形的琥珀。为何如此？为什么如此之多？波罗的海琥珀特别适合制成简单珠子，这很平常，并不让人奇怪。在海岸线附近采集到的琥珀个头往往都很小，化石树脂的各种溅斑、液滴和棒状物被自然地打磨光滑，海浪和沙砾的冲刷又使它们变成了圆形。实际上，加工琥珀并不需要复杂的高难技术。在波兰多种用途的石制工具堆中，人们发现了一些未完工的雕刻琥珀。海里光滑的鹅卵石也可能是被沙子和海水冲洗、磨光成一块一块的。抑或施沃佐特/尤德克兰特的琥珀天生就是精美的沉积物。在丹麦，有些黏土罐盛满琥珀制成的祭品，有时候多达3000个单独的小片，外形像各式各样的球体、圆筒、环形物、斧子和锤子，这种黏土罐通常重9千克左右，从黏稠、潮湿的沼泽黏土和沙石中精心找出来，被恢复成了原状。历史学家永远弄不明白为什么如此海量的琥珀碎块集中在施沃佐特/尤奥德克兰特，因为找到这些琥珀碎片的方式意味着对挖掘现场的彻底破坏。

小珠与遗骸

迄今为止，琥珀小珠是考古发现中最常见的物件之一。冰河时代后期的丹麦墓葬显示出在男女墓葬中都有大量琥珀小珠，在这种情况下，平坦、体大、纽扣般的珠子一般出现在男性墓地，而稍小的球形珠子则在众多女性墓葬中较为常见。在5700～5300年前，丹麦最早的一批定居农耕者中有一位被埋葬在德拉格舒尔姆（Dragsholm）。这位死者当时的年龄可能是30岁，与他的战斧葬在一起，随葬的琥珀小珠子至少还有60颗，这些珠子不仅佩戴在逝者的颈部和双腕，还缝缀在他的衣物上。[13]这在当时必定是非常重要的财产，也是其社会地位的象征。

在早期人类拥有珠子的所有种类中，琥珀制成的珠子属于质地最轻的。例如，由于这种材质的比重低于盐水溶液，所以有些琥珀还能在海水中漂浮。无论是天然琥珀还是琥珀制成品，由于重量极轻的这个特点，因此非常易于大批量运输。波罗的海琥珀制成的小珠子就远渡重洋，被送到了东方。在红铜和青铜的应用遍传四方的时代，在今天德国南部的多处地点发现的琥珀珠子就远比在北欧发掘得要多。在地中海东部的考古现场，也出土了更多的珠子。在部分关于琥珀的古典文献中，这些出土文物成为非常早期的参照对象。大约在公元前 750 年，在一个更加古老的诗歌传说的基础上，荷马（Homer，*公元前 9世纪—前 8 世纪的希腊盲诗人。——译者注*）创作了流芳百世，家喻户晓的史诗《奥德赛》（*Odyssey*）。荷马讲述了欧迈俄斯的照护人受到一条琥珀项链引诱的故事，还描述了珀涅罗珀（Penelope）的项链"缀满漂亮的琥珀小珠，熠熠发光，绚丽夺目，宛如太阳闪耀着光芒"。这些情节离奇的故事令人沉思，成百上千年来一直鼓舞激励着数不胜数的寻宝者。[14]

迈锡尼

海因里希·施利曼（Heinrich Schliemann）是一位德国考古学者，以发掘迈锡尼（Mycenae）而闻名天下。在探秘迈锡尼的工程中，他发掘出大量琥珀。在其中的一座古墓中，竟发现了将近 1300 枚琥珀珠子。约 3500 年前，迈锡尼当时是一个重要的文明中心，繁荣富裕，民众安居乐业，其影响力甚广，辐射至四面八方。随后展开的考古工作表明在早期的迈锡尼，琥珀珠子琳琅满目，不过随着时光的流逝，就变得越来越少。在考古的初期阶段，层出不穷的珠子只是在少数几座墓地发现，这些一般是勇士阶层成员的墓地，他们用琥珀来装扮自己。后来，许许多多的墓地被发掘出来，出土的琥珀珠子却很少，这往往是社会底层成员的坟墓，或许这些珠子是他们的主人遗弃的。当下，尽管人们已了解到当时在迈锡尼已经有专业的"树脂雕工"，但目前没有发现任何有关他们专门制作琥珀的工坊的证据。不过，现在的人们依然相信古代工匠还是在类似的作坊里精心雕刻这些琥珀，也可能与其他工艺混杂在一起，并且是非官方的。迈锡尼的考古发掘还显示出珠子有时被重新加工过，比方说专门定制成一些带封印的基质。科学家们解释道，在5个"琥珀"样本中，至少有1个是由其他琥珀再次改制而成的。从外观上看，它们与亚化石树脂的材质非常相似，但亚化石树脂的年代远比琥珀短得多，这种说法意义重大，它使得有关波罗的海琥珀在全球进行贸易的传统观点复杂化了。[15] 科学家的这种解释把注意力集中在琥珀身上，而其他具有琥珀特征的诸多材料则被置于次要位置。在以色列、黎巴嫩和约旦，就有许多琥珀矿区。不过，直到今日，几乎没有找到证据证明这些宝藏被艺术性地开发利用过。在今天的伊拉克，也就是长久以来被认为是"古代亚述"所在的地区，据称发掘出了一尊用黎巴嫩琥珀制成的雕像，因此上述有关波罗的海琥珀说法的真实性就站不住脚了。[16]

琥珀与太阳

在迈锡尼发现的琥珀，不如在梯林斯（Tiryns）周围发现的琥珀那样壮观和引人入胜。在梯林斯，人们发现了属于某个显赫家族的一处宝藏，于1915年被发掘出土，该家族大约生活在3200年前。这个宝窟中有一些非比寻常的珍贵物品，被描述为车轮：黄金线绕成的线圈环绕着十字形的轮辐，这些轮辐被用骨状琥珀珠子穿过，表明这些琥珀珠子曾经呈辐射状结构，辉光熠熠，磨得锃亮的青铜器也不甘示弱，金光闪闪，争奇斗艳，所有这些都与太阳崇拜有关。琥珀在希腊语中为ἤλεκτρον，学者们认为这些车轮就是用这个词表达，荷马用它来指代"太阳"。[17] 那些巢穴模样的车轮用稻草包裹成神秘的祭品，这些祭品被恭送至太阳神福玻斯/阿波罗（Phoebus/Apollo）的圣地，即希腊基克拉迪群岛（Greek Cyclades）的提洛岛（Delos）。在这样的语境下历史上对此曾有过记载，这些记载由居住在北温德（North Wind）以外的人们完成。[18]

许多欧洲文化已将琥珀与太阳联系起来，太阳每天在苍穹中穿过，完成自己每日的旅程。在俄罗斯语、拉脱维亚语和立陶宛语中，表示琥珀的词汇（分别为 Yantar，Dyintars 和 Gintaras），据信是从拉丁语动词 Ientare（意为吃早饭，把琥珀与清晨连在一起）演变而来。至少有一位古代欧洲国家的作者指出，太阳光线对琥珀的起源至关重要：太阳落山时的光线普照大地，这种强大的能量也炙烤着大地，大地渗出液体，液体随后变成了琥珀。[19] 在斯堪的纳维亚地区，那里的太阳崇拜十分普遍，祭司们使用几个凝固在青铜里的琥珀圆盘以"抓住太阳"。当这些圆盘被抬起时，光线照亮了一个钻了很多小孔的十字形物（见图 23）。在立陶宛和爱沙尼亚发现了一些刻着很多波浪线的琥珀圆盘，这些波浪线可能代表太阳。但这也意味着这种复杂的图案可能与这个罗盘

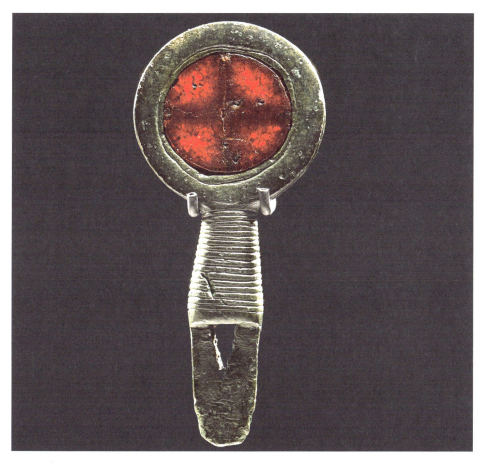

图 23　在丹麦某一未知地点发现的太阳支撑架，年代大约为公元前 1200 年，材质为琥珀与青铜

的若干罗经方位点、季节或有时间的相位如春秋分和夏冬至点有关系。

太阳崇拜显然是在某些琥珀物体大规模迁移的背景下出现的。在奥克尼群岛（Orkney Islands）的一处墓地，埋葬着一位女性遗体火化后的残骸，一些考古学家在残骸上，发现了一条罕见的琥珀项链和配饰，与此唯一的可比形式要追溯至英格兰的韦塞克斯（Wessex），在这个地区，人们会使用专门的支撑隔离片制作琥珀项链，项链被缝缀上新月形的垂饰。据说在巨石阵，女性的这种项链可能是冬季中期某个仪式上的一种礼物。[20] 在琥珀应用的漫长岁月中，其蕴含的对太阳的真挚情感是一个永恒的主题。在古代意大利的伊特鲁斯坎（Etruscan）人那里，袋状的琥珀珠子就是仿效金属太阳护身符制成的。男性一般佩戴金属垂饰物，而女性则通常穿戴琥珀材质的前述此类装饰，去世后也用它随葬。即使到了今天，阳光也是一种重要的主题。曾在立陶宛发现的最大琥珀块被取名为"太阳石"，这件珍宝在帕兰加琥珀博物馆（Amber Museum in Palanga）两次被盗，如今已成为传奇物品。

琥珀与女性

由于在古代不列颠有对死者实行火化的习俗，因此要在不列颠诸岛确切了解琥珀如何受欢迎的程度几乎没有可能。1856 年在霍弗（Hove）发现的一个醒目的杯子由一块拳头大小的琥珀制成，是一位男性的随葬品，这位男性在3300 ~ 3200 年前殁去，现在仍然不清楚这个杯子是不是独一无二的。[21] 这种形状的一些由黄金制成的其他杯子在全欧洲都已发掘出来。对于不列颠来说，根据男性或女性的消费情况来讨论则很困难，不过在其他地区，情况却有所不同。

大约在公元前 8 世纪到前 4 世纪后期，伊特鲁斯坎人曾经统治今天意大利的部分地区，大致包括今天的托斯卡纳（Tuscany）、翁布里亚（Umbria）和拉齐奥（Lazio）。在这个中心区域，他们就能够控制第勒尼安海（Tyrrhenian）和亚得里亚海的贸易以及连接意大利半岛的南北路线。从那里的人们死后随葬的物品就可以证实它们的复杂性和抵达范围的宽广，以及女性与琥珀之间的一种紧密联系。专家们对此持有不同意见，他们认为随葬物品是否用于日常生活和在死亡时使用并不确定，因为有些物品可能仅仅用于随葬。不过，人们穿戴和修补琥珀的种种迹象表明这种材料被视为珍宝，受到人们的无比喜爱，琥珀本身的象征性内涵充分说明了宗教和礼仪的重要意义。

在伊特鲁斯坎社会，琥珀尤其代表着降生与重生，它被用来制作女神像和有关生育、分娩和进入后世的雕像。最明显的表现是女性岔开双腿，双手放在腹部。满载神像的各式船只据说与丧葬仪式有关。有些人物形象融汇了两种或更多的象征符号，这样做很可能是为了增强力量，例如将玛瑙贝（这会使人想起女性外阴或子宫）与繁殖力极强的野兔混在一起。类似这样的琥珀出现在已安葬的诸多女性的颈部、胸部上，尤其非同寻常的是，还在骨盆上发现了这类东西。[22] 墓葬中还发现，一些女死者身穿服装，被无数琥珀和玻璃珠子所覆盖。有些考古学家认为这是婚礼服饰。[23] 伊特鲁斯坎的一些墓葬表明，琥珀与女性有特殊的联系。不过，关于地理位置和当时情景的不确定性意味着琥珀主人们的性别和年龄将永不会被人所知，尽管在上述的情形下发现了被称为诸如摩根琥珀（Morgan Amber）的各类杰作，也让人觉得可以大致想象他们的原始外观（见图 24）。这些出土的丧葬物品中的许多种类今天看来雕刻感极强，被当作胸针别在身上。

在北欧，生育率较高的凯尔特女性也会佩戴琥珀，主要是腰带和用于炫耀的项链，她们身上佩戴的琥珀珠子会多达 500 颗。近年来，最引人注目的发现发生在德国拜特尔布尔（Bettelbühl）的一处坟墓，据认为埋葬的是一位王妃或女祭司，年龄在 30 ~ 40 岁；墓地还埋有另外一位女性，可能是她的女儿，时间大约在公元前 580 年。墓室装满做工相当精美的珠宝，包括 100 多种琥珀饰品（见图 25）。[24] 这处地点是已发掘的最早凯尔特精英阶层的一位女性坟墓。距离前述墓葬大约 100 年后，又一次同样豪华奢侈的葬礼在与此墓地的不远处举行，这一次琥珀展现的影响却有天壤之别。大约在公元前 500 年，长眠在德国格拉芬布尔（Grafenbühl）的一位男性被安放在一具装饰华丽、堂皇

图 24 一枚伊特鲁斯坎扣针（用于别住衣服），上有雕刻，被命名为"摩根琥珀"，年代大致为公元前 500 年，由琥珀雕制

图 25 在德国巴登－符腾堡（Baden-Württemberg）黑伯廷根（Herbertingen）附近，在一处未确定身份的凯尔特王妃墓葬中发掘的琥珀珠宝，约为公元前 600 年

奢华的棺椁中，棺椁镶嵌着琥珀棕榈叶饰物，据说是在意大利南部精工巧做的。他的墓地还埋着两座将琥珀作为面孔的狮身人面像，甚至在更遥远的塔伦托（Tarento）加工制作，这是位于希腊伯罗奔尼撒半岛（Peloponnese）的一个斯巴达殖民地。

琥珀岛

凯尔特人很可能就是居住在"北温德（North Wind）之外"的群落。古希腊历史学家希罗多德（Herodotus）写道，这里的凯尔特人制作了提洛的琥珀。希罗多德还认为有一条河"正对着北温德，流入了大海"。他听说琥珀就产自那里。[25] 有许多文献记载了琥珀产自北方一座神秘的大海，最早的记载之一是大致在 4000 年前用楔形文字在泥板上书写的，希罗多德撰著文献解释道："在大海中海风转换之地，商人们遍寻珍珠；在海洋中北极星升至最高处的地方，他们又寻觅琥珀。"[26]

如果希罗多德能多活 100 多年，他就能从皮西亚斯（Pytheas，公元前 3 世纪古希腊航海家、地理学家。——译者注）的经历中汲取营养。皮西亚斯从今天的法国马赛扬帆起航，动身向欧洲西北部航行。根据更晚些的老普林尼的记叙，皮西亚斯说有一座叫阿巴鲁斯（Abalus）的岛屿，"春天，在这座岛的海滨，琥珀夹杂在海浪中被抛上丢下"。皮西亚斯称该地区的居民为古特奈斯（Gutones）人，他们把琥珀当作燃料，并且与其邻居条顿族（Teutones）人进行琥珀贸易。[27]

学者们对此持有异议，认为无法确定波罗的海的众多岛屿中哪一座就是皮西亚斯所说的阿巴鲁斯，因为如果要认定这座岛屿，就应当了解水手们的航行路线。还有一些专家则坚持阿巴鲁斯这个名字是从凯尔特语词汇"苹果"演变而来，意指关于一座岛的凯尔特诸多传说。传说中，这座岛林木茂盛、郁郁葱葱，树上长满了各种果实，这些果子掉落地上就成了琥珀。更有其他的研究人员倾向于强调古特奈斯人是瑞典哥特兰（Gotland）岛上的居民。一位当代探险者声称提迈欧斯（Timaeus）是阿巴鲁斯的一个替代名称。他还讲述这座岛还有一个名字叫作巴希里（Basilea）。当下，学界对巴希里就是黑尔戈兰岛（Helgoland）存在某些共识。黑尔戈兰岛位于日德兰半岛西部、易北河出海口附近，是无生命的弗里斯兰（Frisian）神的虚构之地，其含义为"神灵之地"。巴希里说不定就是它的希腊化表达方式。

四处漂泊的琥珀

日德兰半岛或许就是环绕波罗的海诸多区域之一，波罗的海琥珀就被从这些区域交换至各地。长久以来，贸易路线的图示一直是琥珀研究的一个核心内容（见图 26）。现在，人们认为琥珀循着各种不同的陆地和河流路线，被运往南方奥得河（Odra）和维斯瓦河（Vistula）沿岸的内陆地区，最后抵达匈牙利和黑海。它很可能沿着易北河顺流而下，与伏尔塔瓦河（Vltava）汇合，穿过波希米亚南部到达林茨（Linz）和多瑙河。从林茨和多瑙河开始，琥珀就可能进入奥地利、匈牙利、德国和瑞士的市场，可能只需穿越阿尔卑斯山脉就可抵达意大利和亚得里亚海沿岸。[28] 今天，这些线路仍然在激发着人们的无穷想象力，由此而衍生出种类繁多的房车自驾旅游指南、邮票甚至硬币图案。在波兰，南北主干道公路直接就称作"琥珀公路"。在奥地利，罗马卡农图姆（Roman Carnuntum）曾经作为运输琥珀通往阿奎莱亚（Aquileia）途中的一个驿站，孩子们可以参加一个以琥珀为主题的寻宝活动，在多家餐厅中品尝与琥珀有关的美食，观赏一部琥珀音乐剧并可尽情随之一展歌喉（见图 27）。[29]

如果横跨整个欧洲的琥珀运输的这些机制和交易期待着进一步解释的话，则仍然需要更加广泛的研究。在波希米亚、奥地利、罗马尼亚、阿尔巴尼亚、塞尔维亚、希腊、斯洛文尼亚、克罗地亚和意大利发现的琥珀人工制品，其外形通常大体相似，但为什么这些地区的琥珀工艺品如此雷同，至今学者们还未彻底搞明白。随着时光的推移，人们或许能够弄清楚这些人工制品是否通过中

图 26　自波罗的海沿岸出发的古代和中世纪琥珀贸易路线
（此地图系原文插附地图）

图27 贝蒂·伯恩斯坦（Betty Bernstein）创作的"带琥珀魔块的小姑娘"，贝蒂·伯恩斯坦的船头装饰旅游倡议，www.betty-bernstein.at.

间环节或人员迁徙直接流向南方的消费者。不过，还有一些疑问在等待答复：有关琥珀向北到瑞典和芬兰，以及进一步往西至不列颠和爱尔兰的迁移路线是怎样的情形。例如，带有明显英格兰特征的诸多琥珀类型怎么会在德国南部和地中海克里特岛出土？直至今日，欧洲学者群体对琥珀是如何抵达亚洲的不甚了了，原因是同时期研究诸如中国等亚洲地区琥珀的文献，用英文或其他欧洲语言的版本很少。

古代中国的琥珀

中国最古老的琥珀是在四川省三星堆发现的。三星堆文化繁荣灿烂，与前面已讨论过的欧洲迈锡尼文明差不多同时代。这个最古老的物品是一件琥珀垂饰，外形犹如心脏，上面刻着一只蝉和零零落落的树枝，这件古物是在用于祭供的墓坑发掘的。[30] 后续的商朝（前 1600—前 1046）、春秋（前 770—前 476）和战国（前 475—前 221）时期的考古发现则比较稀少和罕见。已发掘琥珀的大部分是单一种类的珠子，但也有例外，也就是一些刻着雕像的琥珀小块，如用琥珀制成的老虎，随葬在河北省唐山市的一处坟墓，其中还有一具儿童的遗骸。[31]

在中国，琥珀真正用于消费和欣赏把玩的历史始于汉代（前 206—220）。在汉代，有很多人工制品和奇闻轶事流传至今，其中的内容主要渲染这种宝物的无上荣耀，展现出琥珀几乎成了天潢贵胄和高官显爵们的专用欣赏物。有一些当代学者简要地描述了它们的外形，琥珀枕头是其中最引人注目的，特别遗憾的是没有一件存留至今。[32] 相反，许多刻成老虎、青蛙、乌龟、鸭子、蝴蝶和兔子的小型装饰品被发现，上面还刻制着个人印章，这些印章仿制于青铜制品上的印章形式。[33] 此类动物与好运祝福和受到保护连在一起，佩戴它们的诸多痕迹表明这些饰品的实用性要强于纯粹的象征意义。发现这些饰品的情境和许多被穿孔的事实揭示出，它们曾经被佩戴过，其中部分还与碧玉和珍珠一起被制成项链或头饰品。[34] 2011 年，西汉海昏侯刘贺的墓葬被正式发掘。根据研究，刘贺于公元前 59 年去世，他的这座墓从此隔绝人世。在这座著名墓葬中的大量随葬品中有一枚琥珀珠子，这枚珠子的发现表明西汉也高度珍视琥珀保存昆虫的神奇本领，令人拍案叫绝。[35] 大量汉代琥珀还在中国国土以西的地区被发现，例如阿富汗的提尔亚（Tillya）土山。[36]

琥珀与古罗马

琥珀的大部分欧洲历史肇始于古罗马时代。首次大规模使用拉丁语记载叙述琥珀就可追溯至这个时代。这些文献著作不仅有助于总结以前的撰著，还能深度解读当时对这种神奇物品的痴迷。其中老普林尼的巨著最为人知，他是一位政治家、军事统帅、哲学家和自然学家，在维苏威（Vesuvius）火山爆发过程中不幸罹难。这次火山爆发在公元 79 年 8 月，活生生将庞培城夷为平地，变成一片废墟。[37]

老普林尼专门用了两个章节阐述琥珀。在第一章他对一些"谬误"进行了抨击，这些谬误涉及琥珀的起源和本质，在第二章中描述了琥珀的种类和用途。这并不是一种他个人希望拥有的东西。老普林尼把琥珀的制成品视作一种奢侈物。他曾经见过琥珀被用来星星点点地装饰容纳动物的网，这些动物被置于多座圆形露天竞技场中，古罗马人还会用琥珀装饰兵器、座位和其他设施。老普林尼认为琥珀没有任何特别或明显的应用价值，然而女人对这种东西日思夜想，垂涎欲滴。雕刻哪怕极小块的琥珀都会耗费大量比奴隶还要贵的银两，他十分反感。尤维纳尔（Juvenal，60？—140？古罗马讽刺诗人）稍晚些时候在其作品中讽刺豪掷千金购买琥珀的那些豪门，嘲笑一个富豪的荒唐举动。据说这个富豪急三火四地订购了"一群奴隶，让他们随身携带防火水桶，日夜值守"，为的是看护"他数不清的琥珀、雕像、弗里吉亚（Phrygian）大理石雕刻品、象牙和乌龟壳制成的匾额"。[38]

老普林尼听说有些古罗马伙伴已赶往波罗的海，得知波罗的海地区的人把琥珀视为 Glaes（拉丁语为 Glaesum），意思与当下的现代词汇"玻璃"差不多。他们还谈论一座岛：奥斯特拉威亚（Austeravia，其中 rav 在丹麦语和挪威语中意指"琥珀"，是从挪威语的 Raf 演变而来，意为"狐狸"），也称为格拉赛利亚（Glaesaria）。老普林尼死后大约 20 年，塔西佗在他的书中写到了这个地区。他注意到这个叫艾斯蒂（Aesti）的人，居住在"苏比克（Suebic）海的右岸"，在浅水区和岸边收采 Glaes：

> 同往常一样，与野蛮人在一起，他们既没有询问也没有确定琥珀的本质，或者制作琥珀的原则；相反，琥珀在那些漂流到岸边的器物中显得毫不起眼，长期不被注意，直至我们的奢侈放纵、挥霍无度赋予它一个名分。对野蛮人而言，琥珀毫无用处：他们粗鲁地收集，不做任何加工就转出手，待他们收到大量酬金时，惊讶得目瞪口呆。[39]

古罗马人发展了比日耳曼人先进得多的文化和技术，在这种情况下，他们将琥珀工具化。在萨姆兰德的几座墓地中发掘的多枚古罗马硬币显示出古罗马与这个地区紧密联系的深度和广度，直至 3 世纪。当今已出土的琥珀表明这个地区普遍缺乏琥珀制成品，这个情况告诉我们当地人把琥珀用于其他不同用途。罗马人无比珍爱的琥珀并不是在波罗的海地区加工制作的，而是在位于亚德里亚顶端的阿奎莱亚完成了这项工作。作为一座市镇，阿奎莱亚是加工琥珀的一个主要中心，从这里，精美而复杂的雕刻品被运往整个罗马帝国。[40] 阿奎莱亚的琥珀手工艺人们制作刀剑把手、香水瓶、把玩品、游戏和赌博用的骰子、梳子、编织纺纱用的小型工具、垂饰品以及罗马众神的雕像，尤其是丘比特（Cupid）和拉列斯（Lares）。

古代欧洲的琥珀

当西罗马帝国日落西山，最终崩溃时，欧洲大陆的政治格局发生了剧烈变化。[41]376 ~ 568 年，欧洲的各类人群离开各自的家园，长途跋涉，漂泊流离，最后定居在某些地区，远离故土，历史学家称这个时期为"大迁移"。200 ~ 500 年，生活在波罗的海南部沿岸地区的人们对琥珀的消费有了增长，域外地区的人则保持原来的水平，原因是他们在外交活动中使用琥珀，这相当重要。公元 6 世纪的政治家卡西奥多罗斯（Cassiodorus）回想起一个艾斯蒂代表团抵达拉文纳（Ravenna）的情景。代表团携带着一种波罗的海琥珀制成的礼品，敬献给东哥特王国的国王狄奥多里克（Theodoric）。这个礼物似乎就是个丧门星。艾斯蒂人宣称无法解释这种材料来源的更多细节，就让人不得不产生一种想法，他们是在故意隐瞒着什么。[42]

在罗马帝国统治的真空时期，东哥特王国迅速发展起来，实力雄厚，但只是几个强势的势力之一。在北高卢（North Gaul，现在的荷兰、比利时和卢森堡以及德国的莱茵兰），那里居住着法兰克人，由历代墨洛温王朝（Merovingian）的国王统治。在英格兰，则居住着盎格鲁－撒克逊人。所有人都用琥珀，主要的形式是琥珀珠子，数量惊人。最近对墨洛温王朝大约 200 座墓地的研究也验证了这一点，共发现 5500 处单独用琥珀随葬的情形，这意味着在墨洛温王朝的墓葬中，每十颗珠子中就有将近一颗是琥珀制成的，三座墓中大约有一座，在其中发掘的众多珠子里含有琥珀。[43]在中世纪早期的英格兰，朴实无华的琥珀珠子被缀在一个水晶制作的纺锤形螺旋环上，很重很大。琥珀剑珠，也就是缀制于剑上的纯琥珀珠子，表明用琥珀可以护佑武士，还可作为身体的装饰物。[44]这些情形显示了人类与琥珀共享关系中连续性和普遍性的种种现实元素。

琥珀在古代中国

三国时期（220—280），中国人开始用琥珀来装饰自己。皇室家族成员和王公贵族们继续用琥珀随葬，正如汉代利用琥珀的情形，权贵们象征性地使用琥珀就始于这个时期。[45] 然而，第一个千年也是中国琥珀变革的一个时期。直至 20 世纪，琥珀在镶嵌物中的广泛应用在西欧都没有出现过；但在中国，运用这种技术制作的最早镶嵌饰品样本留存至今，这件物品可追溯至东魏（534—550），出土于一个年轻的柔然公主（死于 550 年）之墓，受到了西塞亚（Scythian）同类制品的启发。[46] 到了唐代（618—907），在镶嵌物中使用琥珀得到了进一步发展，在类似香炉这样的物品中镶嵌了琥珀，容器和饮酒器皿中也使用了琥珀。

尽管缅甸硬琥珀在东汉时期就已知名，但似乎在这个时期和之后的年代，中国耗用琥珀中的大部分都产自波罗的海地区。《魏书》《梁书》《隋书》和《旧唐书》，所有这些记载的名字所代表的地域都位于中亚和西亚，是提供原料的诸多地点，也是一些城镇，例如杜尚别（Dushanbe）和撒马尔罕（Samarkand），它们位于丝绸之路的途中。有一些资料还强调了大秦的重要意义，或者至少据他们所知，大秦的部分地区就是如此，这"部分地区"大概相当于现代的叙利亚，大秦是古代中国对罗马帝国及近东的称谓。唐宋诗人、词人们在把琥珀的颜色比作兰陵美酒的黄色。兰陵酒是由稻米、大麦或谷物发酵而成。无论答案如何，将琥珀当作比喻物表明这种物品已为人类所充分了解，作为共同感受的参考物。[47]

琥珀并不仅仅被制成各式各样的饰品，它还被人们珍视为具备某些保健养生的特质。在 18 世纪末期的西安何家村宝窟中发掘了大量银质小盒，小盒中就有琥珀，这些银器是宝窟中物品的一部分。同时出土的还有药品、香料和分类为佛教七宝（Seven Treasures of Buddhism）的许多珍品。有些时候，琥珀还被视为宗教信仰中各类神石的一种，另外有些人怀揣琥珀，寓意着佛陀的鲜血。所以，琥珀在佛教徒的供祭物中长期扮演着一个角色。

部分琥珀制品还拥有让人着迷的传说。发掘宝鸡法门寺时，在这座寺庙地下的密室中发现了一些琥珀小猫。当初建这个密室是为了供奉佛陀的一个舍利子。在一段时间里，当地普降大雨，冲走了寺庙的部分建筑，雨后对法门寺进行了发掘，发现了舍利子。由于舍利子的发现，登时引发了巨大轰动。相同主题的发掘也在欧洲出现了，其中发现的样本与中国的相比使人认识到，在欧洲也存在自己的琥珀制作方法，并且使用波罗的海琥珀。人们认为大量琥珀被当作一种礼物赠予唐代宫廷，可能是通过丝绸之路。丝绸之路很快就在中国琥珀历史上起到了重要作用。提到琥珀所处的古代中国，既不是指唐代，也不是指宋代，这两个朝代的琥珀集中了当时人们对狮子的几分关注，而是指辽代（907—1125）琥珀，契丹人统治着中国北方的大片疆域。大约在公元1000年，欧洲的同时代人维京人（Vikings）和契丹人达到了他们军事实力的巅峰。[48]

在辽代的许多陵墓中发现了相当数量的琥珀（见图28和图29）。在内蒙古通辽市奈曼旗青龙山镇，有一座陈姓契丹公主（卒于1018年）的坟冢，在这座墓中发掘

图28　中国辽代匾额的竖状琥珀装饰物，时间为11～12世纪

图29　中国辽代匾额的横状琥珀装饰物，时间为11～12世纪

出了 2000 块琥珀，令人惊愕。这位公主及其夫婿被随葬了大量琥珀珠宝、诸多琥珀香水容器和琥珀为把手的狩猎器具。对这些琥珀的鉴定表明这些琥珀中的大部分源自波罗的海地区，并且据认为中国不仅通过当时丝绸之路获得琥珀，还会经由更北端的"毛皮之路"达到同样目的，"毛皮之路"是由基辅罗斯（Kyivan Rus，又称罗斯公国）人探索形成的。罗斯人从波罗的海运输琥珀，途经诺夫哥罗德（Novgorod）向南行进，顺着伏尔加河和第聂伯河进入拜占庭帝国和阿拉伯世界。他们还经由陆路与高加索和蒙古汗国（Khanates）开展琥珀贸易。尽管我们现在已经了解黎巴嫩的琥珀数量不多，几个世纪以来，只有波罗的海琥珀才能不费力地进入近东和中东。[49]

高加索和西亚的琥珀

维京人在里伯（Ribe）、海泽比（Hedeby）和比尔卡（Birka）加工波罗的海琥珀，是琥珀向东旅程的早期关键力量。他们在诸如拉多加（Ladoga）的地方用琥珀交换俄罗斯的毛皮。从那里开始，商人们又把琥珀运到伊朗和伊拉克。到了 11 世纪，琥珀在加兹尼（Ghazni）的穆罕默德（Mahmud）宫廷的头面人物中人人皆知，人们创作诗歌，抒发对琥珀的喜爱和赞美。诗人温苏里（Unsuri）和法卢基·西斯塔尼（Farrukhi Sistani）将人的泪珠比作琥珀，把勇士们在战斗中抛洒的热血比作琥珀小珠。[50] 在之后的 13 世纪，波斯诗人鲁米（Rumi）看到人们轻轻抚摸琥珀时，就像恋人的相互吸引，就把琥珀的魔力比喻成"力挽狂澜"。[51] 琥珀的怪异特征在阿拉伯语和波斯语中被奉若神明，意为"稻草强盗"，就是拥有吸引极轻物体的神奇力量。

琥珀的这类信息源被片面地理解。大约与鲁米同时代的一位人士写道，琥珀也出现在伊朗北部的呼罗珊（Khorāsān），它们是从波罗的海经由东欧或中欧而来的。[52] 在 1 千纪下半叶至 11 世纪，关于波罗的海琥珀广泛地出现在西亚这种现实，人们找到了越来越多的证据。近年来，考古学家在发掘蒙古侵入罗斯公国领土时被毁坏的财物时，发现了一些证据，而且这还在某种程度上进一步坐实了这种观点。在距莫斯科以东约 195 千米的弗拉基米尔（Vladimir），一些总重为 200 千克的琥珀在一座房屋的废墟中被发掘出来，这座建筑在 1238 年遭到毁坏。当时人们根据大小，把这些琥珀划分为不同的等级，保存在不同的篮子中，顺次搁在这座地窖的几个架子上，这表明了专业化的一种程度。在基辅，一位商人的住宅保存着琥珀加工的证据，已经发掘出来，这座城市在 1240 年遭到了洗劫。这些证据显示出有 3 个不同的琥珀作坊，还有一些未加工的琥珀以及加工好的琥珀珠子和十字架。[53]

中国辽代的琥珀

基辅距离波罗的海仅仅只有 965 千米，距青龙山的距离大约是前述距离的 8 倍。青龙山位于辽代中京以南地区，波罗的海琥珀在这里极其珍贵。在辽代时，琥珀只限于皇族成员和豪门贵族拥有，即使如此，当时在整个帝国也做不到敞开消费。证据显示，层出不穷的物品随葬在许多陵寝中，这些墓冢中的许多座不幸遭到盗窃，盗贼们很可能是冲着墓室里的上乘琥珀而来。许多琥珀葬品今天仍充满无穷的魅力：光芒四射、姿态万千的凤凰，汪汪叫唤的群群小狗，个个令人馋涎欲滴的水蜜桃，熟透绽开的堆堆石榴，还有婉转动人的朵朵牡丹。琥珀也会被刻成具有契丹人特征的形式：船头挂着渔网的小船或胖乎乎的熊和高贵的鹿，这些都反映了捕鱼和狩猎对契丹人生活的重要性。学者们认为在契丹人的社会，穿戴琥珀不仅仅是地位和财富的象征，还是国家、政治和文化归属的标志，可以把他们与其邻人们区分开来。[54]

与湛蓝的土耳其玉、鲜红的珊瑚、晶莹剔透的水晶、洁白的珍珠和青翠的碧玉、金光闪闪、熠熠生辉的黄金穿戴在一起，琥珀洋溢着橙色光芒，在众多明快的色调中，它独具魅力，赋予契丹人的躯体以充满活力的生命力。众多考古学家分析从一些陵墓中发掘的不同琥珀排列方式时注意到，琥珀若是佩戴在头盔上，特别能勾勒出脸部的轮廓。在陈姓公主佩戴的华丽头饰上，两条琥珀龙形成了一条由珍珠丝线缝制成的头饰带的尽头。形态万千的精致黄金叶饰品从两条龙上垂落下来。在阳光下，整个头饰必定给人营造出一种魔力般的印象、光芒四射、栩栩如生、令人震颤。后来的契丹琥珀在实用化上发展迅速，如同他们装饰性琥珀的超高技艺一样。大量雕刻秀美的外形实际上就是一些容器。这些琥珀小囊被认为是在穿戴时需要悬挂在腰带上或者卷进衣袖里。这样穿戴的目的可能是用来保存芳香料、花茶、粉末类药物和化妆品。对于这些不规则的原始块状物品所呈现的如此意想不到的形式，辽代人通过这些小囊和其他物品展现了他们非凡的应对和处置本领。他们在其他诸如翡翠等珍奇材质上表现的艺术品位与当代作品的紧密程度让人们意识到，它们是同一批能工巧匠的不朽杰作。不过，这些技艺高超的匠人被湮没在茫茫的历史长河中，还没有证据表明那些传世佳作的制作者是谁。

琥珀与供奉

琥珀也现身在契丹人的供祭品中。佛教是契丹人的一种新宗教，琥珀被用来雕刻菩萨像，刻成莲花花瓣和小型金刚杵（仪式上使用的装饰性兵器），这些作品至今仍然保存着，例如山东青州的白塔中琳琅满目的琥珀珍宝。琥珀还用作精造微型舍利塔，如在天津的独乐寺，寺中也有大量穿了孔的琥珀块，可能曾经用来装饰。对于其他地区装饰了金叶的琥珀，人们也都已搞清楚，这是一种与敬拜佛陀传道有关的惯例。为了确定它们的真正目的，需要开展更深入的研究，但这些琥珀或许就是供奉物品或献给佛陀的祭品。如果是祭品，那么问题来了，这些琥珀的主人们赋予琥珀的重要意义何在，尤其是在陵寝中通常见不到它们的身影。在欧洲，古代人们使用琥珀的实践显示出随着基督教的出现，经历了一次复兴。在英国，最早运用琥珀制品赞美耶稣基督及其宗教要追溯到8、9世纪，这些珍品保存到了今天。这些琥珀的使用很谨慎：部分小块突出镀金的银质服装纽扣，这些纽扣被塑造成较大的环形，被几根细长尖状饰针一分为二。最著名的琥珀饰品中有两个，即精工细作的亨特森（Hunterston）胸针和塔拉（Tara）胸针，预示着耶稣基督的复活（见图30）。[55]

图 30　19 世纪 30 年代在苏格兰发现的胸针（约公元 700 年），由黄金、白银和琥珀制成，在爱尔兰或苏格兰西部打制而成

　　人们的虔诚信仰清晰地展现在诸如圣杯等的器物中：基督徒用来主持圣餐仪式所用的器具。这个仪式是基督徒饮下象征着耶稣鲜血的葡萄酒，赞美基督为全人类的殉难。自从罗马时代起，琥珀就与葡萄酒联系在一起，它的颜色被喻作白葡萄酒，这种葡萄酒产自意大利罗马与那不勒斯之间的法勒纳斯山（Mount Falernus）上，被储存在双耳细颈椭圆土罐里，经过 20 年的熟化后，酒的颜色变为红棕色。在爱尔兰，琥珀被点缀在德里纳弗兰（Derrynaflan）圣杯上，把朴实无华的葡萄酒与一种器物相联系，而这种器物具有葡萄酒般的自然颜色。琥珀还作为镶边用作装饰福音书，这些福音书本身就是上帝圣言的实际体现。在礼拜宝物中，这些琥珀归属于圣杯和其他礼拜仪式器具，精美的镶边则重点提示人们，圣经不仅仅是用来读的，还要用作欣赏。

琥珀作珠宝

历史上的琥珀器物是由工匠们辛勤打制的，他们是谁，在何时、何地，为何目的制作这些用品，我们几乎一无所知，但是对于器物本身我们还了解一些情况。在兵荒马乱、战事纷争的 10～12 世纪，为了安全起见，人们掩埋了德里纳弗兰圣杯。亨特森胸针上刻上了一位女性的名字，八成是它的主人。这位女性名叫迈尔布里格达（Melbrigda），一个普普通通的爱尔兰盖尔人的姓名，这个名称与圣布里奇特（St Bridget）崇拜有关。不过，十分有趣的是，胸针上的字母和单词是用维京如尼文（Viking Runes）和古挪威语（Old Norse）书写的，令人惊奇的是，胸针竟然是在苏格兰发现的。维京人与罗斯人的联系是波罗的海琥珀能够到达东亚的关键，并且挪威人自己就十分喜爱琥珀。在都柏林和约克郡就有许多琥珀作坊，为新斯堪的纳维亚人和原来已有的当地人制作珠子、垂饰品、许多外形像锤子和斧子的制品、雕像和游戏用玩物，锤子和斧子形的制品可能与托尔神（Thor）有关。[56] 其中一些还有一种使人陶醉的力量。一种小小的琥珀游戏玩物被做成一位男性的形象，好似一位圣贤，轻抚着他长长的胡须，在漫长的岁月中镇定地沉思。

人类在最原始的时期就开始利用琥珀。在已有的琥珀制品中，人们在许多表示神灵化身的场景中都用到了它——有时过于充裕慷慨，有时又不为人瞩目。有些琥珀成品永远被视作珍宝，传承了一代又一代，其他器物被供奉给诸位神灵或人类灵魂的寄托如佛陀和耶稣基督，这些器物不会在人间流传，还有一些琥珀物品随葬了它们的主人们。考古学家和历史学家这两个群体可能永远都弄不清楚琥珀制作者和琥珀主人的个人意图，或者他们与琥珀的关系。鉴于没有更丰富的文字证据，他们或许也永远不明白这些琥珀所起的作用或对他们的影响。本章重点阐述了流转至今的琥珀所蕴含的古代和中世纪初期的文化；后面的章节中会与本章有所不同，我们将着重依据更加汗牛充栋的幸存文档、视觉和物质证据来讨论琥珀。

四

琥珀的发现

在浩如烟海的文献中，古罗马作家老普林尼是第一个探讨琥珀的发现地和发现方法的。它聚焦于遥远的波罗的海沿岸，他被告知那里发现了琥珀（见图31）。他还了解到，琥珀的出现与季节性的天气规律不同，它们是在春季被海浪抛起的，这个季节琥珀出现的数量最多。[1]塔西佗后来进行了详细的描述，他注意到当地人非常积极地搜寻琥珀，他们从浅海区捞出琥珀，在海滩上捡拾琥珀。[2]2000 多年后，这种情况发生了变化。1929 年，柯尼斯堡（Königsberg，现为加里宁格勒）大学的一位教授奥托·帕内思（Otto Paneth）在给他的兄弟的信中解释人们轻而易举地发现了琥珀（加里宁格勒市是波罗的海琥珀发掘区域的中心）：

> 在这里，一场大雨过后的某些天，如果一个人顺着海滨散步并且足够幸运，在某些已经找到"琥珀矿脉"的地区，他自己不费任何周章就能找到大量的小块琥珀。"琥珀矿脉"在与此地海水保持相同距离的条件下，能够延绵数千米。这场暴风雨把海草冲卷成了一个大长条，堆积在一起，海草堆中夹杂着数也数不清的琥珀碎块，在阳光照耀下，金光闪闪。[3]

帕内思注意到大块琥珀更加稀少。几个世纪以来，如果能够偶然碰到大块琥珀，根据法律规定必须上交当局。这种做法是从条顿骑士（Teutonic

图 31　靠近俄罗斯加里宁格勒州斯韦特洛戈尔斯克（Svetlogorsk）区顿斯科伊（Donskoe）村
［前东普鲁士大德施凯姆（Gross Dirschkeim）］的海岸

Knights）抵达这里时开始实行的。本章将讲述在过去的 500 年里，人们是怎样
不停地找寻琥珀的故事，概括在前工业时期、工业时期和后工业时期所使用的
各种各样的方法。抢掠、搜寻与开矿是人类最早与琥珀接触的三种途径。无论
采取哪种收集琥珀的方法，都是人类与它们漫长交往旅程中迈开的第一步。历
史可以见证，在这一过程中，琥珀可能被像废物一样扔在一边，也会在几个大
陆间运来运去。

条顿骑士

在欧洲和中东地区，条顿骑士指的是一个进行军事征讨的骑士组织。在
13 世纪，他们控制并促使普鲁士皈依基督教。普鲁士曾经而且至今仍是通往

波罗的海琥珀矿区的重要枢纽，也是西方世界最富裕的地区之一。条顿骑士团颁布、实施了"监管权利"（*Droit de Régale*），这是一部古老的法律，允许统治者拥有对狩猎、捕鱼、开矿（矿石或盐）及森林的唯一所有权。在普鲁士，他们也把这部法律适用于琥珀。到了 18 世纪，有一天，哲学家伊曼努尔·康德（Immanuel Kant）留意到这个事实，并在他的《法律哲学》（*The Philosophy of Law*，1887）中加以引用，讨论领土权力如何能无限延伸的。骑士们授权经特选的极少部分人员，允许他们采集和售卖这种珍贵的琥珀资源。生活在重要贸易市镇如吕贝克（Lübeck）和布鲁日（Bruges）的许多商人和手工艺人作为中间环节，将这种材料流通到全欧洲和其他更远的地区。在一段较短的时间内，远比之前更多的人能够在更广的范围内获得琥珀。[4] 琥珀收入迅速占到骑士团全部收入的近 40%。[5]

骑士团为了保护这种收入来源，对那些未经允许而寻找琥珀的人员实施惩罚。这种制度的一个关键内容就是引入了一种被称作"琥珀帮办"（Amber Master）的做法。这些"琥珀帮办"主要负责将采集的大量琥珀集中起来，存放在指定的不同仓库，然后再进行分类。之后，源源不断的琥珀堆积如山，因此"琥珀主人"也变得更加残酷和肆无忌惮。一位作者在 16 世纪初期写道，一个幽灵般的"琥珀帮办"只要是在暴风雨之夜，就在各个海滩上逡巡。人们痛恨他们的卑劣行径，哭诉道："啊，我挚爱的上帝，琥珀自由，琥珀自由。"[6] 普通居民非法采集和占有琥珀的事实给许多作者以灵感，他们创作了大量轶事趣闻。在 19 世纪创作的文学闹剧中，这个事实也是其中一部《琥珀女巫》（*Maria Schweidler，die Bernsteinhexe*，1838）的关键素材。[7]

找寻和转运琥珀具有很强的季节性。在波罗的海地区，要避免在秋季和冬季的大部分时间装船启运。政治上的统治也是步履维艰，难以为继，骑士团时不常会卷入各种冲突当中（见图 32）。1467 年，波兰－立陶宛击败了骑士团，他们的领土被分割。西部的波美莱里亚（Pomerelia），加上位于中心地带的但泽（现代的格但斯克市）成为波兰－立陶宛的一个封建领地，由卡齐米尔（Casimir）四世雅盖隆（Jagiellon）统治。东部领土，从西南部和马林韦尔德

[Marienwerder，即波兰克维曾（Kwidzyn）]附近的维斯杜拉河下游一直延伸到东北部的梅梅尔河 [Memel，也叫作涅曼（Neman）河]，仍然归骑士团控制，但条件是骑士团也必须服从此地卡齐米尔国王的统治。骑士团元气大伤，铩羽而归，这就是由于双方对琥珀的争夺而导致的后果。

图 32　1410 年，古兰沃德（Grunwald）战争或第一次坦嫩贝格（Tannenberg）战争在波兰 – 立陶宛军队和条顿骑士团之间展开，图片源自迪博尔德·席林（Diebold Schilling）的《伯尔尼官方编年史》[*Amtliche Berner Chronik*，vol. Ⅰ（1478 ~ 1483）]

寻觅琥珀

根据一位编年史作者的记载，卡齐米尔国王慷慨大度、浪漫而富于善意：

> 当他了解到天空、作为珍珠之母的丰富宝库的海洋、珊瑚、天然磁石、琥珀，还有其他诸如此类的宝贝既属于富人，同样也属于穷人时，他尽到了作为一位基督徒应尽的责任。他把这些东西送给了居住在普鲁士的每一位居民，无论他们姓甚名谁，所以这就是琥珀现在采集和售卖的情形。[8]

卡齐米尔国王支持在但泽成立一家由琥珀从业者组成的行会，废除之前骑士团长期施加在琥珀行业的种种限制。条顿骑士团自然坚决反对，但最后不得不作出妥协，愿意满足琥珀手工艺人们的要求，尽管开始时只是实行一年。

关于这个时期的琥珀采集有两个信息来源，两者都提供了一些人们在辛勤"寻觅"琥珀的最早证据（见图33），而不是不劳而获、一本万利的强盗式劫掠。首个证据是一篇论述，据称是由当地多明我会（Dominican）的修士西蒙·格鲁瑙（Simon Grunau）在约1520年撰写的，他住在维斯杜拉河潟湖畔托尔科米特村（Tolkemit）[现在的托尔克米茨科（Tolkmicko）]：

> 在夜间，你可以看到琥珀闪着微光，在水中漂来漂去；不过，最大的那些琥珀块都沉在海底。但是如果一场暴风雨从北面呼啸而至，所有住在附近的农民必定会忙不迭地向海滩狂奔，带着网跑进海里，摸索着捞起漂上来的琥珀。只要有人采到琥珀，不管多重，他都会得到相同重量的盐。许多农民就这样在捞琥珀时淹死了。[9]

第二个证据来自学者格奥尔格·鲍尔（又称格奥尔格·阿格里克拉）。他

图 33 雕刻版的卷首插页，献给菲利普·雅各布·哈特曼（Philipp Jacob Hartmann），选自《苏奇尼·普鲁西奇物理和文明史……》（*Succini Prussici physica & civilis historia . . .*，1677）。请注意，装琥珀的这些篮子挂在琥珀采集者的脖子上。站在陡沙丘前面的这个男人拿着铁锹，肩上扛着网的那个人双膝浸没在水里

以萨克森的数座重要矿藏开采市镇之一为研究依据，这座镇子距离西南部超过600千米。他的专业研究领域是矿物质和金属的形成、提取及其特性。他在这些领域进行了更大范围的研究，最终结出了硕果，于1546年出版了专著，书中就包含了不同琥珀矿藏的众多细节，正如当时人们所了解的那样。书中还准确介绍了琥珀采集的地理位置。他的研究集中在萨姆兰德。他写道：

> 苏迪尼（Sudini）族那里有大概30个村子（苏迪尼是住在那里的人群的名字），他们住在这个海角的部分地区，靠近布鲁斯塔［Brusta，现在是马亚克（Mayak）］，这些人现在利用小网采集琥珀，就像他们捕鱼那样……正如他们所说，他们不断积累实际经验，慢慢找到了采捞这种矿物的最佳方法，然后口口相传，把这种知识一代一代传下去。

当北风和西北风吹来时，

> 人们……无论黑夜还是白昼，都会火急火燎地从各自的村子里跑出来，奔向海滩。海滩上，大风涌动着滔天巨浪。人们带着他们的渔网，渔网用亚麻绳织成的，用叉子扎紧长竿的顶端。男人们奋力撒开与人的手臂长短差不多的渔网，女人们则是作为帮手。当风停息下来时，此时的海中还是白浪滔滔，全身裸露的男人们，紧紧跟随着每一波海浪奔向海里，从他们的网中收采琥珀，此时的琥珀都被冲在了网的底部。与此同时，他们还把一些被冲上来的植物拉过来……他们手脚麻利地收集琥珀和任何植物，当下一波海浪涌来时，他们又要奔向海滩，妻子们则清空捞琥珀的网……在这一年的整个冬季，妻子们用衣物温暖着丈夫已被冻僵的赤裸身体，这些衣物事先被妻子用火烤热，以便他能打起精神再次返回海里去奔命。丈夫一次次地回到大海，直到一无所获……他还不得不把费尽千辛万苦找到的琥珀交给一个工头，这个工头会付给他一份与所上交琥珀等重量的盐。[10]

格鲁瑙和鲍尔都记录了琥珀是用来换盐。由于住在海岸边的农民同时又是渔民，盐可用来腌制他们捕获的鱼。尽管如此，渔民靠大海为生，这显而易见，但有时他们也会受到惩戒，仅仅因为他们会假装去捕鱼，实际上却是去捞琥珀。公开的法律禁止人们非法拥有琥珀（见图 34），渔民和农民有义务发誓：即使是最亲近的家庭成员拥有琥珀，也必须告发。在随后的几个世纪，不仅是渔民和农

图 34　有关盗窃和走私琥珀的法令，1664 年 3 月 24 日

民，他们的儿子们以及他们的佣人们（如果年龄允许）、邮差和神父们都有义务对此发誓，并且每隔三年就要重复一次。他们还必须参加采收琥珀的活动。在其他所有时间，所有的普鲁士海滩都严禁进入。惩罚措施包括罚款、鞭笞、驱逐出境甚至判绞刑处死，仅仅持有 50 颗琥珀，就会被判定为"盗窃"。

格奥尔格·鲍尔从没到过普鲁士，他一定通过从比较了解采集琥珀情况的人那里得知相关情况的。这个人可能是安德烈亚斯·戈尔德施密特（Andreas Goldschmidt），他是普鲁士医师的领袖，他甚至在 1551 年详细撰写了用琥珀治疗的方法。根据戈尔德施密特的记载，他由于拒绝去采收琥珀还遭到过一次罚款。他还解释道，用来捞琥珀的网相当大，有 70 厘米宽。戈尔德施密特专门强调，赤身裸体捞采琥珀并不常见，只是在少数几个村子存在着这种情形，方圆仅仅约 5 千米！[11]

尽管从旁观者角度看，这种做法很有趣，但裸体或许会避免溺毙。在一幅公开出版的木刻画中，采捞琥珀的人们站在齐腰深的水里（见图 35），十分醒目。一位 19 世纪的作者说，在他所在的时代，采收琥珀的人们通常要在海

图 35　琥珀采捞，约翰·阿莫斯［男子教名·夸美纽斯（Johann Amos Comenius）］创作的木刻画，载于《世界图绘》（*Orbis Sensualium Pictus*，1754）第二部分

中大步走上 100 步，或者赶到远至第三波海浪退去的位置。[12] 大量捕捞也比较安全。在 17 世纪末期，一个工头管理着两片海滩，每片海滩大概有 25 人捞琥珀。所以，一次捕捞活动差不多会有多达 50 位琥珀采收人，一天会有约 400人在萨姆兰德从事有关琥珀的劳作。

当在采收过程中造成的肿胀比较严重，人们无法忍受时，他们会退向一旁，互相包扎，让身体稍有喘息之机。捞琥珀用的网本身也能救命，随着狂风巨浪向着海滩不断地猛烈撞击，他们将手放进沙子里，紧紧抓住网竿。这一定是一个奇怪的场景。2015 年，一家英国报纸把在皮翁纳斯基（Pionersky）琥珀采捞人的这些活动描述为一种"鲁莽的寻宝"。[13]

捕捞琥珀也有多种更安全的方法。人们还可以驾船采集，这时采收人用长矛从海底搅动琥珀，使之排出，再从网中捞出琥珀，或者使用夹具也同样奏效（见图 36）。用钳子采收琥珀的产量是用网采收的两倍，因为钳子具备更明

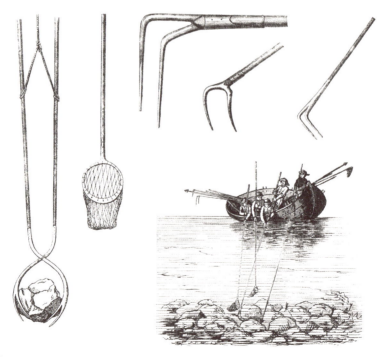

图 36　采收琥珀所用的工具，本图由威廉·隆格（Wilhelm Runge）绘制，《东普鲁士的琥珀》（ _Der Bernstein in Ostpreussen_，1868）

显的优势。最安全的方法是在腐烂的海草堆中寻觅已被冲洗干净的琥珀，妇人和孩子们也可以参与到这项寻宝活动中。在这种情况下找到的琥珀通常被称作"老琥珀"，因为它不断地被海浪剧烈冲刷、撞击和破碎。1537 年，老琥珀的卖价还不到海中采收琥珀价格的三分之二。[14]

从采收到售卖

关于采收活动结束后的流程，安德烈亚斯·戈尔德施密特在书中提供了清晰的资料。当时有一个充当琥珀帮办的人叫汉斯·富赫斯（Hans Fuchs），他安排人把收到的琥珀包好，装在一些木桶里，最后被运至洛赫施泰特〔Lochstädt，现在的帕夫洛沃（Pawlowo）〕。到达那里后，琥珀随即被划分成不同的种类。主要分为三类：普通宝石、百变宝石和混杂宝石。这三种类别的称谓听起来好像很怪异，但戈尔德施密特并没有详细说明这些术语的实际含义，他的同胞塞韦林·戈贝尔（Severin Göbel）在 15 年后解释道：

> 普通宝石的叫法是由于它们是最小和质地最差的琥珀小块，画家、木匠和其他匠人用它来作光洁面。第二种是百变宝石，你可以把它刻成或制成所有你能想象的形状。最后一种叫混杂宝石，它们是块头最大的琥珀。[15]

17 世纪，琥珀帮办汉斯·尼克洛·德米戈恩（Hans Niclaus Demmigern）起草了一系列的琥珀分类指引，更详细地描述了琥珀的大小、颜色和质地：

> 百变琥珀：长度与人的拇指长度相似，宽度和厚度也与拇指的长度相若，呈棕色或微红色。对前述的棕色或红色琥珀块而言，如果它们比这个尺寸标准稍大，但质地不佳，坚硬且裂缝较多，小孔粗糙且"被虫蚀"的话，都属于这一类。

混杂宝石的尺寸与上述标准相同，但呈黄色、浅黑色或浅色。如果一块混杂宝石比人的大拇指要长，比拇指更宽、更厚，但"被虫蚀"，布满小洞洞、粗糙或不健全，也属于混杂宝石这一类。

德米戈恩的分类指引还重点介绍了更进一步的分类：

> 顶级宝石：指那些又宽又大且坚硬的琥珀。同前，它的宽度和厚度与人的拇指长度相比更宽更厚，硬度还高。此类宝石清澈、明亮、坚硬，重量超过 70 克或更多，或者如果重量不足 70 克，但坚硬、清澈、炽热，也属此类。若此类宝石同时呈白色、甘蓝色或乳清色，可划为白色混杂琥珀；根据其大小不同，确定是否属于顶级琥珀。[16]

上述规定对普通宝石的分类细节并没有涵盖，除了所有的白色琥珀（备用作药物）以及罕见颜色的琥珀，罕见颜色的琥珀会被单独挑选出来并分别交给琥珀帮办。当下的场景与古代惊人地类似。根据重量，琥珀会被分类，之后依据尺寸，琥珀会被再次划分等级，然后统一根据重量进行销售。至 2020 年 2 月，重量在 2 ~ 5 克，混杂在一起的琥珀小块每千克的售价约为 450 英镑，500 ~ 1000 克的琥珀块为 4300 英镑。[17]

琥珀在洛赫施泰特完成分类后，盛装琥珀的这些木桶被运往柯尼斯堡（Königsberg），再从柯尼斯堡继续运往下一站但泽。在但泽，一位姓亚斯基（Jaski）的商人家族组织琥珀的销售，这个家族人脉活络，神通广大（见图 37）。1533 年，亚斯基家族首付了一笔费用，之后无论供货多少，每年再付预定的费用。1533 年，这个家族的第一顺位继承人保罗·亚斯基（Paul Jaski）被神圣罗马帝国皇帝封为贵族，获得了供应琥珀的权利，并在几个低地国家寻找了一些合作伙伴。他前后共生育了 10 个子女，其中有几个到欧洲其他地区上大学并定居国外。尽管条顿骑士团、普鲁士公爵们的许多继承人企图再次协商销售琥珀的权利，但保罗·亚斯基及其家族继续控制着琥珀的销售，时间超过了 1 个世纪。举个例子，在 1586 年，当格奥尔格·弗里德

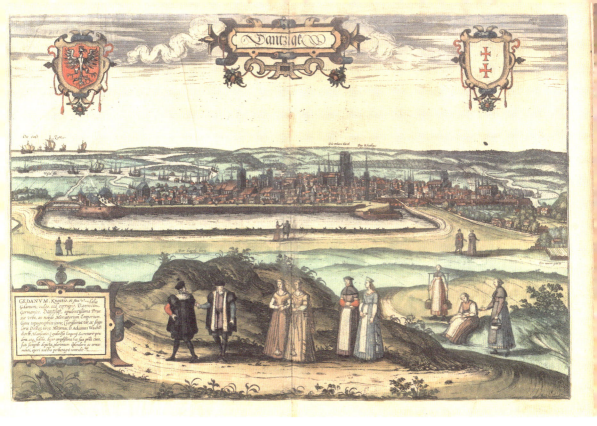

图 37　但泽（现代的格但斯克）的全景图，人工着色的版画，格奥尔格·布劳恩（Georg Braun）和弗朗茨·霍根伯格（Franz Hogenberg）共同创作，《寰宇世界》（*Civitates orbis terrarum*，1575）

里希（Georg Friedrich）公爵试图突破他们的垄断控制时，亚斯基家族立即求助于自己的保护人波兰国王，国王自然会站在他们一边，照顾他们的利益。不过，垄断局面最终在 17 世纪 40 年代被打破，当选帝侯弗里德里希·威廉（Friedrich Wilhelm）支付了等同于 880 千克白银的货币后，重新夺回了琥珀的控制权。

在 4 年里，琥珀价款的支付一直都在持续进行。1647 年，弗里德里希·威廉成为普鲁士首位统治者，完全掌控了从琥珀的海洋产地到销售的各个环节。[18]

绘制琥珀分布地图

一些由普鲁士当地人所撰写的多篇论述成为提供有关波罗的海琥珀的关键信息来源。但他们为什么要费尽心力地写这些东西？为什么在 16 世纪采收、分类和售卖琥珀如此重要？原因在于这个时期在政治统治和宗教信仰所发生的巨大变化。1525 年，条顿骑士团团长（Grand Master）、霍亨索伦王室的阿尔布雷希特（Albrecht of Hohenzollern）改变宗教了信仰，皈依路德教义（Lutheranism）。这个举动迫使他创立了一个世俗的领地，在这个领地上，他和他的继承人们从今以后就可作为君主进行统治。实力和地位上的巨变使阿尔布雷希特从此可以睥睨属于自己的这块领地、边界、历史以及雄厚资源。普鲁士公国是路德宗教改革的一块热土，阿尔布雷希特开始拥有强大实力，在这块土地上能够八面威风、当权柄国、辖制他人，而不是仰人鼻息、忍气吞声。

阿尔布雷希特的周围围绕着一批基督教的新教门徒。菲利普·雅梅兰希通（Philipp Melanchthon）专门为他特选了这批人，他是马丁·路德（Martin Luther，1483—1546，德国神学家、宗教改革者。主要主张是"因信称义"，教会的作用退居其后。——译者注）的好友，也是一位宗教改革的同路人，曾经在久负盛名的维滕贝格（Wittenberg）大学学习并留校任教。划分领地是当时的重中之重。阿尔布雷希特统治后测绘的第一批地图特别突出了琥珀，划入囊中的还有萨姆兰德（Samland）、丘罗尼安（Curonian）潟湖和维斯杜拉河潟湖。奥劳斯·马格努斯（Olaus Magnus）的巨大地图"Carta Marina"（1539）表明了琥珀沿岸的位置，一位孤独的琥珀采收人也参与绘制这幅地图。萨博斯蒂安·蒙斯特（Sebastian Münster）撰著了《宇宙志》（Cosmographia），同时也绘制了琥珀地图，在他这部书的每个版本上，都会印上这幅地图，地图上清清楚楚地指点读者："此处有琥珀。"现在已知萨博斯蒂安·蒙斯特是参考了另一幅具有公爵爵位的天文学家格奥尔格·雷蒂库斯（Georg Rheticus）[19]所绘制的地图，这位天文学家提出了一个思路，支持有关普鲁士的一种地理边界学说，地图就是为此而绘制的。

了解普鲁士的地理，会同步明了普鲁士的自然禀赋。雷蒂库斯同样调查了普鲁士的琥珀，他是根据亚里士多德（Aristotle）的宝石理论讨论这个问题的。亚里士多德认为，太阳使地球的湿气蒸发，然后凝固。雷蒂库斯强调尽管太阳在普鲁士北部处于低位，但琥珀的生成并不会受到妨碍，他把这个情况作为下述的证据，即阳光倾斜时与向下直射时的强度相同。[20] 对统治者来说，了解自己家门口的宝贵资源十分重要，因为开发这些资源的独断权利非他们莫属，资源就意味着巨大财富。在雷蒂库斯所处的时代，自然资源不仅仅是偶然存在的地质矿藏，还代表着对这种非凡的上帝赠礼的赞颂。最近，加里宁格勒科技大学（Kaliningrad Technical University）的一位教授在接受采访时，使用了类似的表达方式，他说："琥珀不是一种特殊的物质，它是我们生活的一部分，非常珍贵又很超群拔类，这是赋予我们这个地区的一种礼物。"[21] 在 16 世纪初叶，矿产资源的开发使德意志的其他地区积累了大量财富，在阿尔布雷希特公爵治下，琥珀管理和收采的专业化使琥珀产业具备了较大潜力，大幅增加了领地的财富。一种复杂分类系统的推行与实用性和更大适销性的多样化可以方辔并驱，密切协同。

琥珀矿的开采

在 16 世纪的欧洲，关于琥珀是一种树脂的观点并没有形成共识。大部分普鲁士作家认为琥珀实际上是某些种类的沥青，是在陆地上生成的，在地上或海里硬化。琥珀可以在沙丘中挖掘，还能在海里找寻到，这些事实是上面这些想法的一个关键要素。在萨姆兰德西海岸的座座沙丘因一种被称作"蓝色大地"（Blaue Erde）的地理构造而闻名。这个称谓指的是一种包含海绿石的一个地层，其外表呈现灰 – 绿 – 蓝颜色。在这种沉积而成的地层，每立方米能产出近 2 千克的琥珀。据信这种地层形成了古代一条河流的三角洲。[22]

16 和 17 世纪，在沙丘里提取琥珀是一项艰辛浩繁的工序，因为"宝石身处 1 ~ 2 人深的地下"，矿工仅能使用铁铲而已。[23] 挖琥珀的人们在沙丘上或在沙丘下的情形在这个时期的一些地图中都有展现（见图 38）。这些人为了获得挖矿的许可，向公爵敬献了多桶啤酒，并承诺把将来从开挖琥珀获得收入的一部分奉送给公爵，公爵同意了。于是，座座竖井和矿井迅速充满了水，不过这种做法利弊兼具，根据一些文献记载，水可以从沙中洗出琥珀。用这种方式采矿似乎并没有全面铺开，一位地主在 1649 年做了许多尝试，他让自己的佃户们在一些沙丘上挖掘琥珀，这种做法被琥珀帮办所斥责，被称为"极度不寻常"。所有这些事实都说明了一个类似的故事：在 1670 ～ 1671年，大胡布尼肯（Gross Hubnicken）、沃尼肯（Warnicken）和格鲁霍夫

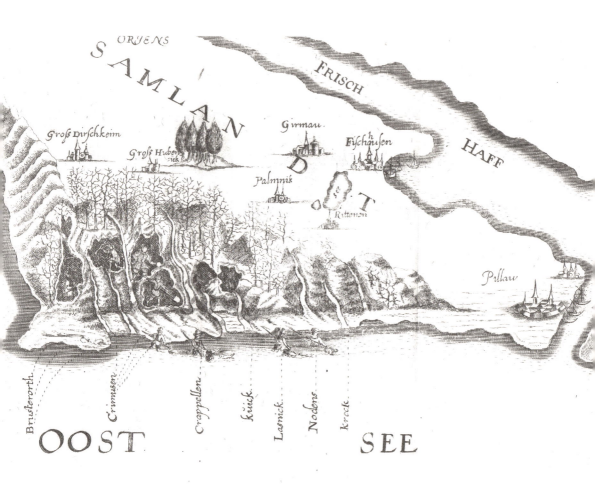

图 38　在沙丘中采挖、在海里采集琥珀，菲利普·雅各布·哈特曼的木刻作品，选自《苏奇尼·普鲁西奇物理和文明史……》（*Succini Prussici physica & civilis historia . . .*, 1677）。请注意左上的大德施凯姆（Gross Dirschkeim）的这个村子。画中的那些沙丘被拍成照片再现，如图 31所示。上右为菲施豪森的一瞥也在图 7 中展示

（Grünhof，现在的辛加维诺、莱斯诺耶和罗兹诺）地区的矿区仅仅只挖出了8桶琥珀。在1705～1715年，同一地区的沙丘琥珀产量更是悲摧，只有区区不到9桶。到了18世纪60年代，人们普遍认为这种方法彻底过时了，[24] 尽管直到今天，此法仍有人在用，尤其是在波兰马祖里亚（Masuria）地区和非法开采琥珀的地域。

目前，在世界上的其他地区，众多临时将就的矿井、竖井和巷道依然是琥珀产量最大的来源（见图39）。最近，在一个在线杂志上进行的一次调查性新闻报道中，披露了多米尼加共和国的一座当代琥珀矿令人恐惧的细节：

> 当我与科学家们到达时，这座琥珀矿里有一个红色防水布用作支撑，也给犬牙交错的洞口提供了些许遮阴。这只不过是在地上挖的一个洞而已，每个角落用竹竿撑起洞的几个侧面。在地下140英尺（约53米）的

图39 夸特罗（Cuatro）琥珀矿，位于多米尼加共和国埃尔巴耶（El Valle）地区，摄于2017年

洞里，有3个男人在四周的岩石上手工钻探，搜寻琥珀。我们站在那里观察时，旁边的一位年轻男性走向停在那里的摩托车，摩托车的引擎与一台滑轮相连。他发动了引擎，摩托车突然启动，噗噗地冒出一阵阵浓烟。引擎猛地拉动了滑轮，滑轮从矿井里拉升了一根绳子，首先拖出了一桶拳头大小的琥珀，然后把工人们也拽了上来，他们一个接一个地出现了，浑身是泥，赤着脚，光着上身。[25]

这位记者请一位中国科学家评价一下多米尼加琥珀矿与缅甸矿的区别。科学家的回答让人震惊："如果1分是绝对安全，10分是极其危险的话，那么今天这些矿井的安全是（原文如此）5分或6分，而我所看到的缅甸琥珀矿的得分是9分或10分。"

缅甸的琥珀矿位于胡康河谷，这个地区属于缅甸偏远的北部克钦省，人迹罕至，交通困难。由于此地与世隔绝，加之此地纷乱争斗的政治形势，外国人从没到过这个地区。几十年来，克钦省由于冲突频起，社会遭到了严重的撕裂。与普鲁士截然不同的是，关于克钦省琥珀矿的早期记载非常少。最早的英语文字记载还是在19世纪30年代由那些英国军人完成的。[26]一位叫S. F. 汉内（S. F. Hannay）的上尉在他的记录中写道，当地人自己开挖了许多矿井和洞来采掘琥珀矿，矿井深浅不等，从地下2 ~ 5米，大约1米宽。[27]另外有人注意到这些矿井稍微宽一些，许多井壁上还开了一些洞，矿工们把这些洞当作台阶向下行走。他们使用金属撬棍和凿子、木质锹和提桶等作为工具，这些物品用绞盘拉上落下。[28]现在，矿井的深度将近100米，但其宽度仍然只能允许一个工人容身来挖矿，尤其是，当地剧烈动荡的政治局势使得矿工们的采掘异常艰难。很少有人拥有自己的土地用于采掘，或拥有自己使用的装备。另外，如果遭遇不可抗拒的意外事故，他们也没有免费的安全保障，必须自掏腰包治病或救命。为了获许开挖或销售琥珀，他们还必须向国家政府的代表们和当地克钦族的民兵行贿，税收也要上缴给他们。目前，缅甸的琥珀产业利益丰厚，积金至斗。但有些学者指出，矿工们非但没有从琥珀行业中获益，这个行业的巨大利润还造成了巨大的动荡，而且这种动荡还会长久持续下去。不必说，动荡必然会损害矿工们的正常生活。

商业化运营

欧洲第一次实现琥珀采掘的商业化运营，出现在 19 世纪中叶。1855 年，通往库洛尼安（Curonian）潟湖公路的拓宽工程完工，丰沛的琥珀开采出来，收益和投资双双抬升。[29]1861 年，普鲁士商号斯坦蒂恩－贝克尔（Stantien & Becker）表示，如果可以继续采掘琥珀且被许可持有，他们愿意承担所有费用，支付政府每天的赔偿金。

斯坦蒂恩－贝克尔在传统的矿业开采技术的基础上，研发了一些新技术用以挖掘琥珀。当时琥珀在一处地层不断地被发现，而且地层呈青灰色，这令人兴奋的消息进一步推动了新技术的运用。[30]这类青灰色地层往往位于海平面下 5 米的区域，有些地方在表层土之下的 40 ～ 50 米处。有一处地点叫帕尔姆尼肯［当今的扬塔尼（Yantarny）］，这种青灰色地层仅仅位于地表下 1 ～ 2 米。斯坦蒂恩－贝克尔使用挖掘机掘进潟湖底床和沙丘，最后挖成了一些庞大的露天开采的矿区（见图 40）。起初，他们同意在每年的 5 ～ 9 月至少保证 30 天使用 6 台挖掘机正常工作，每天支付 30 马克。到了 1863 年，竟有 12 台挖掘机投入掘进工程，斯坦蒂恩－贝克尔把每天的酬金提高到了 45 马克。短短 5 年内，他们扩展了更大的作业范围，挖掘工期同时提高到了 60 天；10 年内，斯坦蒂恩－贝克尔飞速成长到了一家全年 365 天都在掘进的矿厂，雇用工人的人数达到了 1000 人。到 19 世纪末，这家商号开采的土方量是在浅海区和海滩通过手工开采量的 8 倍多。在琥珀开采中把潜水员派上用场就是打破常规的一种方法。弗里德里希·威廉·斯坦蒂恩（Friedrich Wilhelm Stantien）和莫里茨·贝克尔（Moritz Becker）在 1867 年的巴黎展览会（Paris Exhibition）上见到了新发明的潜水服。这种装备和两位法国教练随即被引入正在进行的琥珀开采工程当中。1869 ～ 1885 年，斯坦蒂恩－贝克尔的潜水作业工程雇用了 300 人，

图 40　19 世纪 90 年代，摄于东普鲁士帕尔姆尼肯（Palmnicken）的琥珀矿。照片载于埃米尔·特雷普托（Emil Treptow）、弗里茨·伍斯特（Fritz Wüst）和威廉·博尔歇斯（Wilhelm Borchers）的著作《采矿和冶金》（*Bergbau und Hüttenwesen*，1900）。也可参见图 38 中山丘上的"帕尔姆尼克"（Palmnik）

动用了 50 艘船和 60 套潜水装备。不过，这些装备的应用并没有带来预期的高收益，在 1882 年只挖掘了不到 8 吨琥珀，对海洋生态造成了相当严重的损害。

　　斯坦蒂恩-贝克尔实现了一种产业规模化的琥珀开采。一条新近通车的铁路方便了人员的往来，还运来了煤炭和巨大的软管，煤炭是挖掘机所需的原料，软管用来把琥珀从土里冲出来。在现场，还修建了一条铁路，把发掘出来的原料运往加工所在地。在这里，琥珀被用水猛烈冲刷出来，旋转进入滚筒，褪去它们的外皮，利用按大小分类的机器进行预分级。40% 的琥珀被送入下一道工序进行等级确定。在那里，人们手工将琥珀分成 10 个种类。适于加工成不同器物和珠宝的琥珀约占全部采收琥珀的 25%，随后这部分琥珀又会被分成 70 个类别。剩下的 75% 会被制成琥珀油、琥珀酸、琥珀漆和压缩琥珀。手工分类的琥珀倘若没有任何用途的话也会照此处理。总的来说，在此期间开采的所有琥珀的 75% 左右注定都将被像前述那样进行实际利用，用来制作器物和珠宝的琥珀只占少数。

1899 年，斯坦蒂恩 – 贝克尔的日常运营被所在的州接管，接管的工厂为"柯尼斯堡州立琥珀制造厂"（Königsberg State Amber Manufactory）。[31] 现在，挖掘工程在帕尔姆尼肯持续进行，自从 1945 年被并入俄罗斯以来，帕尔姆尼肯一直被称为扬塔尼（*янтарь*，意为琥珀）。第二次世界大战后，这个地区的琥珀实施了国有化，采矿工程一直在持续，琥珀产业收入占这个地区总收入的10%。不过，苏联的解体重创了国内市场，切断了与供应商和批发商的联系。1993 年，这家矿山公开上市，成为一家上市公司。后来，俄罗斯最高法院撤销了这家公司的上市地位。

21 世纪的琥珀

在 20 世纪 90 年代的大部分时间和 21 世纪的第一个十年，加里宁格勒的各级政府不断协调推动俄罗斯联邦政府将这家琥珀矿场和加工厂的股权转移至州政府。但随着这家矿山被指定为具有战略重要性，股权转让工作最后也不了了之，无果而终。2011 年，事情出现了转机。时任总统德米特里·梅德韦杰夫（Dmitry Medvedev）最后作出决定，将这家工厂从战略性企业集团名录中剥离出去，为当地政府参与琥珀产业创造了一线机会。

当前，参观者们可以站在普里莫斯科捷（Primorskoje）的一座巨大矿带的边缘，俯瞰矿山（见图 41）。在之前的矿山遭洪水冲毁以及其他琥珀矿资源枯竭后，此地于 2002 年对外开放。2011 年，这处地下的某些区域近 60 米深矿井的琥珀产量为 342 吨，这个数字远低于 20 世纪 80 年代的水平，那是一个辉煌的年代，所有矿井每年的琥珀总产量在 580 ~ 820 吨。现在这座矿井是作为加里宁格勒琥珀联合体（Kaliningrad Amber Combine）的一个成员在运营。随着连续不断的巨资投向琥珀产业，琥珀的产量将会逐年提高。预计在 2025 年，普里莫斯科捷的这家矿山的年产量将达到 500 吨。

图41 2015年，俄罗斯加里宁格勒普里莫斯科捷琥珀矿的露天开采

暗淡的未来？

现在，这家琥珀联合体面临着与不法琥珀贩子的激烈竞争。回望历史，20世纪80年代这家琥珀联合体的市场份额从15%稳步增加到新千年的近30%。[32]近来的调查研究显示，如果未经监管的开采和不法贩卖泛滥的话，法律监管的缺乏和执法力度的放松会成为迫在眉睫的大问题，未来形势不容乐观。[33]

琥珀产业的非法行为阻碍着这个行业的可信赖、可持续的发展。在乌克兰，尝试建立合法琥珀采矿的工作一直受到非法采矿活动的阻挠。2015年，乌克兰的开采量中大约90%的琥珀都没有取得许可证。2017年，警方仅仅在一个行政管理区就没收了149台水泵和软水管、58台车辆和差不多2.5吨的琥珀。据分析，只有10%～15%的非法开采琥珀曾经被发现、查获，剩余的被藏在汽车仪表盘、保险杠和人们所穿的靴子里。[34] 再看看波兰，有数据显示，出现在市场上的琥珀每 10 吨中只有区区 600 千克属于合法开采，国家每年流失数百亿的税收收入。当前，波兰政府正在酝酿立法，将未获得政府许可的琥珀采矿行为定为一种犯罪，就像古老的普鲁士曾经颁布的法律规定的那样。[35]

在缅甸，琥珀占据着一种奇怪的法律地位，其主要原因是它的化石含量丰富，这是缅甸琥珀的主要优势。自 1995 年开始，缅甸硬琥珀被允许合法出口，而搞笑的是，未经许可的化石出口早在 1957 年就被某部法律认定为非法的了，现在不清楚哪部法律属于上位法。缅甸人民拥有的极其珍贵的古生物时代遗产正在以惊人的速度流失。在轻便摩托车的车背、在轿车里、在船上甚至在大象身上，数不清的缅甸硬琥珀正在穿过边境，被走私到国外；其他的则沿街叫卖，能换取数千美元；剩下的则被制成廉价的首饰在全世界销售。今天，采矿会破坏环境的意识比以往任何时候都更加深入人心，无论是经过政府监管，还是未经监管的。悲哀的是，随着缅甸硬琥珀的开采，砍伐森林、水土侵蚀、栖息地的流失和土地退化等恶劣环境问题如影随形。

在波罗的海周边地区，一个由业余琥珀采收者和妇女组成的群体继续使用老旧的过时技术和知识采收琥珀。在岸边和浅海区，捞采琥珀时，他们留下的实体痕迹很少，正如与 19 世纪以前的那些人采收情况一样。是不是存在一个市场，专门从事用这种方法采收的琥珀交易？答案是没有。尽管在一些波罗的海度假胜地，有些度假家庭会付钱雇用当地人当导游，去采集、加工琥珀。不过，可以肯定的是，以一种"体验旅游"的形式采收琥珀，的确存在着市场。游客们会设法寻找，经历一种名副其实的真正体验，作为人生唯一的记忆长存在脑海中，这种做法是一种趋势，可能源于对于前工业化年代某种类型的怀旧之情，而 500 年前普鲁士琥珀采收人所经历的那些残酷现实被从当今人们的记忆中彻底抹掉了。不过，这反而确确实实地让人们看到了对未来和这种知识储备的希望，这种知识储备已经传承了数个世纪，它不仅有关琥珀的生成，还包括当地气候、气象以及在岸和远离岸边的地形地貌特征，所有这些都随着全球变暖而发生着改变。

五

琥珀的生成及赝品

　　尽管在世界上的某些地区盛产琥珀，但在其他区域则相当稀少。至少有两千年，实际上时间还更长，琥珀的稀缺、奇特和人类的贪婪等因素一直刺激着人们不断去尝试制作琥珀赝品。已知某些最古老的仿制品出自西班牙，可追溯至4000年前（见图42），[1]而最早的琥珀伪造秘方来自东方，在公元200～250年。秘方传授道：

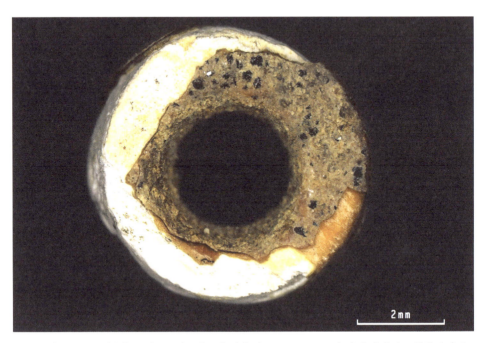

图42　模仿从西班牙锡切斯（Sitges）、科瓦格甘特（Cova del Gegant）出土的琥珀而制作的珠子，发掘于一个地层，历史可追溯至公元前2千纪

　　取一枚鸡蛋，把蛋黄和蛋清混合在一起，煮沸。只要保持软状，就可以从中刻出某个物品；然后把它浸在苦味酒中，放置几个晚上，直到变硬；然后把米粉抹在上面。[2]

　　在欧洲，鸡蛋也是仿制琥珀秘方的核心，这类秘方最早出现在 15 世纪。[3] 这个秘方说只用蛋清，放在一段肠子内把它煮沸，直至变硬。这个蛋块可以刻出不同的形状，用油来润滑，放在太阳底下晒一周即成。秘方作者写道："亚麻籽油用得越多，'琥珀'的颜色越丰富；在太阳下晒的时间越久，就会越硬。"[4] 琥珀被伪造的历史长达几个世纪，人们不仅伪造琥珀本身，还仿制琥珀中所蕴含的各种奇特虫珀。伪造琥珀的动机相当复杂，当年和当代创造的这些作伪方法存在高度的不确定性，无论在古代还是当代，能不能得到承认，要随岁月的变迁而定，有时完全不可预知。白云苍狗、时光荏苒，很多人设法制造琥珀仿成品，包括著名人物，如莱昂纳多·达·芬奇（Leonardo da Vinci）。[5] 琥珀赝品和虫珀赝品的制作延续到了当下，不过采用了更加复杂的多种方法和手段，鱼龙混杂，假琥珀的逼真程度竟使得当代众多收藏家和鉴赏师们无所适从，分辨不出真伪，就像从前的同行一样。同时，造假者循着这种思路，杜撰出来关于琥珀的趣闻轶事，以提高赝品的身价，糊弄他人。

颜色与清澈度

　　欧洲仿制琥珀的秘方着重于再创造琥珀的颜色和清澈程度。琥珀颜色通常称为"波罗的海金黄色"，1000 多年来一直以此为荣。老普林尼记叙到，琥珀因颜色多种多样而被分为各式品种，他把琥珀颜色分为灰白、蜡色和黄褐色。在他那个时代，失去的就是更有价值的那一个"并且现在依然如此，如果琥珀晶莹剔透，但颜色不一定太抢眼：不发出一种耀眼的光芒，而是只是柔柔的，点到为止而已的光泽"。对法勒那斯（Falernian）琥珀，老普林尼穷尽人间溢美之词来称颂。之所以如此是因为它的色彩极像法勒那斯山（Mount

Falernus）酿造的一种葡萄酒颜色，这种葡萄酒开始呈白色，在双耳细颈的椭圆土罐中经过熟化，最后变成红棕色。法勒那斯山位于罗马与那不勒斯之间。法勒那斯琥珀"清澈透明，散发出柔和的蜜黄色光，这种蜂蜜色调由于酷热而打了折扣。"[6]

在当今时代，很容易想象老普林尼所描述的光亮透明的不同色泽。在英国、美国、加拿大和澳大利亚，在道路上行驶的人们在每一个交通信号处都能见到这种色调。常喝啤酒的人们，尤其是喝澳大利亚储藏啤酒的人，都知道"琥珀甘露"是哪种啤酒，但他们可能不知道这实际上是苹果酒的一种代用符号，而且历史悠久。苏格兰人会把一盘羊肉杂碎肉丁的汤汁比喻为琥珀的珠子，他们还不知道这是哪位作者的奇思妙想。对琥珀其他的描述当今已不再通用。现在，人们不再把红头发比作琥珀，而在 19 世纪的苏格兰文学作品中，人们却是这样描述的。早在 2000 多年之前的古罗马时代，皇帝尼禄（Nero，37 ~ 68，古罗马暴君。——译者注）的情人普帕娅（Poppaea）头发呈赤褐色，就被描述成"琥珀"。

无论是在涉及卷发、预备吐丝的桑蚕、苹果酒、茶、椰子油还是李子的语境下，琥珀都是一种表述对象，让人联想起色彩的温暖、剔透的光泽、惊世的艳丽。在欧洲，琥珀的透彻清莹甚至都变成了比喻和谚语。欧洲最古老的词典之一《秕糠学院辞典》（*Vocabolario degli Accademici della Crusca*）记录道："他们描述有些事情显而易见，就像琥珀一样清澈透底。"[7] 在英语中对等的一个词语"Crystal-clear（水晶般清澈的、一清二楚的）"就是从 16 世纪开始使用的。

在琥珀的所有特征中，颜色和清澈度是人的眼睛唯一能立刻感知到的，意味着这两种特色成为琥珀本质的象征，因此在波罗的海琥珀的分级中，理所当然地位居重要地位。从 16 世纪开始进行的 4 种不明确的粗略分类，到了 16 世纪 50 年代就扩展成涵盖许多亚色调的非常细微的等级划分。16 世纪初的分类是"还算明亮且清澈如黄金、棕色调程度更深、颜色多元，这种琥珀可划分为混杂琥珀，另一种洁白，几乎宛如粉笔的颜色"。这个时期的作家们写道，那些主要的琥珀商家，其中一个叫作亚斯基，将琥珀分为差不多 100 种不同的颜色，这个家族的主事人声称将把颜色和清澈度作为主要的依据来销售琥珀，如果琥珀"产自波美拉尼亚（Pomerania）、罗施塔特（Lochstädt）、梅默尔（Memel）和立陶宛，他们都能分得清清楚楚，就像能将一个匈牙利人从意大利人或苏格兰人中分辨出来一样"。[8] 这个自然世界的同时代历史学家们尝试着显示他们自己所拥有的大量标本藏品中的这种五彩琥珀。米凯莱·梅尔卡蒂（Michele Mercati）医生收藏了 30 种颜色的琥珀，同时代的约翰内斯·肯特曼（Johannes Kentmann）至少收集了 20 种，其中有几种笃定不容易从其他颜色中辨识出来，下面是肯特曼展示的颜色分类：

清紫红色／绿玻璃色／绿色／亮黄色／浅黄色／黄色／全黄色／红黄色／明红黄色／红橘黄色／火红色／玛瑙红色／深红色／白色／暗白色／白中略带黄／浅黄白色／黄白色／蜡黄白色／黄中带白／蜜黄色／暗蜜黄色。[9]

这些藏品慢慢积累，最后不仅涵盖了琥珀的无数颜色，还能使人在脑海里浮现出各式各样的螺旋形状、散斑和条纹。纳塔内尔·森德尔的一件藏品属于其中的佼佼者之一，声名远播。[10] 多条条纹和螺旋状形状环绕着这件琥珀藏品，这些条纹和螺旋在其他很多物品的衬托下，就像多个颅骨、襁褓中的婴儿、动物、宗教场景、风景和海景（见图 43）。森德尔还设法把所有形状和尺寸的液滴状和球形琥珀摆成千姿百态的果实般造型。

在地球的另一端，中国学者也描述了琥珀的千百色调。南朝宋的雷敩是其中最早的学者之一，他在公元 5 世纪撰写了这个主题。

他把琥珀分为石琥珀、水琥珀、花琥珀、器物琥珀、雕刻琥珀和本色琥珀。石琥珀是由于本身较重且不适于利用，故而得名。水琥珀从呈淡黄色到无色，有时还有一道外痕。花琥珀指的是一种带条纹的红黄模式，很像木贼（*Equisetum hyemale*）被切断的笔直树干。如果顾名思义，"器物琥珀、雕刻琥珀"应当是说琥珀能被制成各种物件，但事实并非如此，它们指的是"在琥珀

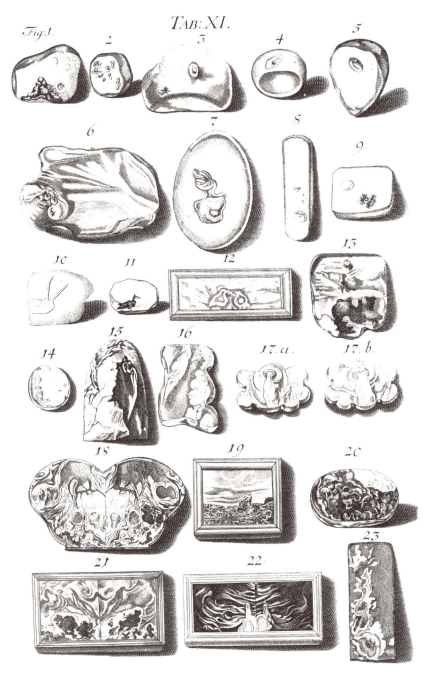

图 43 纳塔内尔·森德尔（Nathanael Sendel）藏品中琥珀标本的各式盘子，有些还用"图画"斑驳点缀着，载于《包裹异物的琥珀的自然绘制与雕刻史》（*Historia succinorum corpora aliena involventium et naturae opere pictorum et caelatorum*，1742）

内包含着各种东西"——换句话说，意为琥珀内含的图案，在颇具创意的人们眼中，这些图案可被描述成活灵活现的各种生动图景。[11]

血红色的琥珀被称为本色琥珀，后续的学者们将蜜蜡用来描绘暗黄色琥珀。[12] 大致在公元 1100 年，宋代药物学家寇宗奭写道，中国西部使用的琥珀范围从"不均匀的浅白色"到"晶莹透彻"，而南方使用的琥珀颜色为"深色和浑浊不透明的"。[13] 寇宗奭的观点显然与波罗的海和缅甸琥珀的各种外观划分一致。铝钙榴石呈现明亮的橙黄色或白色，与之不同的是，缅甸硬琥珀的色彩范围从富润的暗棕色到一种浅白色雪莉酒的颜色，有时甚至是亮红色或旋涡般的咖啡和奶油色。再后来的文献记载继续把琥珀比成碧水。在写于 18 世纪记录葡萄牙人在澳门定居生活的一部编年史中，一位人士把水琥珀与金黄色琥珀认定为葡萄牙货品，强化了黄色琥珀品种可能源于欧洲的观点。[14]

欧洲伪造琥珀的秘方重点介绍形成黄色纯度和清澈度的技法，这两个方面是波罗的海琥珀的特色，但对仿制斑驳状和旋涡状的琥珀却很少提及，更不用说仿制外形了。法国天文学家和医师安托万·米祖尔德（Antoine Mizauld）撰写的造假秘方尤其著名，也许由于他提出了一种"包治百病"的"灵丹妙药"，人们用这种技法可仿制任何一种宝石。米祖尔德以仿制琥珀为例：

> 这样你就将伪造琥珀了。把水晶（石英）研磨成非常细的粉末，取几只鸡蛋的蛋清，长时间敲击蛋清去除白沫，直至完全溶于水；将前述粉末与蛋清溶液混合，搅匀，再加上一点细研的藏红花，如果你想制出黄色琥珀，那就把所有这些混合物浇注入一只中空芦苇管，……一些玻璃制品（小玻璃瓶），然后把这些东西导入滚烫的热水中，直至变得十分坚硬为止，取出这些装置物品，放在一块大理石上研磨，你想磨成什么就磨成什么，随你的便。[15]

米祖尔德也概述了如何充分利用这种万能法以保证伪造琥珀的剔透，如何塑形，如何干燥变成珠子，如何装饰刀剑。藏红花在造赝品的过程中同样扮演了重要角色，而其他秘方加上了姜黄。中国古代的一个秘方建议还要加入鱼子。[16] 2020 年春，赫尔辛基的许多研究者用后来琥珀伪造的早期秘方进行了试验，[17] 结果很吸引人。做出的一些东西，尽管还有点黏，但与真琥珀放在一起，完全能以假乱真，成为令人信服的琥珀替代品；其他一些假冒制品几天后开始发霉，不得不扔掉。

相比之下，对白琥珀（见图 44）进行伪造几乎没发现有欧洲配方。通常情况下，这个品种属于普鲁士统治者专用，还被认为有药用价值而受到青睐，尽管有些秘方的确会把黄琥珀变为白琥珀，如把黄琥珀在盐水中煮。有时候

图 44　俄罗斯加里宁格勒琥珀博物馆收藏的一件天然白琥珀

为了使琥珀看起来更晶莹剔透，或者品相更佳，如果琥珀本身有裂痕或年头太久变红了的话，也会把它们放在油中烹制。在 17 世纪末，手工艺人克里斯蒂亚·波奇南（Christia Porschinen）用这种方法制作琥珀镜片和棱镜。在油中烹制已塑形和磨好的零件会减退其原有的颜色，他掌握了这个知识，创立了自己的生意。[18] 在油中烹制琥珀还可以把一些色泽加上去。这种手法罗马人用过，使琥珀着上"红色、蓝色、绿色等若干色泽"，一些与其他宝石相似的琥珀也被制作出来，这个方法是在 18 世纪被重新发现的。[19]

重量与可溶性

琥珀极轻，在盐水中能漂浮，甚至还有人说在啤酒中也能漂起来；要是仿制琥珀能乱真，不仅仅要仿制色调，还要模仿清澈度和重量。[20] 部分伪造秘方提出了重量伪造方法，使后续的配方可以把重量计算出来。其中一个秘方建议，制 30 克黏稠的樱桃树脂软冻，60 克阿拉伯树胶以及 16 个蛋黄。[21] 制成后，在潮湿状态下大约有 400 克重，干燥后会比琥珀稍重一点。这种方法恰恰就是后来流传到赫尔辛基，结果发霉的那种秘方类型。还有其他一些情况，尤其是使用石英粉的场合，重量造假十有八九就会露馅了。可溶性当然也是伪造琥珀的重要关口，有可能会使"仿制这项宏图大业"功亏一篑。仿制琥珀在水中的性能与真琥珀迥异，这个事实人人皆知，而正是这个缘由使得 16 世纪作者休·普拉特（Hugh Plat）警示他的读者们，只能在室内使用仿制琥珀，千万不要拿到外面。[22] 毋庸置疑，耐久性也是个问题，欧洲当代琥珀库存中只有少数伪造的琥珀样本，这个事实本身就充分说明了这个问题。[23]

气味

琥珀的仿造除了外观和重量外，气味是另外一个严峻挑战。有个人总结出仿制琥珀气味的困难，强调说这个特点极其重要，关乎一件琥珀赝品的成败。[24] 真琥珀以其优雅的芬芳而倨傲万物，难怪古罗马作家马提雅尔（Martial，40？—104？ 古罗马诗人，生于西班牙。——译者注）曾经把这种味道比作情人之吻。[25] 后来的一些欧洲文献用"甜蜜、芳香"来形容琥珀气味，还把它喻作松树的味道。另外有些记载认为琥珀气味闻起来很苦，像沥青。也有人说琥珀气味随琥珀的颜色而变。在德国萨克森州，格奥尔格·鲍尔 / 阿格里科拉发现白琥珀的气味最是让人陶醉，但他又说所有琥珀或多或少都有没药（一味活血化瘀药）的味道。[26] 中国有些文字资料专门探讨了芳香琥珀。认为芳香琥珀属于非化石树脂，如没药。17 世纪法国学者塞缪尔·查普丘（Samuel Chappuzeau）解释，为了让琥珀散发出原初的气味，可以把它扔到散发着香气的罐中，点上火，顿时芳香扑鼻。为什么琥珀在中国商人中有如此巨大的需求，他们会不辞辛劳从巴达维亚（Batavia，现在的雅加达）的荷兰人手里购买琥珀？上述内容对中国商人的行为做了注释。不过需要补充的是，塞缪尔·查普丘从未到过中国。[27]

赝品的成本

根据记录，仿造琥珀不是用来获得一种较廉价的替代品。仿造所需成分如石英、藏红花、姜黄、乳香和阿拉伯树胶都较昂贵，另外往往还需要大量燃料，把这些混合物烹煮几天，更不用说需要事先取得仿制的经验（很少有专门用来示范伪造的材料或技术指导）、时间以及心无旁骛。制造琥珀赝品纯粹是对试验者的学识和闲暇的验证。这些人能够买得起真琥珀，且又对亲身创造琥珀极感兴趣。

随着岁月的流逝，其他许多材料会被错当成琥珀。对 16 世纪和 17 世纪画家用的清漆的分析表明，他们通常用柯巴脂，而不是琥珀，这意味着许多画家无法用肉眼分辨出类似的材料。在 19 世纪末 20 世纪初，根据酚醛树脂（胶木）、硝化纤维（赛璐珞）和络蛋白（乳石）研发的合成塑料也被用作"人造琥珀"，这些合成材料成本较低，广受欢迎。它们因为易于铸模、压花、切削、钻孔和上色，所以被用于制作时髦别致的首饰，深受大众喜爱，风行一时。今天，市场上充斥着人造琥珀，其中许多是天然树脂，被装扮成年头更久、更高贵的化石。受此刺激，互联网上的大量网址应运而生，这些网址声称能够提供分辨真假琥珀的建议。

国际琥珀协会除了天然的纯粹琥珀外，还认可3种类型的加工琥珀：①改性琥珀，是指通常为了提高琥珀的晶莹剔透程度和色泽水准，经过加热、加压处理而成的琥珀；②重铸琥珀，美其名曰"加压琥珀"，是将一些琥珀块融化在一起，重新"制造"的琥珀；③结合琥珀，是一种琥珀复合物，这种琥珀是将"天然、改性或重铸琥珀的两种或更多的部分"接合在一起制作而成的。[28]所有这些琥珀都是通过技术手段制成的，没有一种具备琥珀刚被发现时的天然原始状态。

虫珀赝品

国际琥珀协会没有鉴定虫珀真伪的业务。阿图尔·科南·道尔（Arthur Conan Doyle）在所著的《黄面孔的探险之旅》（*The Adventure of the Yellow Face*）中写道："夏洛克·福尔摩斯（Sherlock Holmes）用'一根漂亮的长杆'检查一支烟斗，'这根长杆是用烟草商们所称的琥珀制成的'。他问道在伦敦会有多少货真价实的琥珀吹嘴，得到的解释说一些虫珀的存在会证明琥珀的真伪。"不过，或许福尔摩斯不知道的是，虫珀也经常被伪造，方法是要么在琥珀中作假，加入虫珀，要么加入相似的一些替代材料。识别出赝品却很困难，尽管许多赝品被放弃，原因很搞笑，不是不像真的，而是仿制得太好，反而不像真的了，甚至有些专家都会被唬住。在位于伦敦的自然博物馆，琥珀中有一只奇特又近乎完美的粪坑苍蝇，被揭露是赝品，时间已超过140年了。博物馆的一位管理者用一台显微镜下正在研究这个样本时，上面出现了一个龟裂。历史上，造假者曾经把这件琥珀切成两半，将一只苍蝇植入一个凹陷处，然后又把这两半合为一体，一件完美的赝品诞生了。这次意外发现严重损害了根据这件内容物所取得的研究成果，如"确定"粪坑苍蝇存在了3800万年而未被破坏。但这同时也为古生物学家洗清了罪名，他们认为这只苍蝇相对于其"年龄"而言，显得过于高级了，公众则群情激愤，将此次丑闻与"皮尔丹人头骨"弥天大谎相提并论。[29] 尽管现代科学戳穿骗局的能力比之前大幅提高，但众多古生物学家仍然引以为戒，对他们的工作谨小慎微，如履薄冰。

人们能够很轻易地想象到虫珀的形成过程。对于既小又轻的一些昆虫来说，黏糊糊的树脂就是一个死亡陷阱。无论是被其气味吸引落到上面，还会被树脂吞没，新形成的树脂会流淌覆盖原有树脂，形成一层层的表层，渐渐地，一个大块形成了，这些被黏住的内容物就被置于中心地带（见图45）。体形较大的生物如蜥蜴和青蛙，一旦被黏住，它们具备足够的能力把自己解脱出来。昆虫体形越小，被黏住的可能性就大。各个不同物种被黏住的数量随着体形的等比

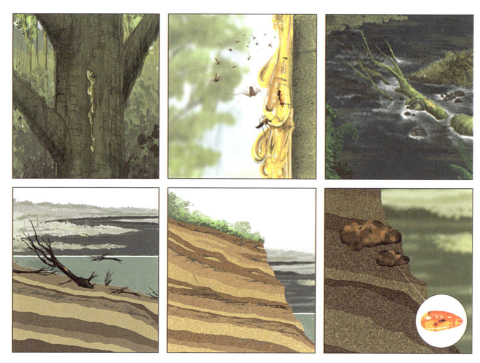

图45 虫珀的形成存在着多种途径。随着树脂向下流淌或从树中渗出，昆虫和微粒被卷入。昆虫也会被吸引到积成小汪的树脂中，随即就被黏住或陷入其中。之后这类树脂会最终被埋没，有时就在母树的邻近处，或者可能是借着水的力量被带到远方。经过漫长岁月，这些树脂变成化石，最后以其颇具特色的外包皮，化身为琥珀

例减少而大幅度提高，甚至达到了 10 倍之多。最近，根据缅甸琥珀而做的一个估算表明，"在 100 万到 300 万件已磨光的琥珀块中，只有一只脊椎动物蜥蜴。"[30]

历史的奥秘

在研究琥珀本质的过程中，虫珀扮演着一个关键角色。在欧洲，古罗马人最早撰写了相关记录，启示后人他们相信琥珀始于一种液体。老普林尼注意到"某些物体，如小昆虫和蜥蜴……在琥珀内清晰可见"的存在充分证明了琥珀是从某些黏糊糊的东西固化而成的。他认为琥珀最早始于某种树液并且"由于热或冷，或者海洋作用的缘故而逐渐硬化"。当琥珀遇到摩擦或燃烧时散发出的松树般味道，这本身就是更进一步的明证。[31] 稍晚时期的塔西佗也同意这个观点。他根据自己的经历，想象到有一些岛屿，位于琥珀被发现之处的西部，岛上有森林，那里长着能渗出树胶的树木。他认为，此地的太阳比其他地方更加靠近地球。据此推断太阳的照射促使树液渗出。这种树胶"以液态流动到相邻的大海"，被"汹涌的海浪冲到彼岸的海滩上"。[32] 在亚洲，公元 6 世纪之前也存在着同样的观点。在那里，一些人认为琥珀是冷杉树的树液或树脂，这些树液或树脂在地球上凝固、硬化。[33] 今天，人们都知道树液、树胶和树脂属于不同的物质，但过去的人们对此知之甚少。

由于虫珀永远不能开口说话，学者们对琥珀的生成作出合理的推测而感到自我陶醉，哲学家伊曼努尔·康德对虫珀不会说话这个事实深感遗憾。有一些中国学者提出琥珀一定是蜂巢烧掉后的残留物，或者就是烧掉的蜜蜂本身。6 世纪，中国南朝齐梁时期医药学家陶弘景注意到了"琥珀，在它的中间有一只蜜蜂，其形态和色彩活生生就是一只正在飞翔的蜜蜂"，不过他并不同意蜂巢是地狱的观点。相反，他提出"……蜜蜂在飞向地面时被冷杉树脂黏住，然后彻底陷在里面。"[34]

16 ~ 17 世纪，在地球另一端的普鲁士存在着 3 种主要的论点：第一种是当年的昆虫移到或掉到这种液体里被困住动弹不得，直至在其中硬化。第二种是这些内容物当初被捉入、自己游到、爬到或掉到这种在陆地上、海底下喷发的液体里中。第三种是琥珀在海底被挤出、喷出的，后来被抛到海滩，这时琥珀仍然是软的，此时它的气味引得昆虫结队飞来，汹涌的波涛猛烈地把这些昆虫拍进了琥珀。塞韦林·戈贝尔听一位琥珀帮办说他曾在若干沙丘里挖出来一块软物质，"由于知识所限，不知道它会不会变成琥珀"，所以把一个字母嵌入了这块软物质，然后又把它扔进了海里。[35] 其他人报告说有样本的内容物一半在里面，一半在外面。据说有一件琥珀封住了一只苍蝇的躯体，但头部在外边！所以这件琥珀因此而成名。[36]

在应用现代技术开采矿井之前，萨姆兰德沿岸是欧洲琥珀的主要产地。鉴于琥珀中包含的大部分虫珀，与陆地的联系比海洋更密切，这3种琥珀形成理论表面上看起来都很有道理，但躯体被琥珀封包的苍蝇显然是假的，因为露在外面的头部早就应当腐烂了。1997年，在格但斯克（从前的但泽）附近发现一个琥珀大块，里面封装着一只近乎完整的蜥蜴，就充分证明了上面的判断。蜥蜴的尾巴尖和背部的一部分不见了，表明这只蜥蜴并没有全部被树脂包裹住（见图46）。[37] 当今，缅甸硬琥珀受到了如此狂热的追捧，其中一

图46　裹陷在波罗的海琥珀中的蜥蜴，取名为"吉尔罗斯卡（Gierlowska）蜥蜴"，大约年代为4000万年前，现藏于格但斯克琥珀博物馆（Amber Museum，Gdańsk）

个理由就是脊椎动物虫珀的个头巨大且呈现多样性。反观波罗的海和多米尼加的各个琥珀品种，则就不具备缅甸硬琥珀的上述特点。一位来自位于纽约的美国自然博物馆的古生物学家之所以把对于缅甸硬琥珀的疯狂追逐比作一场毫无节制的狂欢，原因就在于科学家们不加节制地、过度购买琥珀，以期撞个大运，碰到千载难逢的稀世虫珀。当前，这种对缅甸硬琥珀的研究竞争正在进入白热化阶段，因为正如之前早已讨论过的，这些化石中的一部分是在冲突频发的地区发掘的，而且很多又被非法运离缅甸。非凡的虫珀常常奇货可居，价格远高于很多博物馆的预算，而且一些私人收藏者又趁机先下手为强，他们以自己的喜好，随心所欲地掌控和限制了这类旷世样本的去处。

虫珀的收集

琥珀历史的发展告诉我们，正如当今收藏者群体追捧虫珀一样，在现代早期，它们也是欧洲收藏品中大热的一个种类。非比寻常的虫珀自身就价值连城。虫珀的种类有蠕虫、蝴蝶、蛛丝、虫卵、蝗虫，甚至还有神秘的水滴，部分受到特殊对待，用到了穿戴上。最简单的做法，就是做成大小不一的珠子，就像在 16 世纪上半叶敬献给曼图亚（Mantua）女侯爵伊莎贝拉·德斯特（Isabella d'Este）的那条琥珀链，琥珀中点缀着各种虫珀。在 17 世纪的罗马，最知名的琥珀玫瑰念珠的每一枚珠子都包裹着种类各异的有翼昆虫，非常神奇。这些玫瑰念珠既不在一座教堂的圣室收藏，也不在某一位王妃的首饰盒里，而是在一个私人"奇异物品"的收藏中。[38]

虫珀也被置于戒指里。1607 年，鉴赏家兼艺术交易商菲利普·汉霍弗（Philipp Hainhofer）在尊贵的戒指原主人手中购得了一枚，这些众多戒指主人中有汉堡牧师教长（leading Habsburg minister）卡迪纳尔·格朗韦勒（Cardinal Granvelle）和瑞士博物学家康拉德·格斯纳，其中康拉德·格斯纳重新撰著了《化石论》（*De rerum fossilium*），书中印制了这枚戒指（见图 47）。包含虫

图 47 手工着色的木刻画展示了宝石和宝石戒指（大戒指中有一个虫珀），选自康拉德·格斯纳（Conrad Gessner）著《论化石、石英与宝石》（*De rerum fossilium，lapidum et gemmarum*，1565）

珀的琥珀块也会被制成垂饰品，形状通常是表达真挚情感的心形。达拉谟主教（bishop of Durham）把自己的虫珀赠送给英国国王亨利八世（Henry viii）的大法官托马斯·莫尔（Thomas More），并写道：他将"内含许多苍蝇的一枚心形琥珀，这个形象令人永生难忘"比喻成"我们之间真挚情感的象征……这种纯洁的情感将永存，绝不会泯灭。这只苍蝇，有翼昆虫，就像丘比特那样展翅飞翔，虽然也像丘比特那样变化莫测，但在这里苍蝇被铁桶一般围住，插翅难逃，垂名万世。"[39] 不过要特别指出的是，内含虫珀的琥珀用来制作尺寸大的物件似乎很少见，可能把自然界众多奇迹归为较大作品本身会贬损这些虫珀。

神奇的虫珀

到 16 世纪末，人们在收集始终令人称奇的虫珀品种。法因斯·莫里森（Fynes Moryson）在佛罗伦萨目睹的那只琥珀蜥蜴，约翰·伊夫林在威尼斯（Venice）领略的一块心形"火蜥蜴"琥珀块是浩如烟海的琥珀加工制品收藏中的一个侧面。尤其是在意大利众多城市，这些城市比德国城市更加远离波罗的海，收藏家们一般来说只对一种或两种琥珀特别青睐，他们不会漫天撒网地收集颜色各异、外形不同或形态独特的琥珀。[40]

凡事皆有例外。米兰牧师曼弗雷多·塞塔拉（Manfredo Settala）作为一名意大利人，其琥珀收藏范围出乎寻常地广泛，他还把这些收藏分门别类，自绘插图，造册记录。在收藏的玫瑰经念珠、日晷、大口水壶和水盆及一个小烧瓶中，他创造了奇迹。有一件藏品包住了"一只吃饱喝足的蜘蛛蜷缩在那里，懒于捕捉苍蝇，尽管蜘蛛已经死去，但因过于疲惫，已欺骗不了活着的人们"。鉴于塞塔拉是一位牧师，但他没有像欧洲罗马天主教其他教职人员那样，常常把虫珀比喻成新教教徒（Protestants，意为被各种异端邪说所诱骗）。他不做类比这种做法十分有趣。[41] 相反，塞塔拉收藏的各类虫珀富于幽默感：

> 有一块琥珀包围着两只雌性青蛙，在这致命的沉寂中，比任何时候更令人惊讶，里面还有一滴极大的水滴，以至于这些动物无法挣脱所困在的"泥潭"……一块裹含两只苍蝇的琥珀，它们的执着让我们这些旁观者难受，如果它们的翅膀能挣脱这珍贵的蜘蛛网……还有一块琥珀，里面有 5 个小昆虫；另一块琥珀塑造成很大的心形，令我们意想不到的是，里面的蝗虫苏醒了过来（见图 48）。[42]

塞塔拉对青蛙如此推崇，以至于他同时代的卡夏诺·达尔·波佐（Cassiano dal Pozzo）把他的一大块琥珀，着上色，成为他的"纸面博物馆"藏品。用视觉形式记录知识，这是一种雄心勃勃的努力和尝试。

正如它们今天的情形，罕见的虫珀在现代欧洲初期极受热捧，它们的身价是一件简单琥珀标本的 20 倍。远离普鲁士的各地收藏家们如何获得这些珍贵的虫珀？米凯莱·梅尔卡蒂在 16 世纪 80 年代碰上好运去了波兰，在他死后的 1719 年，他写的有关琥珀的著作出版。很多收藏家则依赖与其他人的人脉

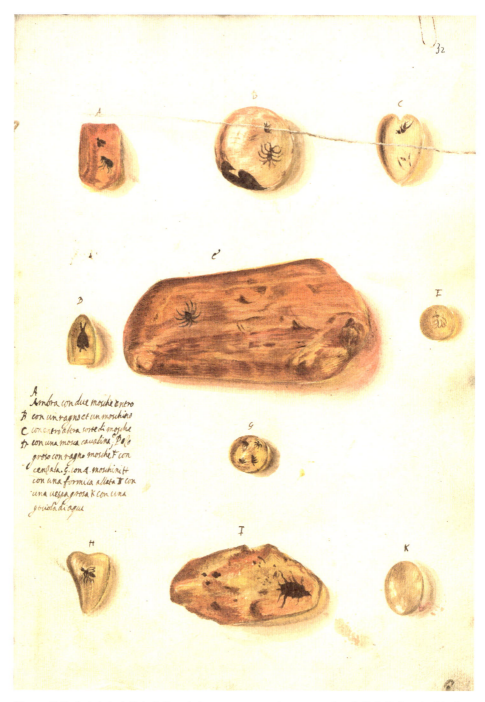

图 48　描绘琥珀中虫珀的水彩画，选自 Codice Settala（1640/1660），是曼弗雷多·塞塔拉藏品中的一幅插画，这些藏品现保存在意大利米兰安布罗斯图书馆（Biblioteca Ambrosiana）

关系以及慷慨大度。如果他们把自己的藏品公开出来，会经常借助这些东西展示他们得到的好处并表达谢意。塞塔拉在但泽就拥有这样的人脉网络。罗马的阿塔纳修斯·基歇尔（Athanasius Kircher）拥有一件内含蜥蜴的琥珀，是沃尔芬比特尔（Wolfenbüttel）的奥古斯特公爵（Duke August）赠送的一件礼物。与此同时，奥格斯堡（Augsburg）的菲利普·汉霍弗夸耀自己得到一件原本用作他途的虫珀。他拥有的这件蜥蜴虫珀原本要被瓦迪斯瓦夫（Władysław）赠予红衣主教弗朗切斯科·巴尔贝里尼（Cardinal Francesco Barberini）的，瓦迪斯瓦夫是波兰－立陶宛统治者的儿子，但他改变了主意。[43]

获取虫珀的渠道成为虫珀自身历史的一个重要组成部分。收藏家会相互攀比，看谁会拿到最惊世的虫珀，根据虫珀来源的不同，它们的品位也有很大的差别。例如，琥珀中的蜜蜂在意大利会受到热捧。那里的传统说法认为蜜蜂是神圣的，与死亡密切相连。蜜蜂也是实力强大的巴尔贝里尼家族的标志，教皇乌尔班（Pope Urban）八世是这个世家的一个后代，就拥有一件内含蜜蜂虫珀的琥珀。这不仅仅是一件含单只蜜蜂的琥珀，而是共含有 3 只蜜蜂，使人联想起他这个家族的盾徽。

鱼龙混杂的藏品

如果对藏品和历史记录做个统计，很快就会清楚地发现，流行在 16 世纪和 17 世纪的欧洲琥珀中内含青蛙和蜥蜴的情形远远多于今天。即使是在 19 世纪和 20 世纪初，用系统化机械开采琥珀，也仅仅发现少量波罗的海琥珀内含一只蜥蜴。在现代早期，对港口城市但泽的记载告诉我们，蜥蜴虫珀正是风靡一时的时尚。1635 年 11 月，当法国外交官查尔斯·奥杰尔（Charles Ogier）到访此地时，他注意到内裹青蛙和蜥蜴的琥珀到处有售，称赞这种虫珀为"大自然的缩微版奇迹"。由于对真实性存疑，英国旅行者法因斯·莫里森把它们描述为"巧夺天工的手工作品"。[44]尽管在当时的著作中有过充分的讨论和描述，奥杰尔所谓的奇迹却极少流传至今。用现代人的眼光观察，在虫

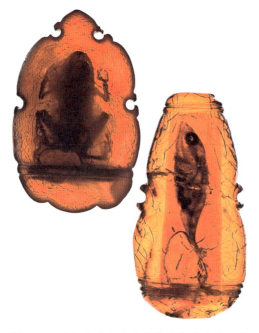

珀所在的中空处刻画什么实在是皇帝的新衣，无须什么高技术，可以一眼看穿（见图49）。

琥珀收藏者容易上当受骗，这种现实在18世纪以后的文献中再次成为一个主题。利奥波尔迪纳（Leopoldina）科学院的一位会员约翰·克里斯蒂安·孔德曼（Johann Christian Kundmann）叙述了布雷斯劳［Breslau，现在弗罗茨瓦夫（Wrocław）］一位收藏者的境遇：

图49　19世纪德国自然历史学家格奥尔格·卡尔·贝伦特（Georg Carl Berendt）收藏的琥珀中虫珀的赝品。

（他）在用原色薄呢铺陈的小陈列室里有一块琥珀，琥珀里含着一只大青蛙：他经常自己展示这件奇怪的宝贝，把它放在阳光下，从不让任何人放在他们的手中……我，不过，在他死后见证了对这些收藏的处理，我们全都目睹这件琥珀被从这件切开，然后将它掏空，再把一只青蛙置入凹陷处，最后，把两瓣天衣无缝地合在一起。[45]

弗里德里希·塞缪尔·博克（Friedrich Samuel Bock）详细地描述了这些"人造动物陪葬"的制作过程：

他们（能工巧匠们）为了做出两块极厚的板材，水平切下相当厚的一块琥珀。然后他们根据琥珀之后将要合为一体的尺寸和形状，在切开的一块或两块琥珀上做了一个凹陷，他们把这个昆虫放入凹陷处，然后把两个板材之间的缝隙填上，再用一种乳香胶或其他类似琥珀的混合物

112

将两个板材粘牢。尽管这种造假躲不过目光如炬的行家的眼光，他们还是把边缘部分镶嵌在金或白银戒指内。[46]

18 世纪，赝品接二连三的出现警示收藏者们，要千万小心青蛙和蜥蜴虫珀。人们用把虫珀浸入温水里的方法进行真伪鉴定，这种方法会使任何人工连接点断开。不过，认为赝品是属于高超的手工技艺和富于天赋的创造，还是真正的骗局，人们的意见迥异，观点泾渭分明，争论激烈。

藏品的盛誉

自罗马时代始，人们就秉持了一种理念，即熠熠生辉的琥珀内的各类生物由于琥珀的存在反而使它们更显高贵，尤其是因为琥珀内被发现的昆虫通常不是人们所喜爱的类型：令人讨厌的蚂蚁、嗡嗡乱叫还蜇人的黄蜂、四处乱窜的蜥蜴、黏滑肮脏的青蛙。虫珀并不是与它们物种的其他种类保存在一起，而是艺术性地与加工过的琥珀一同珍藏，这个事实本身就证明了许多虫珀首先是艺术品，其次才是科学意义上的样本。

几乎所有后中世纪时代的琥珀和虫珀描述都会提到古罗马诗人马提雅尔，他撰写了琥珀内秘藏生物的金句妙语，收在他所著的《警句集》（*Epigrams*）里。马提雅尔叙述到，蚂蚁虽卑贱，但若是被琥珀窒息而死，又被葬在琥珀里，则无上荣光。[47]在文艺复兴时期，学者们为了自己的目的，对马提雅尔的诗句断章取义。詹巴蒂斯塔·德拉·波尔塔（Giambattista della Porta）运用马提雅尔作品来通告和说明他自己进行的虫珀试验。当写道琥珀甚至超过了克娄巴特拉（Cleopatra，前 69—前 30，埃及托勒密王朝末代女王。——译者注）的陵寝的价值，所有生物都应选择这种方式傲视群雄地离去时，他非常明确地回应了马提雅尔的观点。[48]当年，弗朗西斯·培根（Francis Bacon）在论及琥珀时指出，蜘蛛、两翼昆虫和蚂蚁"找到了一种崇高的消失方式和理想的陵墓，能比任何一座王室纪念碑更能防止它们的腐败，真正做到了永垂不朽"。在我们这个时代，克娄巴特拉和马克·安东尼（Mark Antony）的爱情故事家喻户晓，人人皆知，所以读者朋友们会很容易知晓培根指的是哪座王室纪念碑。[49]

收藏非凡虫珀者当中的精英们并没有忘记，拥有它们就如同拥有多首诗篇。它们的关系有时甚至非常明显。意大利红衣主教希皮奥内·博尔盖塞（Scipione Borghese）拥有一件琥珀圣杯，圣杯底部嵌入了一只青蛙，在马提雅尔关于琥珀中的蜜蜂的警句公开之后，底部就被刻上了 "latet et lucet"（隐藏与闪耀）。[50]

充满诗意的琥珀

马提雅尔的诗篇中对琥珀满含深情的描写不仅引发了欧洲人对虫珀赞颂诗的编录，还尽情创作诗歌赞美琥珀内嵌的有翼昆虫、两栖动物和爬行动物。在 16 世纪 70 年代的一段时间，但泽地区有两块琥珀，每一块大约一掌之阔，都嵌含着一只生物，被拿出来供销售。作为马尔钦·克罗默（Marcin Kromer）所编的《在普鲁士琥珀中蕴嵌的一只青蛙和蜥蜴》（*De rana et lacerta succino Prussiaco insitis*，1578）的主题，小动物们在一篇 16 页长的颂歌中受到了热情赞扬，这就是丹尼尔·赫尔曼的《一只青蛙和一条蜥蜴颂》（*De rana et lacerta*）。今天，赫尔曼诗歌的扉页被公认为现存最早的琥珀内嵌动物的形象化颂扬（见图 50）。这些琥珀内容物至少在 1593 年还保存着，当时法因斯·莫里森在那里看见了 "两个磨光发亮的琥珀"。根据的莫里森的描述，这些 "受到热捧的琥珀身价不菲"，并且惹得当时的波兰 – 立陶宛统治者心里发痒，愿出高价购买。在竞购过程中，西吉斯蒙德一世（Sigismund I）不敌霍亨索伦（Hohenzollern）王室的格奥尔格·弗里德里希（Georg Friedrich），败下阵来，格奥尔格·弗里德里希是勃兰登堡（Brandenburg）和安斯巴赫（Ansbach）的世袭侯爵，这些珍贵的琥珀很可能继续像以前那样作为一件赠礼，送给意大利曼图亚的贡萨加（Gonzaga）家族。

DE RANA ET
LACERTA: SVC-
CINO PRVSSI-
aco infitis.

DANIELIS HERMANNI PRVSSI:
Difcurfus Philofophicus.

EX QVO, OCCASIO SVMI PO-
teft, de caufis Salisfodinarum Cra-
couienfium naturalibus
ratiocinandi.

CRACOVIAE, Anno Domini. 1583.

图 50　丹尼尔·赫尔曼（Daniel Hermann）的诗《一只青蛙和一条蜥蜴颂》第一版的扉页

　　从那时起，描述琥珀内嵌物的文学论述如汗牛充栋，源源不断。夏洛克·福尔摩斯（Sherlock Holmes）在"琥珀赝品"中仔细端详着"假有翼昆虫"，[51] 许多来自普鲁士的作家，尤其是在第二次世界大战末期被迫离开的那些人，在他们的自传中就将琥珀内容物作为题目。不过，或许最有名的诗行就出自就是英国诗人亚历山大·蒲柏（Alexander Pope）的诗篇：

　　　标致！琥珀里可看见
　　　头发、稻草的倩姿，污泥、蛆和蠕虫的身影！

这些东西，我们都知道，

既不多也不少，稀松平常，

但是，天晓得它们怎样钻进去的。[52]

防腐的尝试

蒲柏的短诗概括了人们痴迷于琥珀的关键特征，感到既惊愕又困惑。琥珀能够把失去生命的生物保存得如此栩栩如生，活灵活现，因而享有盛誉，这种情形引发弗朗西斯·培根围绕着琥珀勾画出自己"躯体防腐"的想法。[53]马提雅尔将琥珀变硬喻作水结冰。在意大利语中，形容词"Congelato"（冻结的）经常被用来描述这些小生物。几百年来，研究工作的多种目标需要用三维空间、静止不动和各种条件保持不变才能保证实现，冰是唯一一种能够完全保存软组织的物质。但是冰也有自身的短板，就是必须保持冷冻状态。

早期的自然学家有一种模糊认识，就是琥珀拥有独特的储存本领，但他们只是不清楚这种独门绝技是如何练就的。在琥珀的形成过程中，液体树脂将内容物包裹的瞬间，就是凝固、脱水和消毒杀菌进程启动的时刻。它的硬化速度如此之迅速，以至于它产生了一座"密不透风的坟墓"，将内容物的最细微之处变成类似木乃伊状，几乎没有任何皱缩，即使发生了少许腐烂变质，也可以忽略不计。这些优势使自然学家们尝试用琥珀保存样本。人们确信琥珀的此类特色应当能在某所试验室环境中里再造，然后投入实际应用。詹巴蒂斯塔·德拉·波尔塔（Giambattista della Porta）用"封闭妥藏，固若金汤，永垂不朽"的方法进行试验，夸口说：

关于此事在琥珀中开展了试验；首先把它进行软化处理，达到一种便利的软度，然后把我要保存的东西包裹进去，由于这块琥珀是透明的，所以人的肉眼可以清晰地看到放入琥珀中东西的完美外观，就像这个小动物再生了一样，好似听到了什么声响。腐烂没有出现。[54]

德拉·波尔塔描写的情形不可能出现，大概他用的是另一种类琥珀的树胶或树脂。他是众多利用琥珀或类琥珀物质来进行长期保存试验的人士之一。这种方法极其简单，要把样本附在纸上，用一种琥珀漆着色。用这种方法进行的最复杂、最讨厌的试验莫过于来保存人体，使人体防腐。他们秉持"对声名显赫或美若天仙的人类精英，晶莹透亮的陵寝会非常适合他们"这种理念。大约在1675年，发生了一件怪异的事。据报道，汉堡的特奥多尔·柯凯林（Theodor Kerkering）博士成功地将一具人类胎儿封存在自制的琥珀中，目的是保存胎儿的色彩和外形。[55]

分离虫珀

在古代世界和现代当今世界，不仅仅是虫珀，而且还是虫珀与琥珀浑然天成，天衣无缝的融合使得过去和现在的这些琥珀块既有趣又珍贵。一个昆虫不大可能从琥珀中"分离出来"，比方说通过融化或溶解的方法把外部琥珀化掉。琥珀需要加温和加压才能使之融化，不过这会把里面的昆虫破坏掉。过去，有时会把琥珀块切开，取出虫珀，但是这会导致虫珀的彻底毁坏。多年来，科学家们只能满足于通过重塑、抛光和照相来为研究内容物做好准备。[56]尽管最不可能也要去挑战，必须要说的是，从不同角度对金块进行照明，往往会暴露出接合处或铸造痕迹、工具印记甚至人的毛发，从而揭示出迄今未被发现的赝品。近期研发的技术中，最具发展前景的非X线微计算断层扫描技术和同步回旋加速器扫描技术（参见图51和图52）莫属。[57]这些创新性的技术使得无创伤数字解剖成为可能，而且还能获取数据，这些数据自身可用于三维建模和打印。

时光荏苒，岁月流逝。琥珀真伪的鉴定变得前所未有的复杂和艰难，合

图 51　内含未长成的小蛇骨骼的琥珀块　　　　图 52　用同步回旋加速器 X 光微计算断层扫描技术拍摄的同一副骨骼的影像

成琥珀和虫珀的各种技术和材料也面临同样的尴尬局面。世界上众多收藏者和研究人员相互较着劲，看看谁能造就出惊人的发现和成果，他们之间的竞争把琥珀价格火箭般推到令人咂舌的高度，作假大军也会无所不用其极，这并不令人奇怪。鉴于某一单件琥珀的价格有时会超过 10 万英镑，富于想象力的人们如果费尽心机完成的赝品能够天衣无缝，浑然天成，让人落入圈套，而且能给他们如此完美的不光彩技法一个合理解释的话，那也可以期待相当可观的回报。

六

琥珀饰品

如今一提到琥珀，人们的脑海里首先会浮现出珠宝首饰。无论是在首饰店里出售的，还是佩戴在人们身上的，琥珀可能是最常见的装饰品之一。在丹麦、波兰、立陶宛和拉脱维亚旅行，琥珀是一种典型的纪念品，这些地区有数不清的网上精品店，因此能很容易买到。琥珀一直被当作宝石来处理，切割、刻面、抛光，琥珀加工技艺传承了一个又一个世纪。几乎与所有其他宝石材料一样，琥珀也有过时髦与否、设计创新与否、价格高低的时候。从鼻烟盒到牛角制成的火药筒，从刀剑到太阳伞，琥珀也被用作其他饰品的材料，这些实际应用不可胜数。从历史上看，琥珀既是体现不同身份的标志，如在德国北部佩戴不同款式的琥珀项链，说明了某位女士结婚后地位的变化，也是必备的时尚细节（见图53）。本章从多种不同角度——从制造者、市场参与者、消费者、礼物赠送者和穿戴者，阐述琥珀的佩戴和穿戴，并且探讨某些人穿戴和欣赏琥珀饰品的缘由，其中许多情景会出乎人们预料。

当代琥珀艺术珠宝

琥珀用于供穿戴的艺术作品并不为人所知。在琥珀传统的波罗的海中心地区之外，艺术家们在设计他们自己的珠宝或与设计师、工匠们一起合作从事这项工作时，琥珀并不很受欢迎。大约90%的波兰琥珀制作是商业化、规模生产和纪念品类型的珠宝。10多年来，格但斯克市工艺美术研究院（Academy

图 53　德国布克伯格（Bückeburger）婚礼用琥珀项链（约 1850 年），材质为琥珀、白银、基底金属、玻璃珠和织物

of Fine Arts in Gdańsk）实验设计工作室（Experimental Design Studio）主任斯瓦沃米尔·菲雅尔柯斯基（Sławomir Fijałkowski）一直倡导波兰琥珀珠宝的设计要更加富有魅惑性、冒险性、革新性和原创性。这个理念一直贯穿在"梦想琥珀设计大奖"（Amberif Design Award）的评奖颁奖全过程，这个奖项旨在推进琥珀珠宝与全球的设计交流。

　　无论是菲雅尔柯斯基，还是"梦想琥珀设计大奖"都聚焦于琥珀的一种现代认同，以及获得审美趣味变幻莫测的年轻观众更普遍的欢迎。赫尔曼·赫尔姆森和海德马里·赫布（HeideMarie Herb）是两位功成名就的艺术家，他们终生从事琥珀事业。他们投身于琥珀，用不同的方法开展琥珀艺术试验，这些方法颠覆了传统与老套的做法。在他们手中，熠熠生辉的琥珀珠子摇身一变，成为一头凶恶的鲨鱼下颌的一排利齿（见图 54）或者几何琥珀立方体与棱镜、珍贵的金属托板的结合体。在设计圈内的另一个领域，视觉艺术家于霁（音译，Yu Ji）应用夸张的艺术手法，将琥珀项链在非穿戴空间爆发式地表现出来。在她创作的《慢板练习曲 4》（*Etudes-Lento iv*）中，几条锈色的金属链吊挂在画廊天花板上一堆乱糟糟的东西上，每一条都很短粗，渗出、滴落一种类似琥珀色的黏性物质。

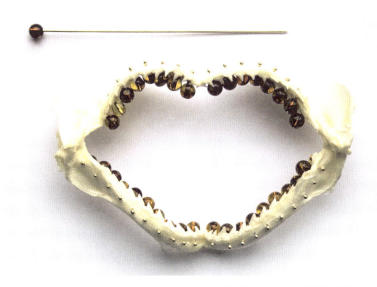

图 54　赫尔曼·赫尔姆森（Herman Hermsen）"AlaDali"胸针，2015，鲨鱼下颌，由琥珀珠子与黄金制成

传统的设计

　　赫尔姆森和赫布的作品挑战了长期以来形成的传统观念，即琥珀是祖母和曾祖母的专属爱物。对于很多人而言，琥珀是一种传家宝。上一次琥珀的风靡是在 20 世纪 30 年代和 40 年代，在德国最为时尚，居极品之尊。古罗马作家塔西佗在描述日耳曼尼亚时，专门选出琥珀进行专论。[1] 这导致了德国纳粹

AMBER

STAATLICHE
BERNSTEIN-MANUFAKTUR G.M.B.H.
KÖNIGSBERG i. PR.
MSBM

图 55　大致在 1930 年，柯尼斯堡国立琥珀制造厂［Staatliche Bernstein-Manufaktur（State Amber Manufactory）Königsberg］英语版营销小册子的封面，上面有一幅黛茜的肖像，她是埃森贝格（Eisenberg）的弗赖贝格（Freyberg）男爵夫人［黛西·得奥拉（Daisy d'Ora）］

对琥珀的推崇。[2] 德意志人和流落在德国的犹太人极受鼓舞，都把琥珀奉为圭臬，用它代表着各自的历史。[3] 众多商店橱窗里展示着琥珀珠宝，珠宝的上面布置着穿着"日耳曼人的"、巴洛克式的和现代服饰的人物肖像，还写着一条标语："数百年来，一种德国国家的珍宝"。[4] 根据琥珀的浅黄色调，它被喻为"德国人的金黄卷发"和"一捆捆成熟的玉米"，除此之外，爱国女性展现的绝佳配饰就是琥珀，还被社会名流和众多明星树为典范（见图 55）。[5] 柯尼斯堡（现加里宁格勒）加工制作的琥珀在德国和被德国吞并的领土上进行巡回展览。为了举办 1936 年柏林奥运会，德国还设计了琥珀纪念品，甚至还专门为阿道夫·希特勒的《我的奋斗》（*Mein Kampf*）一书特地精制了奢华的琥珀捆扎带。[6]

这些现象中最有趣的可能是，6000 万块细小琥珀被加工成西服上的饰针和垂饰品赠予国家福利慈善组织，以回报、感谢他们的慷慨捐赠。它们的形状千变万化，色彩纷呈，时而代表着橡树和三叶草，时而象征着春天的鲜花，还专门印制了指南手册，以引导、鼓励人们定期捐献藏品，也倡导人们建立自己的收藏。一位博物馆管理者对此评论道：尽管每一枚徽章看起来"仅仅是一种秘传的标志"，但它们都拥有其自身的价值，也就是"我们将会得救的希望和我们有能力帮助他人的自豪"。这位博物馆管理者强调，"只有琥珀才能把这种价值准确无误地表达出来"，因为"灵魂的一种内在要求"促使德国人佩戴琥珀。作家们建议全体德意志人应把认购自己民族宝石的责任庄严地担在肩上，还有些人甚至秉持琥珀只能由德意志人佩戴的极端理念。[7] 曾经有人作诗吟诵：

> 德意志大地的德意志宝石
>
> 你要自豪地拥在怀中
>
> 你必须要佩戴着它
>
> 因为你深深地爱着这块土地。
>
> 远古大自然的神力，塑造了你
>
> 淳朴的德意志珍物
>
> 散发着光芒，郑重宣告：
>
> "佩戴我的也应该是德意志人。"[8]

繁荣与新萧条

欧洲琥珀产业在相当长的时间内一直面临着挑战。在 19 世纪，这个产业发展到了相当大的规模，客户群遍及全球。由于潜水、清淤和矿水爆破技术的进展，自 19 世纪 50 年代开始，已开采的琥珀原料的规模和种类突飞猛进，增长迅速。对于用在项链、手镯、发卡以及其他类似饰品的琥珀，珠宝级是唯一的级别。德国大概将全部琥珀的 25% 留作自用，其余的输往欧洲其他地方，还会运往土耳其、墨西哥、印度和中国香港。每个国家都拥有自己的琥珀市场、时尚和传统。在英格兰，维多利亚女王统治的后期，审美运动（Aesthetic movement）鼓励女性把琥珀作为一种休闲和天然材料穿戴在身。[9] 在奥斯曼帝国和整个阿拉伯世界，琥珀珠子当时正被用来制作赞珠（Misbaha，念诵经文的祈祷者念珠串），以及用来点缀《古兰经》护身符盒"希尔兹"（Hirz）的装饰链。在摩洛哥的犹太人社会，人们相信琥珀念珠会保佑长生不老，被用于女性的服饰；在伊拉克库尔德斯坦，琥珀用于悬吊护身符和其他垂饰品。

大约自 1900 年，琥珀的发掘越来越无利可图。第一次世界大战后签署的《凡尔赛和约》（*The Versailles Treaty*）导致了更严重的问题：包含但泽市（格但斯克）的西普鲁士被割让给波兰；包括柯尼斯堡的东普鲁士变成了一个半自治的州，受国际联盟的保护。它与德国本身的隔绝意味着与琥珀市场的关联变得非常困难；在战后的很多年，德国商品一直受到冷落；[10] 琥珀本身不得不面对很多合成材料的冲击，这些材料视觉上与琥珀相似，但更加廉价。[11] 德国纳粹党想方设法、竭尽全力拯救琥珀这个孱弱产业免于崩溃。

琥珀用于吸烟和鼻烟

在琥珀的采掘和处理过程中，造成了巨大浪费。针对这种情况，人们发现这些碎片可以加热、熔化，制成可浇注能上色的大琥珀块，这种东西特别适合制成雪茄和香烟烟斗的吹嘴（见图 56）。在维也纳，琥珀的压缩技术获得了专利，这种压缩琥珀通常与雕刻得非常精美的海泡石烟斗连在一起，或者有时用珐琅来修饰它，正如维也纳人工作室（Wiener Werkstätte）展览上的艺术家

图56 雪茄烟嘴展现了巴伐利亚路德维希二世国王（King Ludwig ii of Bavaria）的加冕礼，材质为琥珀和海泡石

为方头雪茄烟所作的设计那样。[12] 地理方位再向东推，到了巴尔干地区，用压缩琥珀做的吹嘴与白银丝并肩起到了装饰作用；再进一步向东，到了奥斯曼帝国，压缩琥珀水烟袋烟嘴被镶上了宝石。

流行的琥珀吹嘴是琥珀与烟草的紧密关系的巅峰象征，这种关系也是历经无数岁月的磨砺才形成的。大约 200 年前，琥珀被当作鼻烟瓶是可放进衣袋中的袖珍型。在 17 世纪后期和 18 世纪初期，这种尺寸的鼻烟瓶是绅士们须臾不可缺少的随身配饰。尽管这些饰品很多都是由普鲁士的手工艺人制作的，许多主要大城市的能工巧匠也会悉心打制鼻烟瓶。一位伦敦金匠使用 3 种语言印制了贸易卡为自己做广告，卡上说他拥有精工制作"各式各样、稀奇古怪琥珀饰品"的本领，表达自己希望能购买"琥珀、珠宝首饰和古玩珍品"的热切期盼，或许是他想把这些珍宝做成其他同样时尚的口袋型物件，如表套。[13]

18 世纪初叶，欧洲吸鼻烟的习惯和用来保存鼻烟的精致烟瓶引致了乾隆时代中国的一种时髦做派。没过多久，中国工匠就开始自行制作鼻烟瓶，以满足当地众多客人们的不同需求。在这种情形下，完美的琥珀鼻烟瓶应运而生，这种鼻烟用具形似鹅卵石，拳头大小。鼻烟瓶展示了它的多种功能，令人瞩目。酒壶形状的细颈瓶雕刻得非常纤薄，几近透明，甚至光线都能穿透（见图 57）。设想一下，只是通过一个小小的开口就要把内部镂空，将外壁减薄，这种工序耗时、精细少有，不慎就可能前功尽弃。烟壶的外形像葫芦和西瓜，巧妙地利用了琥珀的质地、斑驳的色调和闪耀的色彩。关于中国鼻烟瓶首个研究《庸碌仙界》（利用闲暇时间研究鼻烟瓶，进入了庸碌的境界——嗅觉的神仙世界）特别凸显了斑驳陆离色调的无穷魅力。为了增加更多的情趣，有时还会画上一些细节，很多鼻烟壶也会刻上一些内容，尤其是诗和美好的祝福。在 19 世纪，在众多收藏家眼中，中国鼻烟瓶简直就是天物，令人趋之若鹜，尤其是欧洲收藏家们。当前，欧洲、亚洲和美国对鼻烟瓶的需求持续强劲，久久不衰。

图 57　这枚鼻烟壶雕刻着妇人和孩子们在一所花园中玩耍的生动场面，清朝乾隆年间（1736 ～ 1795 年），由琥珀、象牙和珊瑚制作

压缩琥珀的鏖战

　　19 世纪末，欧洲的琥珀评论家对熔化琥珀的判断并不乐观。柯尼斯堡土木工程学校（School for Civil Engineering, Königsberg）的校长欧根·冯·奇哈克（Eugen von Czihak）呼吁赋予琥珀更多的尊崇。[14] 当地一群琥珀制作者，也就是琥珀工艺美术应用协会（Association for the Utilization of Amber in the Applied Arts）[15] 组织的抗议启发了他：他们争辩道，压缩琥珀的使用贬低了纯粹琥珀的价值，制作成了"假冒伪劣的次品"，例如：

用玫瑰花瓣和花朵一起装饰的镜框、愚蠢的小装饰品、形状为方尖碑的温度计、餐具柜形的笨拙钟盒、墨水池（形状像铺有琥珀鹅卵石和用链条围起的广场上的哨亭）以及……金属蜥蜴和青蛙在上面慢慢爬行的琥珀峭壁。[16]

琥珀工艺美术应用协会也注意到了当代珠宝的缺乏，认为商业化的珠宝仅仅"用它们黯淡的光泽衬托这种多姿多彩的物质，琥珀的高贵气质怎能充分体现出来"。[17]在稍后的时候，德国管理者奥托·佩尔卡（Otto Pelka）所进行的描述就不是那么客气了。他大骂19世纪末期，把这个时期比喻成"胸针、手镯和项链的时代"，这些东西都是由手工艺人制作的，他们"越来越把自己局限于打造和雕刻大批量生产的物品，一丝一毫的艺术价值都看不见"。[18]这个协会呼吁应根据琥珀的本性、质地、色调和性能，妥善利用这种材料。为此于1900年，他们在巴黎万国展览会（Exposition Universelle in Paris）上赞助了一个分项展览。[19]分项展览的现场就在镶嵌有琥珀的几面墙的内部，位处一座圆柱的中间，圆柱外层装饰着琥珀。在众多的展品中，展示了一只描绘琥珀海洋生活的托盘，还展示了用琥珀镶嵌装饰的家具。

波罗的海琥珀能够满足现代需求，国际展览会可以担当向世人展示琥珀的角色：在电子门铃中应用的琥珀把手只是其中一个例子。不过，普鲁士珠宝仍然步履维艰，勉强度日，艰难地应对这种新挑战。精明敏锐的消费者群不得不把眼光投向了其他国家，先是丹麦，在那里，格奥尔格·詹森和伯恩哈德·赫兹（Bernhard Hertz）用琥珀、白银和绿玛瑙制作了带扣、胸针和垂饰品（见图58）；其次转向了荷兰，范肯彭与索恩（Van Kempen & Son）公司和范德·伊斯坦与霍夫梅耶（Van den Eersten & Hofmeijer）公司在器皿和珠宝中加上琥珀；又转到维也纳，维也纳人工作室的艺术家们在帽子的饰针和胸针上用上琥珀；还转向巴黎，克里斯蒂安·弗耶丁斯塔德（Christian Fjerdingstad）在为克里斯托弗尔（Cristofle）所作的设计中用了琥珀，还是在巴黎，卡地亚（Cartier）用黑色珐琅、琥珀、翡翠和钻石精心打磨了随身携带的化妆手袋和香烟盒（见图59）。

图59　随身携带的卡地亚香烟盒（约1920年，巴黎），素材有珐琅、钻石、绿玉髓、琥珀、装镜子的玻璃、黄金和铂

图58　格奥尔格·詹森（Georg Jensen）制作的96号胸针王，丹麦哥本哈根，1900～1910年，由白银、琥珀和绿玛瑙制成

回到普鲁士，由设计引领的珠宝在20世纪30年代开始渐渐步入人们的视野，由国家资助的柯尼斯堡琥珀制造厂（Staatliche Bernsteinmanufaktur）推出了艺术家、能工巧匠联合攻关的做法，委任了诸如托尼·科伊（Toni Koy），扬·霍尔舒（Jan Holschuh）和赫尔曼·布拉赫特（Hermann Brachert）等著名人士。[20] 他们的初期作品是为了完美体现每个琥珀块的楚楚动人和天生丽质，因而各具特色，熠熠生辉，但同时作为柯尼斯堡琥珀制造厂的员工，他们的产品也展现了德国的政治倾向和远大抱负。

珠子的制作

对于诸如冯·奇哈克和佩尔卡这样的作家来说，以珠宝作为根基是探讨琥珀的过去、现在和未来的完美主题。不过说一千道一万，琥珀的其他应用没有比用琥珀做珠子的年头更长久的了。在当今时代，珠子的制作步骤与中世纪欧洲的方法一模一样，毫无差别。

琥珀的外壳是被劈开的，珠子的形状也被大概勾勒出轮廓。人们"转动"一台车床磨光球形珠子。起初，工匠们使用一副手动弓驱动数台车床，之后又发展成基本的踏板车床（见图60）。侧面已被刻好的珠子表面会被切掉或摩擦掉。历史文献显示，需要用晶莹剔透并且内部没有裂痕的琥珀才能把侧面刻得美观，最后制成珠子。通过这种方式悉心打制的成品往往能卖出更高的价格，当然还需要其他额外工作的配合。珠子还必须穿刺打小孔。考古学家们已经证实，工匠们用工具穿透每个侧面，缓慢地对向推进，最后在中间处汇合，完成

图60　夏洛特·冯克罗伊（Charlotte von Krogh）于1909年创作的画布油画《琥珀工匠的作坊》

整个钻孔工序。在琥珀作坊的考古发掘表明，许多珠子在钻孔过程中破碎了。精通钻孔技术是重中之重，需顶级高手，因为使用花花绿绿的丝绸带通过小孔把穿进珠子需要专心致志，聚精会神。现在，钻孔简直是小菜一碟，易如反掌，用一台电动牙科钻几秒就能完成。

琥珀珠子的专业工匠开发了出用于商业销售的标准化形状。早在 13 世纪 60 年代，琥珀就是巴黎珠饰制造商使用的 8 个标准材料中的一种，也是稍晚布鲁日和吕贝克工匠所用标准材料中主要的一种。在 16 世纪，珠子的形状做得花哨别致，像"榛子""尖栗子"和"大蒜瓣"。[21] 有些外形制作难度极高，耗时费力，历经艰辛。1590 ~ 1605 年，在巴黎的现场挖掘中发现了一些珠子，被保存在许多博物馆里。[22] 一本当代宝石雕刻工艺教科书介绍，通常一间琥珀工场拥有 10 套加工设备；在 16 世纪萨克森的选帝侯们所在的德累斯顿有一个小作坊，装配着各种各样的凿子、半圆凿、尖钻、锯片、扳手、钻头和粗锉。[23] 这或许未必能反映琥珀工匠的一般现状。一位学者发现在整个巴黎只有两位琥珀工匠拥有专业设备，用以转动珠子。[24] 1652 年，当罗马教皇的使节贾科莫·凡图齐（Giacomo Fantuzzi）到访但泽时，他注意到一位工匠正在把琥珀胶合到一个调色板上，用一把简单的笔刀雕刻琥珀。[25]

工作条件

这部著作若没有讨论琥珀工匠的工作条件，也就不可能把琥珀珠子解释清楚。这与现代理念相距甚远。回溯到 16 世纪，在一间琥珀工坊，一个冬季的典型工作日的工作时长为 14 小时，夏天时则延长到了 16 小时，星期日还要再劳作半天，修整、转珠子和钻孔。这些制作工艺对技工的要求有高有低，其中的差别体现在要完成的工作量上，这些数量是工匠们需要制作的期望值，更重要的是，这关乎他们的收入。在中世纪时期的吕贝克，一位车削 1000 个珠子的帮手的收入是钻孔技工收入的两倍多。[26] 在 16 世纪的但泽，一位帮工必须要钻孔 9.5 千克的琥珀才能赶得上另一位技工车削 2 千克琥珀的收入。[27] 再看看斯托尔普［Stolp，现代的斯卢普斯克（Słupsk）］的情况，一个学徒每个星期也要修整大约 7.5 千克的琥珀。[28] 与此同时，琥珀的浪费情况也十分惊人。每制作 500 克珠子大致需要 1 千克的琥珀。纵观 16 世纪的但泽，差不多有 250 名琥珀行业的娴熟技工。通常情况下，一间琥珀作坊有 6 个人，包括 1 名工头，3 名帮工和 2 名学徒。工头们需要具备在没有任何测量工具的情况下打制珠子的高超技艺，例如制作"球形珠子，而且所有珠孔都要一样大小，分布均匀，连一个圆规都不许使用，只能靠肉眼的功夫"。他们的这些非凡本领需要靠实践来获得，来不得半点虚假。[29] 我们可以想象，在这种高强度的工作量下和恶劣的工作环境中，众多琥珀技工的视力常常会被严重损伤。

琥珀珠子的销售

琥珀珠饰技工们会把他们的产品卖给中间商和商号，一般会按议定的标准重量供货，在年中的某些重要日期发货。这些琥珀珠子会被运输和转卖到许多城市，如安特卫普、科隆、法兰克福、纽伦堡和威尼斯。一项针对 1562 ～ 1610 年普鲁士人死后遗产的研究显示，琥珀珠子占所有已登记珠子总量的 5%。[30] 在中世纪时期的热那亚，琥珀位列最重要的进口珍贵"宝石"第 8 位，居绿宝石、红宝石、蓝宝石、钻石、绿松石、刻有浮雕的宝石或贝壳、水晶之后。[31] 当地的琥珀消费非常少。实际上，意大利的城镇颁布了相关的法律规定，限制特定社会阶层的人在某些方面的消费支出，禁止他们穿戴琥珀。[32] 之前，热那亚通过地中海进行琥珀贸易。由于这些贸易活动的存在，琥珀也到达了诸如叙利亚的大马士革这类地区。

尽管存在着广泛的贸易网络，并且声称每 100 个莱茵兰商人中就有一个储存着琥珀，[33] 但有时想要搞到琥珀远非易事。从普鲁士海滩上慢慢产出的琥珀数量变化不定，年产量的差别有时会达到 50 桶之巨。在其他年代，琥珀产量又会很庞大。1420 年，一位威尼斯的商人写道："我收到两种类型的念珠，仍然没有卖出去；现在我这里有很多存货（琥珀）压在手里，等着买主。"[34] 他的应对之策是利用这些珠子进行抵押贷款，处理某一类型的琥珀，使之流转起来，这与波兰人民共和国（1944—1989）和德意志民主共和国（1949—1990）的情况大相径庭，当时琥珀变成了穿过铁幕（Cross-curtain）易货贸易的一部分。今天，琥珀原料和琥珀成品双双供过于求的局面仍然令人头疼。[35] 当时的政治形势对琥珀行业影响甚大，就像现在一样。在1590～1800年，用于向丹麦王国支付货款登记统计的一项研究表明，进出波罗的海的货物大约有2000船（合法），大部分是在但泽到阿姆斯特丹之间，凸显了在战争不断、冲突频现的那个年代，这种平稳的运输线路的难能可贵。[36]

欧洲进入现代早期后，缘何珠子又一珠难求？难道人人都佩戴琥珀项链，穿着琥珀装饰的服装吗？当然不是。答案在于14世纪末期珠子以一种特别的形式被用于表达对基督教的虔诚，因此琥珀第一次大范围流行开来。基督教的众多皈依者在有关耶稣基督（Jesus Christ）和圣母玛利亚（Mary）的宗教仪式上聚精会神于祈祷上，用一串珠子承载着他们虔诚皈依的祈祷词。[37] 过去曾念诵的祈祷文和珠子被称作玫瑰经和念珠（见图61）。

波罗的海琥珀走向东方

欧洲以外，对琥珀念珠的需求也有相当可观的市场规模。琥珀在近东和中东享有的盛誉使许多旅行者感到吃惊，也使普鲁士人困惑不已。在16世纪中叶之前的年代，亚美尼亚人和犹太人的民族大迁徙形成的离散网络通过无数的陆地和水路路线，有力地助推了琥珀进入西亚和中亚。后来在18世纪初期，亚美尼亚贸易商与琥珀的关系如此紧密，以至于在伦敦凡是佩戴着长串念珠的人都会一律被认作是亚美尼亚人。在君士坦丁堡〔Constantinople，现代的土耳其西北部港口城市伊斯坦布尔（Istanbul）〕，西欧的游客们对当地琥珀商人们积聚的巨额财富惊愕不已，并认为不可思议。一位但泽商人，"实在不明白土耳其人究竟搞那么多琥珀干什么用"，甚至专门赶到那里，想弄个究竟。[38] 据

图 61　带 50 颗念珠的玫瑰经念珠串，德国，17 世纪中期，材质有白银、镀金白银、琥珀、画有图案的象牙和玻璃制品

发现，似乎在整个君士坦丁堡都是这种情形。

在 16 世纪和 17 世纪，很多旅行者解释，这里的琥珀被用作装饰"缰绳、马鞍和马鞍下面的鞍毯"。[39] 彼得罗·德拉瓦勒（Pietro della Valle）目睹了巴格达附近的贝都因人（Bedouins）戴着琥珀项链，可能集琥珀与白银珠子、圆盘和钱币等宝物于一体，这种组合仍是一种典型的也门和北非珠宝，他还在波斯（现在的伊朗）的设拉子（Shiraz）市看到当地人把雕刻过小侧面的光滑琥珀珠子与稻草一起缠在他们的脚踝上。[40] 时光转到了 17 世纪 90 年代，据说"奥地利、德意志、波兰以及威尼斯周边地区"的琥珀市场规模根本就不值得一提。[41] 这些信息来源并没有提及祈祷用的念珠和解忧念珠，但今天琥珀在西亚的这种用处最为普遍。在近东和中东，琥珀握在手中之所以广受欢迎意味着人们充分意识到琥珀散发着一种香气，温婉润泽，忍不住要去抚摸，它满含着温柔，静静地就在那里，让人倍感平安，而欧洲人几乎不知道这种情形。在欧洲，人们习惯上佩戴琥珀，而不是摩挲它。

琥珀在东南欧和西亚也拥有非常特殊的知名度，因为在这些地区，琥珀在历史上作为吸烟的一种配饰，主要用作水烟袋、烟斗的吹嘴（见图 62）。久而久之，这种做法形成了一种人们把琥珀用在嘴上的长期传统。在 17 世纪，欧洲的基督徒明白了之所以琥珀可以作为匙勺来用，源于伊斯兰教禁止把黄金和白银制品用于进食和饮用。19 世纪的法国作家西奥菲尔·戈蒂埃（Théophile Gautier）到访了伊斯坦布尔后评论道：

在君士坦丁堡，琥珀非常昂贵，土耳其人尤其青睐一种淡柠檬色调的琥珀，少许黯淡，希望琥珀既无斑点也无裂纹，更没有岩脉；这些条件有时候不太容易同时满足，一旦做到了，用这种琥珀做成的吹嘴身价就会扶摇直上。一对完美无瑕的吹嘴的价格会在 0.8 万～ 1 万皮阿斯特（Piastres，奥斯曼土耳其的一种主要货币单位。——译者注）……一批烟斗价值为 15 万法郎在伊斯坦布尔名流政要达官贵人的眼里也不是什么了不起的事……事实上，这是东方人炫耀巨额财富的一种风格……不只是土耳其人，只要有任何自尊的人，不止用琥珀，还会借助任何其他物品来展示自己的存在。[42]

图62 装有吹嘴、夹具和烟灰接盘的水烟袋底部，源自19世纪波希米亚与奥斯曼帝国，材质为玻璃制品、白银和琥珀

这种烟斗同珠宝一样，与一个人的脸面和双手联系紧密，是这个人社会地位的一个重要和明显标志。

当作小饰物的珠子

在 16 世纪的欧洲，琥珀珠子的使用情况发生了变化。在许多场合，珠子被当作玫瑰念珠的作用受到了阻碍，皈依新教的许多地区的琥珀珠子失去了它们的祈祷功能，佩戴在身上不表示任何宗教意义。根据一位年代史编者的记载，琥珀远比黄金受欢迎，这里面当然有夸张的成分。佩戴琥珀的习俗因此也就一代一代地传承了下来。较年长的妇女卖掉她们的琥珀，其理由是她们认为"佩戴鲜明艳丽的项链或其他珠宝饰物不甚得体"。[43] 年轻女性往往比较青睐佩戴琥珀项链和手镯，男孩和女孩也是如此，后者佩戴琥珀或许是因为琥珀能保护他们免受恶魔伤害。[44] 时针再拨到 17 世纪 90 年代，人们认为琥珀能"使牙齿很容易再生"，这种用法一直持续到了今天，但颇有争议。[45]

与近代中国的朝廷大员佩戴的正式领圈"朝珠"相比，流传至今的欧洲领圈是简直就是小儿科。这种"朝珠"有 100 多个珠子，用细绳串成一长串（见图 63）。中国的朝珠起源于佛教徒念佛经的古老传统，诵经时利用琥珀珠子计数。1643 年，达赖喇嘛将此当作念珠赠礼后，传遍了中国大地。一些朝代法律和礼仪对禁止奢侈有严格的规定，并施行了念珠的佩戴方式。例如，这些法规规定，当皇帝在地坛祭祀时，只能佩戴黄色珠子。根据清代"环宇五色"（Five Colours of the Universe）的理念，黄色不仅仅是土地的颜色（位居中央），还是帝王的专用色，任何外人都不得僭越。[46] 耶稣会（Jesuit）的传教士阿尔瓦罗·塞梅多（Alvaro Semedo）很清楚琥珀念珠源自中国西部的云南省，他还解释说，琥珀可被用于治疗鼻腔里、喉咙或鼻窦的黏液。[47]

到访中国的西方人也在家信中写道，他们看见一些单个的珠子系附在朝廷官员的帽冠上，但对于悬挂在某些物件，如扇子上的雕刻珠子和垂饰物则语

图 63　19 世纪的领圈（朝珠）以及原来的木盒，材质有硬玉、琥珀、蔷薇石英、白银、珊瑚和丝绸

焉不详，这与今天我们手机上的小饰品并无二致，尽管古代的这些物品流传至今。无论是在亚洲还是欧洲，利用琥珀来装饰纺织品十分普遍，其中的重要原因是琥珀的质地极轻，对较重的天鹅绒和多层丝绸来说增加的重量非常有限，甚至可忽略不计。在欧洲，管状和桶状的珠子被用来修饰服装，这其中解释了琥珀的销售有时候会受限于纺织品商的原因。琥珀珠子还用于点缀腰带和发网，这种情况在欧洲中世纪和文艺复兴时期很流行，在中国明代也很常见。[48]在中世纪末期的英格兰，琥珀被用作按扣，最奢华的按扣被精心放置在金盒子里。[49]时间再往后推延，还有更奢靡的可穿戴计时装置（见图 64）。这种做法持续到了 20 世纪，表现在流行的盘子上，这种盘子展示出琥珀珠子巧妙运用在英王爱德华时代服装的褶皱和褶痕处，起到画龙点睛的作用。

图 64　制成罂粟花种子蒴果形状的计时器，17 世纪初叶，材质为琥珀、白银和黄铜

琥珀的气味

　　一些早期现代文献记载，琥珀与龙涎香十分相像，很难区分。龙涎香是抹香鲸的消化道分泌的一种物质，价值极高。[50] 其缘由是"琥珀"的英文单词"Amber"在许多欧洲语言中包含着上面两种含义。在宫廷刺绣工们琥珀珠子的支付费用账本上，"Amber"既可指琥珀，也可意味着龙涎香，并且在实际的情况下，用"Amber"来装饰服饰也表示有可能两种材料都在使用。琥珀与龙涎香之间的这种混淆之所以出现，部分原因是两种珍贵材质都能散发出清雅的馨香。琥珀的香味是它们在欧洲中世纪和文艺复兴时期备受青睐的部分原因。

许多作家认为琥珀生在"芬芳之地"，质量较差的琥珀才会用于这种实际用途。[51] 琥珀能被燃烧这种现象在大多数北欧的语言中得以充分体现，这些国家的语言对琥珀的称呼，其字面上的意思就是"燃烧的宝石"。[52] 琥珀还被广泛地推荐作为一种空气清新剂。人们把琥珀与花瓣和香味料等调和在一起，制成百花香，或者把它们置于灼热的铁板上和燃烧的煤炭中，一股浓烟会冒出来，人们认为这种烟具有净化清洁的作用。因此，在伦敦瘟疫大流行时这种方法被用于人口密集社区的熏烟消毒。[53] 有一些神奇的现象也会出现，有时候这都被归于琥珀浓烟的神力。一位医生声称看到一位病人经过熏蒸后出现了短暂的苏醒。[54] 还有些人描述，如果琥珀燃烧时能散发出湿气，就能驱邪去魔。当今，人们仍相信在修建桑拿浴室时加入琥珀能够强身健体。在立陶宛的阿托斯托克·帕克斯（Atostogų Parkas），用在 Spa 上的琥珀估计有 3 吨左右。

要琥珀散发出芳香还有一种办法，那就是把它们研磨成粉末。粉末状的琥珀掺上油和水可使手套和皮肤沾上香味。共有两种熏香的办法，但今天人们基本上将它们打入了冷宫。约翰内斯·马根布克（Johannes Magenbuch）是一位医生，他发现了一种现象，蒸馏琥珀能产生琥珀油。他向当时的普鲁士公爵赠送了琥珀油、琥珀水和掺了琥珀的夹心软糖，并向公爵报告了这个发现。这个时期的许多王室成员对科学实验非常感兴趣，请求普鲁士公爵在他们自己所做的实验中使用琥珀。后来印制的一些秘方书籍传授了制出琥珀油的多种方法，读者甚众。秘方教授读者要在亚麻籽油或酒精中溶解粉末状琥珀。后者并不很油腻，所以适于用在服装上。朱塞佩·唐泽利告诉他的读者，要用 1 磅（等于 0.454 千克）琥珀粉末与 1 磅葡萄酒掺和在一起共同加热，直到一种金黄色的蒸馏液滴出现。他同时提醒读者千万要小心，防止一种"红色、黏稠并散发着恶臭气味"的油脂的出现。深色的琥珀油或许能用来为纤维织物上色。唐泽利还提供了一种用盐漂白琥珀油的配方。[55] 尽管有关荷兰东印度公司的资料表明琥珀油在远东并没有任何市场，但坊间还是传播着一些中亚地区的人们把琥珀油用在动物皮毛上着色的趣闻轶事。在英格兰，有一种琥珀、黄赭石和乳香的混合物也被推荐为皮革染黄的配方。[56] 让人惊喜的是，今天的纺织品生产也用到了琥珀。科学家研发了琥珀的收敛特性，这种特性会使组织收紧，渗色缩小，应用在外部纤维的处理上。[57]

琥珀附件与安康

琥珀油在现代早期的欧洲让人向往，这是有原因的。人们确信琥珀的气味"对激励和维持人的健康状况，阻断所有疾病的发生，免遭疾病的侵害等方面效果明显"。[58] 无论是在德国、意大利、法国或英国，人们都发现、找到了很多得益于琥珀气味的方法，其中最显著的方法是使用琥珀柄的马鞭在某人的头发（后来是假发）上涂抹琥珀粉，然后熏香。古代的哲学家和医生们记录过"超自然的灵魂"（Spiritus Animalis）：人大脑产生的某些东西，过滤或吸取"充满活力的灵魂"的精华，这种"充满活力的灵魂"是从空气中吸附而来。鼻子被认为是通向大脑的一条直接路径，因此利用琥珀的气味就能直接助力产生"超自然的灵魂"。

"香丸"的英语单词"Pomander"源自 Pomum d'ambra（琥珀 / 龙涎香的苹果状产物）。最简单的香丸就是手掌大小的大琥珀块。这些琥珀块还必须受到摩擦才能产生芬芳怡人的馨香。人们或许更熟悉球形珠宝型香丸，这些香丸悬挂在颈部或腰部。[59] 有一些香丸由金属制成，被分成一段段的，犹如一只让人垂涎欲滴的香橙。这些片段含有芳香剂，保留下来的样本上镌刻着"Bernstein"（琥珀），这确凿地证明琥珀在其中占有一席之地。其他香丸则是被穿了孔的球形体，看起来像是当代的滤茶器。这些香丸装满了散发着香味的糊浆，有时干脆就装着纯琥珀（见图65）。也有一种器皿被称为香盒，用于装香料。这是一种小小的香味瓶，带一个钻了孔的塞子，塞子里装满琥珀油，琥珀油用罄后能反复装填；不过还要再次强调的是，有些香盒甚至直接就是由琥珀打制的。琥珀油有时也可以被临时充作香丸。海绵可在琥珀油中浸透，或者让琥珀油在"由塞浦路斯木材、杜松或月桂制成的中空小盒子里"凝结。[60] 琥珀油也能单独使用，在鼻孔涂抹琥珀油可以治疗癫痫症和抑郁症。在太阳穴处涂上琥珀油可缓解眩晕、痉挛和震颤等症状。

我们再转到中国，看看琥珀的使用情况。早在宋代琥珀就作为一种芳香

图 65　从勃兰登堡（Brandenburg）马格达莱纳（Magdalena）西比拉（Sibylla）的庄园发现的带香丸的珠子，年代为 17 世纪初叶，材质为琥珀和白银。也可能是在柯尼斯堡

剂倍受追捧。在辽代，那时朝廷统治着现在的中国北部和蒙古国，琥珀单独就被用来制作盛装香味料、茶叶、药品和化妆品的器皿。追根溯源至公元前200年的资料描述了琥珀用于颈部和头部支撑（枕头）的情形，还有一个更晚一些的宋代文献记叙了一位皇帝仅仅认为这种枕头拥有神圣的药用功能，就接受了一个，枕头作为休息和睡眠的主要功用反而就退而求其次了。[61]

琥珀垂饰和肖像垂饰

由于上述的琥珀枕头没有流传下来，所以不可能获得它们外观的任何信息。这些枕头也许雕刻得非常精致、复杂，就如同其他尚存的琥珀饰品一样。今天，这些古董都被视为艺术品。从中国辽代陵墓发掘出来并保存完好的人工制品，无论是雕龙画风的器皿还是纯粹的装饰性垂饰品，都显示出当时人们无穷的想象力，把形状多变、大小不一的琥珀块制成鬼斧神工的奇形怪状，简直让人难以置信：载有船工的小船在河上漂流、盘绕蜿蜒的巨龙、筑巢的鹅群、似乎在吱吱鸣叫的蝉，还有长满五彩玉羽的凤凰。中国具有奇才异能的工匠尤其关注琥珀的材料特点，他们的琥珀作品不约而同地充分展现了这一方面。同时，匠师们对这种原始"宝石"十分敏感，小心翼翼，精雕细刻。他们或许是在加工这类极其珍贵的进口材料时，会努力去减少因此造成的琥珀损耗。

相反，刻画着耶稣基督的欧洲琥珀胸饰品则炫耀着欧洲人对这种原料的豪奢和挥霍，通常众多高级神职人员把它们戴挂在胸前，非常引人注目（见图73），但这种材料的原物没有一件流传下来。在中世纪的欧洲，很少有人对琥珀块原料的外形感兴趣，相反如何把琥珀制作成超古迈今的形状，在色调和清澈度上力压其他"宝石"一筹，独步青云，则是人们关注的焦点。艺术史学家们已经在思考将琥珀刻画成基督的肖像是否具备圣经意义上的合理性。他们挑选出圣保罗（St Paul）所著《新约》中《哥林多前书》和《哥林多后书》的首封信的这一节："我们如今仿佛对着镜子观看，模糊不清，到那时就要面对面了。"《哥林多前书》还有一种说法认为将琥珀装饰在人的胸前与亚伦

（Aaron）所戴的护胸甲有关，圣经中的《出埃及记》（*Book of Exodus*）中描写了亚伦的护胸甲，上镶 12 粒宝石，代表以色列 12 支派。更有一些人解释说琥珀是 12 粒宝石中的一种。天然原始的标志物粗略刻画着耶稣基督的肖像，位处垂饰品的另一端。

垂饰品也是形态各异，英姿万千。在欧洲传统中，心灵被赋予了特别重要的意义，体现在垂饰品上就是心形。中世纪的观念认为，心脏是精神或灵魂寄托的家园，成为昭示清澈和明晰的象征。经过了无数岁月的积淀，心的符号与人类情感的联系持续到了今天，成为无所不在的爱的标志。垂饰物中的心形琥珀大约出现在 16 世纪和 17 世纪的早期。这些心形琥珀既是器皿，又代表着个人情感。许多琥珀都刻画上了图案，或者嵌入与宗教有关的图像（参见图 66）。还有其他一些则雕刻了世俗统治者的肖像。神圣的心形常常被挂在玫瑰念珠或琥珀珠串上，雄踞在豪华高贵的天鹅绒和丝绸上方，熠熠生辉，鲜艳夺目，闪烁着金色的光芒。心形图案镶嵌妥当，佩戴在脖子上，也许就像是把它固定在佩戴者心脏部位上方的胸部。[62] 当位于克拉科夫（Krakow）一座王室小教堂的安娜·雅盖隆（Anna Jagiellon）陵寝被发掘时，发现她的遗体旁边陪葬着一个心形琥珀，

图 66　心形垂饰物刻上了耶稣基督被钉死在十字架上的场面，这个饰物 1616 年出现在奥地利玛丽亚·马达莱娜、托斯卡纳女大公（Grand Duchess of Tuscany）的小教堂，可能是柯尼斯堡，时间在 1600 ~ 1610 年，材质为黄金和琥珀

上面刻着她丈夫斯蒂芬·巴特利（Stephen Báthory）国王的肖像。佩戴在胸前的垂饰品显然是社会地位、身份、效忠和意图的标志，太过醒目，以期引起公众的注意。琥珀饰品还有最后一个作用，自清朝雍正年间（1723～1735年），卡片形状的琥珀垂饰上面刻着"斋戒"两个字，官员们在朝廷上佩戴，作为一种个人用品，提醒自己和他人在祭祀仪式举行之前要进行斋戒禁欲。[63]

中国的琥珀饰物

根据两份文献来源中的一份记载，用于制作饰品的琥珀原料在中国清代很受欢迎。第一个事例说的是，穿越漫长连续的历史长河回到汉代，人们就开始加工使用波罗的海琥珀了。几个世纪以来，这种材料通过早已建立起来的商业贸易网络，经由陆路的数条路线进入中国。17世纪，琥珀也开始通过荷兰东印度公司，经由南非好望角从海上进入亚洲。早在17世纪50年代，荷兰人就向中国皇帝敬献了琥珀，向这位皇帝展示了琥珀原料、琥珀珠子和虔诚的基督徒雕像。[64]荷兰人将他们的贸易王国集中在巴达维亚（Batavia，现印尼雅加达）的殖民地和日本的出岛，这两个地点作为贸易枢纽统领在本地区的贸易活动。单单一艘驶往东方的船只就会载有超过700千克的琥珀。[65]

在亚洲，欧洲琥珀既有合法的交易，也存在偷偷摸摸的非法买卖。有大量证据表明荷兰东印度公司的雇员们有一条个人发家致富的有效地下途径。鉴于劣迹败露后并不总是被开除，所以万利在前，值得一冒风险。[66]日本出岛的一位医生评论道，日本人对于欧洲琥珀非常感兴趣，尤其是用在漱口水上。现存的一些物品表明琥珀被用于坠子、穿着和服腰带的拴扣以及带子，带子穿过印笼垂吊在身上。印笼是日本人穿和服时挂在腰间用以存放必需品的小装饰盒，如印章和药品。在日本，一旦被发现琥珀的黑市交易，就会受到严厉处罚。一位荷兰人进行了非法琥珀交易，暴露后就被驱逐出境，而他的几个日本合作伙伴则惨遭斩首。[67]

第二个例子讲的是清代中国，原本用于穿戴的琥珀原料产自现在被称为缅甸的地区。尽管琥珀在缅甸已经开采几百年，人们并不知道琥珀就来自那里。自从公元 1 世纪以来，位处西南边陲的中国云南省与缅甸接壤，一直被认为是琥珀的发源地。今天，中国云南仍然是琥珀加工和销售的一个主要中心。[68]研究人员还对有关发现和加工缅甸琥珀的历史和传统开展了大量的研究，结果有待公开。耳栓作为轻质琥珀的一种理想应用方式，在当地早期使用，至今仍是钦（Chin）和米佐人服饰的一部分。据说琥珀还是王室标志的一部分，一个琥珀球显然被用来宣布一个男婴的诞生。[69]学者们了解中国的缅甸硬琥珀的情况比缅甸自己了解得更详细，这源于他们掌握丰富的文字和实物资源，这些资料可追溯至 1000 年之前。这些信息充分显示出亚洲琥珀只是几种琥珀中的一种。此类相同的信息来源几乎提供不了那些琥珀种类的确切原产地证据，关于中国云南省或其他地区的琥珀工匠和作坊的情况更是一无所有。许多保存下来的琥珀制品的质量以及与其他材料制品，如翡翠的比较情况说明，最精致的琥珀制品很可能是由技艺娴熟，能力超群的雕刻技师在北京的工坊里精心打造的。

琥珀在印度

17 世纪耶稣会的传教士阿尔瓦罗·塞梅多（Alvaro Semedo）称赞中国云南人的高超技能，强调说他们的手工艺品也出口到了印度西部的果阿邦（Goa）。[70]虽然近年来在印度西北部也发现了琥珀矿藏，[71]或许那里发现的琥珀就是老普林尼所曾经记载的那种缅甸硬琥珀。[72]来自东西方的历史资料都证实了塞梅多的结论。据说 15 世纪中国航海家郑和从卡利卡特〔Calicut，印度西南部港口城市科泽科德（Kozhikode）的旧称〕就得到过琥珀，卡利卡特位于印度西南部的顶端，有人也称这个地区为马拉巴尔海岸（Malabar Coast）。[73]西班牙派驻卡利卡特的总督接到任务，要为西班牙国王搜罗琥珀；这边厢，荷兰人扬·休根·范·林斯霍滕（Jan Huyghen van Linschoten）将古吉拉特邦的肯贝（Cambay）作为购买琥珀的地点。[74]在英格兰，自称会计师的一些人在获取琥珀的假想数学运算中吃了苦头。[75]

尽管如此，在上述情形中，没有人能详细掌握印度的琥珀资源分布。到了 16 世纪末期至 17 世纪初期，这种琥珀很可能就像波罗的海琥珀一样，被认作了缅甸琥珀。英格兰也与荷兰差不多，设立了英格兰东印度公司，这家公司源源不断地将欧洲琥珀发往印度，货源十分稳定，这些琥珀中的很多都是贵重品种，在殖民地往来中能有大赚头。用琥珀制作的餐具礼品就是这种获利的途径，夹杂在其他商品中间赠予出去。在印度莫卧儿帝国皇帝奥朗则布（Emperor Aurangzeb）宫廷里的一位法国医生希望再次提高自己的薪酬水平时，就是用琥珀制作的餐具来开路，助力谈判的成功率。[76] 尽管当地统治者有时会向东印度公司的代理人提出一些特殊要求，他们似乎会更容易就能赚得盆满钵满，如越南的统治者郑琢（Trịnh Tạc）在 1673 年就提出需要购买 50 千克"大块琥珀"和"5000 块用带系住的琥珀"。[77] 东印度公司的人员久经沙场，不断汲取经验和教训，因而更加老道和精明，练就了火眼金睛：洁白和黄色的琥珀串，尤其是做工精细、质量上乘的，就卖得火爆，而天然原始的琥珀则无人问津。有一次，一家贸易代理记住了这个规律，他们千方百计寻找白琥珀和黄琥珀出售，因此赚了一大笔。1749 年，一次私人发货的琥珀价值就超过了 500 英镑，相当于当下的 6.4 万多英镑，是当时一位技艺高超的工匠艺人 15 年的工资收入总和。[78] 这其中预期的回报必定相当可观，大大提高了英国利用波罗的海琥珀在印度经济收入中的比重。

珠子成为一种殖民地商品

要想探求琥珀珠子作为一种全球性商品的历史，就无法与琥珀的现代历史割裂开来。无数种全球性商品的历史也与全球化历史和非正义的殖民剥削史脱不了干系。在欧洲文献资料的记载中，对琥珀珠子国际市场的描述往往充斥着表现欧洲文化优越性、文明先进性的辞藻。例如在 1771 年，当 C.W. 哈肯（C.W. Haken）抵达施托尔普小镇担任牧师职务时，当地信徒送给他一个琥珀做的棋盘。这件礼物很快让他了解了这座镇子的琥珀产业。在漫长的岁月时光中，琥珀业历经颠沛流离，跌宕起伏，克服了重重困难，但到了当时仍然面临着新的挑战。哈肯忧心忡忡：

> 社会上的奢华挥霍决定着琥珀的身价，主要是在那些放纵铺张奢靡成风的毫无鉴赏力的国家；大部分用琥珀制成的作品都离不开大大小小的、或清澈或模糊的珠子，这些珠子只有不到一半留在欧洲，而其他的则流向了黎凡特（Levant）、中国南方、埃及和非洲，最近还有许多到了美洲，在那里才实现了琥珀真正的价值。[79]

对哈肯而言，既然琥珀如此受大众喜爱，他本人以及同时代的人认为那些众人比他们的教化更浅薄，因此琥珀的"金色时光"业已谢幕。其他一些记载对此也深以为然。将近 100 年后，又有资料描写"琥珀在欧洲的装饰角色几近终结"，但是"琥珀制成的小件饰物仍然在土耳其、埃及。波斯、印度和中东地区继续走俏，身价不菲"，在这些地区"黄色琥珀被切割成多个小侧面，或者直接就被串成珠子当手链和项链"，"黄色琥珀还被用来装饰他们的烟斗、徽章、坐骑的马鞍和缰绳"。[80] 即使到了今天，大部分西方作者情感上还是痛惜传统上的中心地区波罗的海琥珀市场的衰落，而对中国市场的繁荣兴旺心含酸楚，不愿提及。当下，中国是世界上最大的琥珀消费市场。

琥珀以原料和珠子的方式出口到了非洲，当代欧洲作者群的偏见在对这个问题的探讨上体现得更加明显。有大量充足的证据表明在前殖民地时期和殖民地时期，法国、葡萄牙、荷兰和英格兰将波罗的海琥珀输出到了非洲西部海岸。非洲的某些资源优势令欧洲人垂涎，位于北方的塞内加尔河（Senegal River）与南方的冈比亚河（Gambia River）之间的西非部分地区，是铁矿的一个重要来源地，而铁棒条在欧洲的贸易商中会扮演一种早期的货币的角色。在 18 世纪初期，约 500 克的琥珀能交换 8 根铁棒条。到了 1728 年，琥珀价格剧烈下跌，6 千克的琥珀只能换半根铁棒条。这一方面表明人们对琥珀的购买力显著降低，另一方面显示出琥珀的数量必定大幅上升，供求严重不平衡，供远远大于求，以前购买一个单位琥珀的费用现在差不多能买 200 个单位，着实惊人。[81]

在 18 世纪的前 50 年，琥珀的使用似乎很粗糙，不做精细加工，块头较大的琥珀受到人们的重视，对小块小件的材料则不屑一顾。面对这种情形，以加工琥珀而闻名的德国北部城市吕贝克也是满腹苦水。1744 年，琥珀手工技师、制作珠子的能工巧匠抱怨，依靠这种可加工的材料为生，他们正在失去优势，甚至失去工作。而琥珀商人面对直接针对他的这种怨气，理直气壮地反驳道：他输出给"东印度群岛和西印度群岛"的琥珀在欧洲被认定是无法加工的，但作为一种商品在与非洲交易时却卖出了"黄金般的天价"，丑小鸭变成了金凤凰，这还有什么可说的。[82]

可以肯定地说，尽管还需要更多更深入的研究，琥珀似乎成为在前殖民地塞内冈比亚（Senegambia）地区交易的最昂贵的商品之一。有人会给在这个地区旅行的欧洲人出主意用琥珀当作货币支付，包括用琥珀买卖奴隶。1724 年，一个贸易考察队沿塞内加尔河沿岸进行远征，在购买树胶、牲畜、兽皮和"俘虏"时，部分款项就能用琥珀（大块琥珀和中等尺寸的琥珀，以及琥珀色的刻有小侧面的玻璃珠子）来支付。不列颠皇家非洲公司（British Royal African Company）的许多文件显示，到了 18 世纪 40 年代，大概 64 千克的货物就能换取一名奴隶，其中的约 12 千克是珠子和一些琥珀。[83] 对琥珀在奴隶贸易中所扮演角色的讨论才刚刚拉开序幕。大致在 1735 年，在纽约非洲墓地（New York's African Burial Ground）挖掘一位埋葬女性的坟墓时，引发了广泛的关注。人们发现这位女性在腰间佩戴着一串珠子。这种类似腰带的珠串佩挂在服饰的下面，因而直接用肉眼看不见。珠串有 70 粒玻璃珠子、7 个玛瑙装饰的贝壳，还有一颗雕刻了侧面的琥珀珠子。她的牙齿被挫平这种现象显示出她出生在西非（West Africa），因此高度怀疑这位墓地女性很有可能是被强迫带走的。巴西和加勒比海地区的一些墓葬地与奴隶贸易相关联，在这些地方发现的诸多类似腰串使得人们顺理成章地做出这样的假设：纽约非洲墓地的墓主人曾经佩戴着这种腰带穿过了大西洋。[84] 新的考古发现和被忽略的文本证据表明，这种需求不仅将要确认波罗的海琥珀是欧洲—亚洲／亚洲—欧洲商品流动过程中的一种重要因素，而且还在跨大西洋间的三方贸易失衡和不公正行为中起到了一定的作用，并且使同时代欧洲人的殖民野心大大膨胀了。

非洲的琥珀

同近东以及中东相仿，在非洲，欧洲旅行者喜爱琥珀的缘由在于它的块头很小，可以藏匿在身体里或口袋中。非洲也有琥珀用于非货币交换的悠久传统。例如在 18 世纪初叶的巅峰时期，英国政府用琥珀交换"在摩洛哥皇帝治下领土的英国俘虏"。[85] 在很多地方，为了逃避支付当地赋税，欧洲旅行者们在自己的身体内藏匿携带琥珀，并且无须兑换货币就能用琥珀畅行无阻，通达天下。苏格兰旅行者和探险者蒙戈·帕克（Mungo Park）就使用琥珀支付每日的交易活动，比如只用一串琥珀即可换取足以吃 40 天的稻米。他的琥珀还派上了很多其他用场，如获取信息、医疗保健、丧葬品和行李搬运等。事实上在苏丹，大个琥珀珠子就被用作了一种交换中介，近来依然如此。在 20 世纪中叶，德国人仍然使用 *Negerkorallen* 这个名词，其字面意义翻译过来就是"黑人珠子"。[86]

琥珀为何如此受欢迎？后来琥珀又当何用？对于这些问题，欧洲的文献几乎语焉不详。1795 年，帕克在邦迪（Bondu）看见琥珀就戴在当地统治者妻子的头发上。[87] 一个法国奴隶商人泰奥多尔·卡诺（Théodore Canot）描述 19 世纪 20 年代和 30 年代的情况也是如此。他还亲身经历琥珀串被当作进贡礼在廷博（Timbo）呈现的情形。他注意到富拉尼（Fulani）妇女头发上用于装饰的琥珀。[88] 今天，富拉尼女性仍然把琥珀编入她们的发辫里（见图 67）。

关于东非琥珀的资料比较稀少，尽管旅行者确确实实在当今的苏丹和乍得见到过，后来还在努比亚王国（kingdoms of Nubia）、达尔富尔（Darfur）和

图 67 佩戴传统头饰的富拉尼女孩，富拉尼位于西非的布基纳法索（Burkina Faso）

瓦代（Wadai）也目睹了琥珀的踪影。一位作者写道，努比亚人青睐清澈的琥珀，而黄中带浑浊乳白色的琥珀则在瓦代西部和达尔富尔西部地区是当地人梦寐以求的宝贝。[89] 不同地区人们对琥珀喜好的差异也反映了琥珀是通过不同的贸易渠道进入各个地区的。从北方输入的珠子可能先在开罗加工，这些珠子的到来很可能属于穆斯林贸易商人们的功劳。

流传下来的琥珀制品证明琥珀在非洲之角（Horn of Africa）也很知名。在哈来尔（Harer）地区（现在的索马里），伊斯兰妇女出嫁时的嫁妆中有一部分就是用琥珀和白银制成的项链。在埃塞俄比亚，琥珀也很常见。他们的皇后沃伊扎罗·特鲁奈什（Woyzaro Terunesh）佩戴的项链就是用琥珀与皮革一起做成的。英国军队先是洗劫了马克达拉［Maqdala，也称阿姆巴马里阿姆（Amba Mariam）］，后来又抢掠了埃塞俄比亚皇帝特沃德罗斯二世（Tewodros Ⅱ）的财产，皇后的那些装饰物随后被运到维多利亚和艾伯特博物馆（Victoria and Albert Museum）展出。近些年，埃塞俄比亚在自己境内也发现了琥珀矿藏。[90]

皇后沃伊扎罗·特鲁奈什项链上小巧玲珑的珠子非同一般。欧洲用于出口非洲的珠子往往比自用的珠子个头要大很多。1841 年，一位居住在塞拉利昂的英国女士以不太中听的口吻写道：那里的人佩戴的"琥珀疙瘩大得就像一枚鸡蛋"。[91]1858 年，波兰女诗人雅德维加·卢兹丘斯卡（Jadwiga Łuszczewska）在描述但泽（格但斯克）的一家琥珀经销店时也使用了"琥珀疙瘩"来形容看起来很接近琥珀天然状态的珠子。她在店里亲眼看到了这些待售的珠子，"店家有意把最大的珠子精心摆放在珠串的中心，以吸引顾客，其他的根据尺寸大小依次布置，最小的珠子摆在最末端"，雅德维加·卢兹丘斯卡用不屑的口吻写道，这样的一条项链就像"一个样子难看，体形臃肿的庞大花彩"。店主告诉诗人，自己店里收入的大头就靠这种大珠子，非洲人特别喜欢，所以它们肯定要销往非洲。[92]

当前，琥珀珠子在广阔的非洲大陆上许多地区继续起着重要作用。不过，许多所谓的琥珀实际上是由耐久的苯酚树脂制成的。在这些琥珀中有一种叫酚醛的材料，这种产品是欧洲在两次世界大战之间研制开发的。这种珠子可以重新塑形和装饰，通常是使用钻头和加热的雕刻针来完成这些工序，但这些方法如果用于真琥珀则根本行不通。用酚醛材料雕绘的图案和外形往往根据各种不同文化环境中的独特要求，而且有专门的用途，但这反而会漏了馅儿，这无异于对外界昭告：这种材料是由琥珀的替代品制成的，不是真材实料（见图 68）。[93]

世界各地都有非洲人散居，在有非洲人生存的地方，琥珀在其中也扮演着重要角色。在古巴生活的西非人就保持着自己的习俗和文化。饰以珠子的项链在有关萨泰里阿教（Santería）祭祀仪式上是一个重要的组成部分。萨泰里阿教是将约鲁巴人对阿伊莎（Orisha）的崇拜与西班牙天主教（Catholicism）融为一体而形成的当地宗教。敬献给神灵中的诸神奥巴（Obba）、奥乔西（Ochosi）、奥库恩（Ochun）和奥萨因（Osain）的项链按惯例都需要琥珀珠子，尽管有时也用琥珀色的玻璃珠子甚或黑玉来代替。[94]

图68 毛里塔尼亚、马里和摩洛哥用苯酚甲醛制成的珠子，这些珠子经过了雕刻、钻孔和修饰

西西里岛的琥珀首饰

在 18 世纪和 19 世纪，有些欧洲人会关注出口到非洲的珠子，他们会把珠子的大小和天然质量与自己所在地附近的琥珀尺寸和形状做比较。这个时期之后的珠子和佩戴它们的主人的肖像与此前相比，流传到今天的更多。北美代表着一个新兴市场，随着这个大陆殖民化的提高，琥珀规模也在逐渐扩大。乔治·华盛顿（George Washington）的妻子玛莎（Martha）最著名的遗物之一就是她的琥珀项链，如果整条项链本身不是进口的话，珠子肯定是进口而来，而且十有八九是通过纽约这个渠道。这条项链共缀有 79 个刻着侧面的珠子，大约 60 厘米长，这意味着中间的那颗珠子可能滑过她的紧身上衣，正如我们所见托马斯·劳伦斯（Thomas Lawrence）所画的《戴琥珀项链的年轻女士肖像》（1814）。

供应欧洲和北美市场的是第二种类型的琥珀珠子，这种珠子磨得很光滑，像个拉长的微型木桶。众所周知，这种形状由于貌似橄榄而称为"橄榄形"，这种外形的流行时期很长，一直持续到 20 世纪中叶。这些珠子的英语和法语名字与意大利西海岸的一座港口里窝那（Livorno）有关，这个半岛所有的货物都经由这座港口集散。对商业活动感兴趣的外国作家们称琥珀是意大利贸易量最大的货物之一。[95] 这类用于贸易的珠子中有很多可能就出自西西里岛。西西里岛本身拥有琥珀矿藏，已经成为一个重要的琥珀制造地，能生产珠子和未经穿孔的琥珀球。这些琥珀球镶嵌着银丝，可用来制作小装饰品。西西里岛东岸港口城市卡塔尼亚（Catania）制作的珠宝首饰尤为出名，蜚声海内外。[96]1770 年，苏格兰人帕特里克·布赖登（Patrick Brydone）把一整个夏天都泡在这座岛上，专门观察琥珀"被制成十字架形、珠子、圣徒形等"的情况。[97] 西西里岛的琥珀在游人中的名声如此之大，以至于埃特纳火山（Mount Etna）附近的琥珀工坊和收藏品都被专门打上了记号。手工艺人面对岛上古代遗产备受青睐的情景，也不甘示弱，想分得一杯羹，争相制作模仿古典风格的纪念品，有"各个时代皇帝、皇后的半身像以及西西里硬币上印刻的古代诸神雕像。"[98] 琥珀产业在这里欣欣向荣，兴旺发达，充满了朝气。19世纪初，西西里岛可供的"琥珀数量"连内部市场都满足不了，更奢谈对外出口了。因此，外购琥珀原料就提上了议事日程，形势也变得迫在眉睫，据推测他们很可能从波罗的海采购琥珀。[99]

琥珀业的复兴

今天，最受推崇的西西里制造的琥珀之一就摆放在美国的波士顿美术博物馆（Museum for Fine Arts in Boston）展出。这件制品是威廉·阿诺德·巴法姆（William Arnold Buffum）在19世纪末收集的。当时他偶遇了有一个戴着琥珀项链的女孩，那个女孩正在波士顿度假。巴法姆对这件藏品十分得意，但他对另一套精美的首饰更加情有独钟，很可能是他委托意大利著名的复旧珠宝商福尔图纳托·皮奥·卡斯泰拉尼（Fortunato Pio Castellani）制作的（见图69）。[100]很多材料主导着蕴含历史真实性的珠宝首饰的流行时尚，这种珠宝首饰曾经在19世纪后期风行整个欧洲，琥珀就是这些材料中的一员。无论是罗马的卡斯泰拉尼（Castellani）还是伦敦的约翰·布罗格登（John Brogden），最好的琥珀制品都是单独设计的，而且只做一件，不会有第二件的出现，尽管琥珀也会当作复制品来用，比如塔拉（Tara）胸针，就是最近在爱尔兰的一次考古大发现。[101]

尽管有一些琥珀作品，比如卡斯泰拉尼的杰作，带有明显的尊重历史的特征，但其他的则就顾及不了那么多。德国金匠赖因霍尔德·维斯特斯（Reinhold Vasters）买到了一些具有历史意义的破损琥珀，把它们精心"修缮"好，然后出售。维斯特斯（Vasters）也制作了新的作品，却是通过做新如旧的办法，似有瓜田李下之嫌。他的手法真是技艺精湛，炉火纯青，做出的东西蒙混住了那么多的专业博物馆和久经沙场、眼光刁钻的一众收藏家。当他的手法曝光时，研究人员发现了端倪，找到办法鉴定从流传至今的赝品。不过尽管如此，当今的一些绘画作品在市面上还会出现"配对"的作品，这些"配对"作品仍然有待鉴别，琥珀也"荣幸地"位列其中。[102]现在，维多利亚和艾伯特博物馆有一件稀奇古怪的琥珀匕首手柄，根据仿制手法判断，维斯特斯显然难辞其咎。

图 69 考古复原样式的领圈、耳环和胸针，可能仿制的是罗马样式，年代大约为 1880 年，材质为黄金和琥珀

琥珀把手

自古罗马时代开始，人们就熟知用手掌握住琥珀可以纳凉和香手。[103] 纵观历史就可发现，音乐家和作曲家们都在寻求利用这种方式来冷静心性，沐浴芬芳。据说音乐家弗雷德里克·肖邦（Frédéric Chopin）每次弹奏前曾经将手指穿过琥珀的方法来放松手指，而莱昂纳德·伯恩斯坦（Leonard Bernstein）则索性用琥珀当作指挥棒来指挥乐队，有趣的是他的姓氏（伯恩斯坦）就意味着琥珀。

图70　一对婚礼用刀剑，上面镌刻着"ANNA MICKLETHWAIT ANNO 1638"，所用材质为钢、琥珀和象牙

琥珀竟然也会用在餐具上，人们从现代视角来观察可能会颇感不可思议。实事求是地说，琥珀用作刀剑和有刃兵器的把柄由来已久。在欧洲，尚存的琥珀柄刀剑最早可追溯至古罗马时代；在亚洲，装有琥珀把手的兵器或者镶嵌有琥珀的把手，向前可追溯的历史也很长。在欧洲的近代，主人宴请宾客时，希望客人们携带自己平常使用的餐具前来赴宴，刀剑装在特制的装饰性剑鞘里，挂在自己的腰带和饰带上（见图70）。琥珀把手在装饰性剑鞘的上面，往往十分招眼，就像一把真正的剑柄置于剑鞘之上，不过餐具的琥珀把手制作得非常精美，身价也不菲。穿着时髦、器宇轩昂的男男女女经常用到琥珀，还往往把它雕成把手，成为这些人群的标志物。这些饰物尤其适合做刀叉餐具套装，或者把名字和日期刻制在上面，显示

自己的独特性。琥珀把手也会用作特殊的上菜餐具组合，在这些餐具上雕刻并展示招牌菜品，摆放在高贵的餐桌上。在用餐时，侍者可能经过专门训练，用适当的方法把食物切成片和块。对于用人来说，这些刀叉是他们这个服务领域中昂贵奢侈的用具，让客人一眼就看出主人非同一般的巨额财富和广泛的社会关系。

我们再回过头，看看琥珀在真刀真枪中的应用。鉴于人们相信琥珀具有止血的功能，因此把它们用在搏斗兵器上是一个不错的选择，所以也会被当作刀剑和匕首的握柄。当然琥珀在兵器上的使用肯定要晚于在执行割礼（*Mohel*）或割礼刀具上应用琥珀。今天，人们使用的一种苏格兰短剑（*sgian dubh*）的剑柄圆头，常常会借助于一小块琥珀色的玻璃才能露出真容，这种短剑传统上佩戴并隐藏在袜子下面。在整个阿拉伯半岛地区、北非和印度，尽管压缩琥珀和琥珀的仿制都已很普遍，但真琥珀一旦显出真身，还是能被人一眼认出。在上述那些地区，琥珀会用作弯弯的礼仪短剑（称作 Jambiya）的剑柄，当地人会把这种短剑折进束腰带（见图 71）。

在当今的时代，人们使用苏格兰短剑和礼仪短剑更多的是当作装饰，作为武器的实用功能则被忽略。在这两种兵器上使用琥珀还要追溯到 18 世纪早期，那个时候人们将琥珀用在了礼仪用剑的剑柄和剑柄圆头上面。在男性服饰中，刀剑就是一个重要组成部分，须臾不可分离。他们紧紧抓住了这种时髦的

图 71　Jambiya 短剑，可能源自摩洛哥，年代为 19 世纪或 20 世纪初，所用材质为钢、琥珀和珊瑚

自我展示的各种良机，或者借此来炫耀自己的地位和财富。正如刀剑所扮演的角色一样，步行手杖也成了一位绅士日常行头中的一个标配物件，琥珀也理所当然地在他们所用的各种把手上现身，后来女士喜爱的遮阳伞把柄上也发现了琥珀的倩影。[104] 尽管使用步行手杖是某一特定显贵人群的专有现象，但使用手杖的人群要远远多于之前执剑在手的人，从而引发出许多始料未及的深刻洞察及科学发现。1708 年，有人给英国皇家学会（Royal Society）写信，讲述他在英国国内的一次怪诞的经历。他的琥珀手杖把柄发出噼噼啪啪的爆裂声并燃起了火花。[105] 这种爆裂声是一种叫作"摩擦电"产生的结果，各种物质材料通过摩擦产生了静电，就会出现这种现象，就像一把塑料梳子梳头时噼啪作响一样，其中当然也包括琥珀。摩擦起电解释了当琥珀受到摩擦时会变得有"磁性"，从而能吸附较轻的颗粒这种现象。主要通过观察琥珀而发现的这种"力量"，促使人们产生了灵感，便使用希腊词汇 ἤλεκτρον（电子）来描述它，我们今天耳熟能详的"电力、电流"（Electricity）就是源自这个希腊词。[106] 琥珀的"磁性"（Magnetism）就演化成了一种表现力丰富的隐喻。1711 年，英国陆军中将弗朗西斯·尼科尔森（Francis Nicholson）爵士，他既是一位军人，也是一名殖民地官员，在纽约会见了一位五族联盟（Five Nations，旧时 5 个居于现今纽约州及周围地区的北美印第安人形成的部落联盟，包括卡尤加人、莫霍克人、奥奈达人、奥农多加人和塞内卡人。——译者注）的代表，向他赠送了一支琥珀做柄头的手杖。[107]

对于这位代表来说，这个琥珀把柄一定意味着某种神迹，现在我们已无法知晓这位代表姓甚名谁。北美的原住民早在欧洲人抵达之前就使用琥珀了，历史悠久。大约在 1.1 万年前，一些美洲极早期的常住居民使用琥珀制成的黏合剂把石质长矛尖固定到枪杆上，因纽特人（Inuit）在世界极北地区（Thule）的祖先将在当地发现的琥珀制成了珠子。许多欧洲的早期殖民者见到了这种珠子，他们写道琥珀出自诸如卡罗来纳这类地区。然而与波罗的海的琥珀矿藏地相比，这些矿藏的规模都很小，发现的琥珀块也很小。正如在非洲和印度的情形一样，欧洲人千方百计地将波罗的海琥珀的优势发挥到了极致。不过在美洲，已有的考古记录还没有发现美洲人原住民陶醉于这种黄色的宝石。

琥珀不会止于珠宝首饰

几个世纪以来，琥珀扮作装饰品远不止于珠宝首饰。琥珀还有多种用途，如漂染和浸香手套、辅助祈祷、友情标志物和致命武器等，本章已经探讨了琥珀的这些应用。琥珀作为一种全球性商品，的确货真价实、实至名归。琥珀既可作为原料出售，也可经过简单加工，做成珠子待价而沽。琥珀真是神奇百变，全世界各地的无数消费者能够根据自己的独特喜好来装扮修饰这种宝物。

在本章讨论的所有琥珀饰品中，只有珠宝首饰和香味料至今依然走销，势头强劲。如今，若还有人用琥珀来沐香自己或熏香他们的居所的话，那么这种"黄金般的宝石"仍是许多香味料和家用芳香剂中一种通用的可采纳成分。琥珀用于小装饰品的做法又再次流行起来，例如旅行钟和台式钟、小饰物盒、装饰品、镜框、艺术油画板、圣像和冰箱磁片等。服装产业却并没有受到琥珀同样趋势的推动，而其他贵重材料倒是用在了服装上。黄金和白银催生了人们的灵感，促使饰有金银丝线和闪光饰片的织物悄然于世，钻石也造就了人造钻石的大规模出现。尽管如此，琥珀富有特色的渲染色彩和晶莹剔透不可能被人类熟视无睹，仍然激发着人们无穷的想象力和创造力。2019 年，意大利女士内衣制造商拉佩拉（La Perla）推出了"Ambra"服装系列，其最典型的特征是服装呈现出一种芥末黄色调和半透明状态。或许琥珀的下一次流行可能是在眼镜上，18 世纪的德国差不多就是这种情况，在 19 世纪的中国，人们佩戴琥珀眼镜也是一种让人侧目的形象。当前，据说浸染琥珀色的眼镜阻挡了笔记本电脑和智能手机屏幕所发散的蓝色波长的光波，这种光波可能会导致电脑和手机用户的失眠。[108] 这样说来，难道眼镜会是可穿戴琥珀的应用前景吗？

七

琥珀艺术品

在漫漫的历史长河中，人们一直在发挥着无穷的想象力来悉心打造精美雅致的琥珀艺术品。大自然赋予了琥珀五彩斑斓、灿烂无比，轮廓上千姿百态、大小不一、各美其美。琥珀本身的形态也会变化，没有常形，这就意味着它不具备其他宝石的晶体结构。因此，工匠们可以自由自在地将琥珀塑造成心中理想的样子。相同的特色也带来其他益处，即琥珀不会直上直下地开裂，开裂处会形成向内侧弯的独特表面，宝石学家将这种现象称为贝壳状断裂，而且琥珀外形还能被人工改变，甚至"完善、提升"。几个世纪以来，人们为了追求独树一帜的视觉效果，已经能够把琥珀变得更明澈透亮，也可以进行着色和烧灼。在老普林尼所处的时代，草本的朱草就被用来把琥珀染成红色，与黄色相比，红色琥珀更令人称羡，那时甚至还出现了紫色琥珀。[1] 在当今时代，色调可以通过在一只高压锅内进行加热的办法进行优化，比如绿色琥珀就可以变得更加青翠欲滴，更加诱人。现今最普通的"改良"可能是发明了小型反光盘"阳光晶片"（见图 72），就是通过加热法来成功实现的。即使每件琥珀块生来就与众不同，世界各地的能工巧匠们还是一代又一代殚精竭虑，孜孜以求，想尽一切办法完善提升琥珀的自然状态。第六章探究的是琥珀被加工成饰品的各种方法，这些饰品大部分佩戴在身上，握在手中。本章则另辟蹊径，介绍琥珀将会随着人们的想象放飞畅想，涅槃成万千尊荣的物品，有一些笃定成了艺术佳作。工匠们在三维空间精心重塑琥珀，细心装裱妥当，谨慎地存放在饰以雅致内衬的盒子里，在玻璃柜中尽显着芳姿。历史上的巨匠们绞尽脑汁，琢磨着

图72　用凸圆形琥珀制成的睡莲叶子状阳光晶片，镶嵌在一个银手镯上，由安茨佐克·托马什·匹桑科（ArtSzok Tomasz Pisanko）创作

用琥珀营造空间，使人蓦然回首时不禁留足注目，沉浸其中，这样一种传统已然由来已久。

中世纪晚期欧洲的雕刻琥珀

在13世纪20年代，为推行基督教的传播，条顿骑士团作为宗教和军事性质的组织受邀进入波罗的海地区。条顿骑士团打败了普鲁士，在马林堡［Marienburg，今天的马尔波克（Malbork）］修建了一座要塞，依托这座要塞，骑士团可以进行控制和据守。琥珀就变成了条顿骑士团实力的象征，只有条顿骑士团消除了大规模开采琥珀的羁绊。条顿骑士团实行统治后，经过工匠加工的琥珀在全欧洲高贵收藏品中的比例大幅增加。这个现象表明天然琥珀以及琥珀加工制品的使用更加便利，琥珀在外交上和国际上的应用也越来越容易。条顿骑士团有意在向驻在阿维尼翁（Avignon）的教皇或法兰西国王查理五世（Charles V of France）伸出橄榄枝时，便送上了琥珀。实际上，法兰西国王拥有很多琥珀，尤其是令人震撼的耶稣在十字架上被钉死的塑像，这尊雕像包含一个珐琅质的耶稣殉难地各各他（Golgotha），黑玉十字架上是被缚受难的基督耶稣，而耶稣正是由琥珀刻制而成的。[2]

尽管查理五世国王的这件作品表现了耶稣受难的情景，给人留下深刻印象，但其琥珀原料肯定源自普鲁士，很可能是在巴黎聘请了技艺精湛的匠人们加工制作的。亚历山大·尼卡姆（Alexander Neckam）在《工具名称溯源》（De nominibus utensilium，约 1190 年）中写道，巴黎的金匠们都拥有娴熟的手艺，加工这种"黄金般的宝石"游刃有余。巴黎还有许多工艺人尤其擅长加工珐琅。这个证据表明查理五世国王的耶稣受难雕像，以及其他流传下来的圣像（见图 73）是在巴黎制作完成的；即使不是在巴黎，也是由熟悉同时代法兰西风格和手法的技工们用心打造雕制的。历史记载当中第一位为条顿骑士团服务的琥珀雕刻者要追溯到 1399 年。历史学家虽考据不清这位工匠出自何方或在哪里经受的历练，但他们确信那位叫约翰（Johann）的人不止制作了琥珀念珠和念珠垂饰品，还创制了大量其他作品。诸多文献显示他创作的佳品中有一部分流入了条顿骑士团团长的私人礼拜堂，用作那里的装饰和其他用途，不过其他的制品，像勃艮第公爵（duke of Burgundy）用琥珀雕刻的专用徽章，未见它花落谁家，说不定被转送至南方，还有可能就在勇敢者菲利普（Philip the Bold），也就是勃艮第公爵自己的手里。

勃艮第公爵菲利普对条顿骑士团团长送来的琥珀制品并不以为然。他从邻近家园的布鲁日得到了数不清的用琥珀制作的耶稣受难像、生动逼真的各类动物、精巧的小雕像、细腻的碗、可爱的盒子、纤美的垂饰品，自然也少不了祈祷用的念珠。布鲁日已经建立了一套比较完备的琥珀产业体系，条顿骑士团为那里供应琥珀。菲利普的会计账簿记录了几次采购这种物品的情况，可能是用于赠送礼品，而且百分之百是送给他的哥哥们，即贝里公爵（dukes of Berry）和波旁公爵（dukes of Bourbon）。贝里公爵本人就拥有大量宝贵的琥珀珍品，精美绝伦，极具震撼力。其中有一座圣母玛利亚和小婴儿耶稣的琥珀雕

图 73　雕刻着耶稣基督的面部，被镶嵌为一种胸饰品，很可能出自布鲁日或柯尼斯堡，年代为 1380～1400 年，材质为琥珀、镀银和瓷釉

像，还有一座散发着浓浓麝香气味的小山丘，雕像的两侧有两个涂上了金釉质的可爱小天使，天使们就在山丘的上面。贝里公爵总共拥有 4 座童贞女玛利亚和小耶稣的雕像，前面提到的是其中的一座。一个耶稣基督遭受鞭笞的雕像也与四座雕像摆放在一起。除了这些雕像外，布置在一起的还有一条项链、一只

高脚杯、描述宗教主题的几块饰板、一些肖像和法国王室家徽，当然琥珀念珠和大量零零散散的天然琥珀也不会缺席。[3]

　　这个时期的琥珀制品中只有少数保留了下来，但似乎有些夸大，并不像财产清单中所描述的那样富丽堂皇，金光闪闪。最著名的是一尊圣母玛利亚的小雕像，来自位于吕讷堡（Lüneburg）的一座天主教本笃会大教堂。在15世纪的前10年，这座大教堂修建了一所保存圣徒遗物的圣祠，总共陈列着将近90件圣物，其中就包括这尊圣母玛利亚小雕像。艺术史学家们根据这尊雕像与其他艺术品风格的关系，并参考其他一些传承有序的琥珀记载确定了雕像的年代时间。今天在布拉迪斯拉发（Bratislava，斯洛伐克首都）有一尊相似的圣凯瑟琳雕像，这尊雕像原来是巴伐利亚的索菲（Sophie of Bavaria）的心爱之物，她是波希米亚国王文西斯劳斯四世（Wenceslas IV of Bohemia）的王后。根据索菲死后的即时记载，共有3尊类似的雕像，圣凯瑟琳像（见图74）是

图74　波希米亚王后索菲（Queen Sophie of Bohemia）所拥有财产中的枝形灯架，上面安放着圣凯瑟琳（St Catherine）的雕像，八成出自柯尼斯堡或者马林堡，年代约为1400年，材质为琥珀、海象牙和镀银

其中的一尊，这意味着 3 尊雕像肯定是在 1428 年前制作的。[4] 我们已经了解到，英格兰国王理查二世（Richard Ⅱ）在 1400 年去世时就拥有一尊相似的雕像，也就是说这些雕像全部是在 15 世纪前制作完成的。[5] 理查二世的雕像被用黄金镶嵌，雕像的一只脚上镌刻着一句虔诚的恳求。恳求的文字与保留至今的圣凯瑟琳雕像底板上的文字交相呼应，这就使人不得不产生了这样一个疑问：两件作品恐怕是出自同一位工匠之手。还有一个事实就是索菲曾于 1399 年到访过普鲁士。所以这位工匠十有八九就是上面我们提到的约翰。

琥珀宗教雕像

　　一些个人礼拜堂、大教堂中的宝藏库、宗教建筑和全欧洲雕楹画栱的展厅，都有基督耶稣、圣母玛利亚和一些圣徒的琥珀小雕像的历史记录。后来封圣的新圣徒会被添加到基督教的教规中，也会被塑成琥珀雕像，这就意味着后来的雕像还会包含罗约拉（Loyola）的伊格内修斯（Ignatius）。不过，由于琥珀极易受到空气条件变化的影响，因此不计其数的琥珀制成品中只有一小部分得以幸存到今天。在对历史上流传下来的琥珀艺术品开展的研究中，专家们不得不高度依赖文字记录和库存清单作为可信的信息资料。可喜的是，体形庞大逼人和璀璨绚烂的琥珀上乘杰作总是能成为公众的关注焦点，引来如潮的高度称赞。圣母玛利亚的雕像当时是巴伐利亚的统治者们捐献给罗马的圣玛利亚胜利大教堂（Santa Maria della Vittoria）的，现已遗失，这其中的往事在时间稍后的一个旅行记录中有所描述。[6] 还有一些信息来源显示，耶稣之十二信徒塑像也很受欢迎，尽管已知现在只有一尊雕像留存下来。[7] 这套琥珀雕像的精美纤巧也预示着它们逃脱不了粉身碎骨、不得周全的宿命。尽管如此，有一些个人雕像仍然独具风流，引人侧目。罗马城举行建城 1700 年大庆，英格兰埃克塞特伯爵（Earl of Exeter）参访罗马，拿到了两位耶稣信徒的琥珀雕像，至今仍保存在英国林肯郡（Lincolnshire）的伯格雷宫（Burghley House）。诚然，这些信徒雕像如此受欢迎的部分原因就是它们的柔韧性。这些雕像能够在圣坛石

图 75　圣坛上方的装饰物，来自欧洲东北部，时代为 1640 或 1645 年，材质为琥珀、金属、石蜡和木材

顶板上的装饰品的周围任意摆放，单独摆放也很适宜，这样就把耶稣的直接信徒与后来封圣的圣徒显著地区分开来，那些圣徒的雕像实际上就被摆放在祭坛的装饰物上方，比如神圣罗马帝国皇帝利奥波德一世（Leopold I）的肖像就是如此（见图 75）。[8] 为制作这尊 2 米高的装饰物所需的琥珀数量据说能在 17 世纪 40 年代举办一次婚礼，数量之高必定令人咋舌。后来，当普鲁士国王腓特烈大帝（Frederick the Great）费尽周折想制作一尊仅仅 1 米高的圣坛上方装饰物时，就因成本高昂而不得不半途而废。[9] 大件琥珀制品的总费用之高，相当于在但泽（格但斯克）一套房子年租金的 60 倍，这还没算上运输成本，以及山高水远，道路崎岖颠簸将琥珀损坏后的修复费用。

琥珀在西藏

精制神圣人物的雕像并不是欧洲的独有传统，纵览长久历史，当今人们仍在雕刻这些肖像并收藏。在亚洲，琥珀也会被制成这类形象，以求平安吉祥。17世纪末叶，有一个著名的趣闻记载了让－巴普蒂斯特·塔韦尼耶（Jean-Baptiste Tavernier）讲述他在印度偶遇一群亚美尼亚商人的故事。这群亚美尼亚人从但泽长途奔波到了不丹。在但泽"出于偶像崇拜的目的，他们用黄色琥珀制作了大量雕像，准备带到不丹，献给不丹国王，置于各处的宝塔之中，那些雕像代表着每一种动物和鬼怪。"

> 这位国王要求这些亚美尼亚商人为他制作一尊鬼怪的雕像，这样的鬼怪长着四只耳朵、四只胳膊，每只手长着六个手指，雕像周身要用黄色琥珀制成。不过现实的情况是，亚美尼亚商人尽管四处搜寻，但找不到足够大的琥珀来复命。[10]

塔韦尼耶所讲的不丹其实是中国西藏中部地区。3个世纪前，马可·波罗已经注意到西藏人有意出大价钱购买琥珀，"悬挂在妇女的颈部和偶像上，标志着她们享受着无穷的快乐。"[11]15世纪末的洛多维科·戴瓦尔泰马（Lodovico de Varthema）还写道，琥珀也用到国王和僧侣们火葬用的柴堆上。塔韦尼耶听说在西藏，1克琥珀是邻近国家琥珀价格的600倍，很显然，面对琥珀如此的暴利，亚美尼亚商人的旅行支出就不值一提了，同时也就能解释他们拼命满足西藏统治者们定制琥珀的要求了。

塔韦尼耶描述的那些雕像并不为人所知，但在中国，佛教小雕像上用到琥珀在第一个千年末已经比较普遍了，现在一些重要寺庙的宝藏室里的不少雕像雄辩地证明了这一点。青州白塔（Qingzhou White Pagoda）中的琥珀观音很可能就是最古老的琥珀样本，琥珀观音精品刻画着这位广受敬仰的神明。17世纪和18世纪打造的许多观音雕像目前被收藏在博物馆和个人收存处，佛教中的其他塑像也是如此，例如打坐姿态的佛陀像、罗汉像和鬃毛蓬松的守护狮子像。另外还有一些用琥珀制作的文化传统中和神话中的形象，例如道家长生不老人物的雕刻像，这种樱桃红色的琥珀原料出自缅甸。不过，今天线上进行拍卖的雕像实物实际上是新近制作的，细数起来，其数量多得惊人，远远高于同时期的幸存基督教雕像，因此樱桃红琥珀雕像也能作为某种风向的标志了。

相较而言，黄色构成了西藏琥珀最典型的特征。从历史上看，波罗的海琥珀可能是这种琥珀的来源地。在科学技术飞速发展的今天，合成塑料能够轻而易举地仿制这种蜜黄色，所以仿制琥珀的应用比真琥珀本身的更加普遍。鉴于本身的黄色，琥珀天然地与佛陀宝生佛联系在一起。西藏念珠将具有标准图案和数量的琥珀制品与其他具有象征性意义及特有色调的材料集于一体（见图76），比方说玛瑙、珊瑚和绿松石，对外传递着佩戴者的许多信息，比如职业、婚姻状态或出生地等。琥珀项链还用于装饰宗教性雕像，也是喇嘛教信众

图76　中国四川省甘孜州德格县竹庆镇佩戴传统琥珀和红色珊瑚头饰的藏族妇女

祈祷念珠套件的一个重要组成部分。别着急，还有让你脑洞大开的，琥珀在西藏也是一种强效药物。[12]

琥珀的虔诚与不敬

在欧洲，制作神圣人物小型塑像的目的是表达信众个人的敬虔，然而实际上许多塑像都被赠予了神殿和教堂，或者变身为艺术收藏品的一部分。保存下来的这些小塑像中，有很多是与圣坛上方的装饰画混在一起使用的，既可以置于其中，也能放置在装饰画的上方，抑或摆放在旁边或连在一起展陈。在欧洲很多历史收藏品中，圣坛上方的琥珀装饰物都幸存了下来，尤其是那些天潢贵胄、名门望族的藏品。不过很少有雕像赶得上前面提及的利奥波德一世所拥有的雕像大，或者依据复杂度衡量，在维多利亚和艾伯特博物馆展出了一尊附带万年历的圣坛上方的装饰画，其结构错综复杂，造型烦冗精致，无与伦比。[13]很多雕像只是简单的十字架，放在垫座上。或者是天然的大块琥珀，使人回想起髑髅地（Calvary，耶稣被钉上十字架的地方）的顶峰。另外有一些是教堂祭坛缩微化雕像的样本，与中国乾隆皇帝统治时期的小型化琥珀舍利塔有几分相像。纽约大都会艺术博物馆（Metropolitan Museum of Art）拥有这样一件孤品舍利塔，通过比较这件文物就得出了上面的结论。

根据已有的记载，16世纪70年代被认为是利用琥珀创作圣坛上方装饰物最早的时期。此时，条顿骑士团团长改信了基督新教，因此普鲁士脱离了条顿骑士团的控制。霍亨索伦王室家族的阿尔布雷希特接受了路德教的教义后，继任了普鲁士的公爵，正如普鲁士的历代统治者通常的惯例，新公爵委任匠师制作琥珀。起初，他不得不在但泽下单，因为这个地区自1480年起就一直有一个完善的琥珀技工行会。[14]长期以来，条顿骑士团禁止辖区内未经许可拥有琥珀和加工琥珀，阿尔布雷希特自己也并不拥有一位御用琥珀雕刻师。1563年，阿尔布雷希特任命了首位雕刻师施滕策尔·施密特（Stenzel Schmidt），承担"所有的雕刻任务……无论琥珀大小"。[15]

阿尔布雷希特也将有关琥珀的权利转租给人脉广布的亚斯基家族，这个家族凭借自身的打拼，顽强奋斗，打开了"意大利、法兰西、西班牙、土耳其和一些异教徒地区的"市场大门，都说亚斯基是阿尔布雷希特的诸多知己之一。[16] 根据所有的记录可以看出，亚斯基率先提出传统上准备制作珠子的琥珀种类（称作转换宝石）也可以用来制作"花哨的物品……例如汤匙和小盐盒"。[17] 制作理念的这种大幅转变使罗马教皇派驻在此地的使节乔瓦尼·弗朗切斯科·科蒙多尼（Giovanni Francesco Commendone）惊骇不已，对他而言，路德教义传至北欧后，随即反映到对诸多传统的摒弃上：

> 他们已停止制作基督耶稣的雕像，圣徒的像也不做了，这些都是敬虔的信徒曾经花费不菲的物品。他们不再打制如此多的项圈或念珠，然而女人们既用这些物品祈祷，也作为一种装饰品，琥珀是一种集奢侈品和表达虔诚的物品于一身的宝贵材料。

根据的科蒙多尼的记录，那时但泽共有大约 40 名琥珀帮办：

> 不再使用这种珍贵的材料，而异教徒却在用；他们不再加工琥珀，却用琥珀制作国际象棋棋子、国际跳棋棋子、汤匙、1000 种不同种类的小巧花瓶和各式鸟笼，全都做得很精致，令人爱不释手，珍护有加，但由于琥珀易碎，这些物品不具备实用功能。[18]

实际上，科蒙多尼所抱怨的这些物品种类的确存在。举个例子，阿尔布雷希特公爵就将琥珀汤匙赠送给新教的改革者马丁·路德（Martin Luther）和菲利普·梅兰希通（Philipp Melanchthon）。路德患有肾结石，所以他和其他人士向阿尔布雷希特公爵请求用琥珀来治病。使用一把琥珀汤匙说不定就是一种优雅的方式，通过这种方式享受琥珀传说中的保健疗病功能，而这又对外昭示、凸显了他与公爵的一种密切关系。[19] 普鲁士是第一个皈依基督新教的领地，再加上阿尔布雷希特大力鼓励用琥珀来表示强烈的普鲁士的民族身份认同，更不必说向新教改革领导者们赠送礼物，琥珀这种材料实际上也同路德教的教义搭上了扯不开的联系。[20]

然而，用琥珀制作的汤匙也实在是不能用。大量的古迹存储处都记载了这种汤匙被损坏的实例。有些喜欢搞恶作剧的作者嘲讽那些使用汤匙的人：艾匹丘·曼蒙（Epicure Mammon）爵士是在英国剧作家本·琼森（Ben Jonson）所著的喜剧《炼金术士》（1610）中易受蒙骗、贪婪和堕落的象征性人物，由于他梦想能够有一天发大财，赚大钱，足以拥有"琥珀汤匙，匙头上还镶有钻石和红宝石"而遭到受到了嘲笑。正是这种对本身就不合适的材料的炫耀性使用，使琥珀汤匙成为适合赠送给统治者和皇室成员的礼物。很少有人会将它们用于进餐，而很可能是摆设。在伦敦，来自丹麦的安娜王后就有4把汤匙，可能就是当时的普鲁士公爵及夫人赠送的，根据专门的记载，公爵及夫人挑选了琥珀做汤匙。这个文献的描述很粗略，并没有给出许多细节，不过世人皆知的是，要是雕塑一只浅碗，需要去搜寻足够大的琥珀块，这谈何容易。至少有一份16世纪的资料解释，如果要精琢一只高脚杯，就需要一块与人头大小的巨型琥珀。

流传下来的琥珀高脚杯、盘子、餐具、水盆和有柄的大口水壶的确是琥珀使用上的创新，但是从风格上分类，它们与上流社会餐饮中使用的银器和玻璃器皿中早已确立的时尚造型有关。高脚杯流传至今的数量较多，记载中现存最早的高脚杯是1587年意大利帕尔马公国继承人的财产。[21]它镶嵌着《圣经》中图像、《福音书》作者的肖像以及他们的标志性动物的画作。尽管这种想象表达着一种神圣的功能，但这种高脚杯少了一只纯金的或者镀金的碗，所以就不能用来做弥撒，其他现存的高脚杯则详细描绘了各代统治者的肖像和纹章。这些高脚杯的存在充分说明，制作者都牢牢控制着一系列的标准样式，这些标准样式随后就可以进行定制，人们所欣赏的只是它的美观和精湛的制作技艺，实用功能反而退而求其次了。其中有一些也相当俗气，巴伐利亚的历代公爵的财产中有一只高脚杯，镶嵌着闪闪发光的仿制绿宝石和红宝石的玻璃质混合宝石。[22] 一方面，这种制作方式与中国的十分相似。今天我们仍有幸可以见到一些中国明清时代的琥珀酒杯，它们也是从单个大琥珀块雕刻而成的，很明显，工匠们使用的刻制方法明显模仿早已成熟的翡翠雕刻技艺。另一方面，中国的琥珀器皿，无论是杯子、笔筒或者其他用具，如笔架都是各具千秋，绝不会与其他材料掺和在一起，所以制作方法也大不相同。那里的匠人们都受过专门训练，练就了独门绝技，突出"原宝石"的品质、色调和纹理，通过巧妙利用琥珀外形，就能一下子抓住人们的眼球。

有些书信表明，欧洲宫廷中的一些高脚杯显然是普鲁士赠送的礼品。那些"装在结实琥珀盒子里供饮用的器皿"就是普鲁士公爵夫人向法兰西王后的献礼，法兰西王后于1592年去世。[23] 送礼物的人可能是玛丽·埃莱奥诺雷（Marie Eleonore），阿尔布雷希特·弗里德里希（Albrecht Friedrich）的配偶，或者是格奥尔格·弗里德里希的妻子索菲娅（Sophia），格奥尔格·弗里德里希代表阿尔布雷希特·弗里德里希履行统治职责。Duchess（公爵夫人、女公爵）也是封予阿尔布雷希特·弗里德里希女儿们的贵族称号。并不是所有埃莱奥诺雷的礼物都是专门定制的。既然如此，贵族们有时不得不准备充足的琥珀制品，以应对"突然接到的通知"，这可能是不得已而为之的最佳途径。[24] 对于索菲娅来说，据认为她平时预备的是一套18世纪琥珀、白银餐具，上面刻着她的姓名首字母和日期"1585"（见图77）。[25] 在现存少量的琥珀托盘和水盆中，索菲娅的珍品是第一批被发现的。琥珀与金属之间巧妙的融会贯通是技工们跨界通力合作的结晶。索菲娅的琥珀餐具上就刻着安德烈亚斯·柯尼菲尔（Andreas Kniffel）的标记，柯尼菲尔是当时在柯尼斯堡的宫廷银匠。施滕策尔·施密特（Stenzel Schmidt）可能给琥珀行业带来了生机，阿尔布雷希特死后，他继续服务于宫廷，直到汉斯·克林根贝格尔（Hans Klingenberger）接任。克林根贝格尔无所不能，技艺精湛，接到了大量委托制作琥珀的任务，从小首饰盒到马鞭的手柄，无所不包。他接受的工作量太大，以至于有时不得不分包给其他工匠，共同合作才能完成任务。[26]

图 77　两只浅盘（一套 18 件中的两件），装饰着勃兰登堡和吕讷堡的盾徽和"Sophia Markgräfin zu Brandenburg geborne Hertzoginn zu Braunschweig und Lüneburg"这段文字中的大写首字母，柯尼斯堡，1585 年，材质为白银、镀金（或包金）白银和琥珀

用琥珀娱乐

估计琥珀棋盘的制作占去了克林根贝格尔大量的时间，天天忙于应付这类活计。波罗的海琥珀的颜色主要是红色或黄色，或清澈，或模糊，非常适合制作对比鲜明的游戏棋子。古罗马人和维京人早已用琥珀来制作筹码和骰子，但外覆琥珀的棋盘是近来才发现的。遗憾的是，已知最早的棋盘已经遗失，是阿尔布雷希特公爵的妻子多罗西娅（Dorothea）委托一些琥珀车工为她哥哥制作的，她哥哥是丹麦国王克里斯蒂安三世（Christian III of Denmark）。[27]

制作一副棋盘迥异于车削汤勺、高脚杯和盘子，制作棋盘表面的难度较大，需要一位技工将琥珀锯成一个个长条薄片，而且大小必须相同（见

图 78）。制作的精美细腻是琥珀棋盘外形最后成功的关键所在，从我们所见的这副现存最早的棋盘上就可见一斑。琥珀薄片的背部绘上了图画。如果用金属薄片做一个衬底的话，这种设计手法从所用琥珀上就表现得一目了然。在流传下来年代最久的其中一副棋盘上能够展现出，在棋盘上所采用的技术可以制作嵌镶板，这些嵌镶板用来展示黑森州 – 卡塞尔（Hesse–Kassel）拥有领地管辖权的伯爵莫里茨（Moritz）家族的盾徽和日期，也同时展示其他物件。莫里茨财富中的另一副棋盘用花格镶板精心装饰过。它使用了同样的技艺，刻上了代表制作者姓名和日期的 "HK1611"（Hans Klingenberg 1611）字样。[28]

科蒙多尼红衣主教对没有任何教化功能的东西特别反感，而棋盘却介于两者之间。用花格镶板精心装饰过的棋盘用拉丁语镌刻着格言警句，这些格言警句精心摘选自《格言》（Sententiae），即用诗歌体表达的道德语录，由拉丁语哑剧作家普布利乌斯·西鲁斯（Publilius Syrus）在公元前 1 世纪收集编撰。这些摘编的语录强调了游戏与现实生活的相关性。很显然，科蒙多尼知晓欧洲北方的新教教徒十分喜爱他深恶痛疾的这种轻浮无聊的玩意儿，不过要是有人告诉他意大利的罗马天主教徒也沉迷于此的话，科蒙多尼非气歪了鼻子不

图 78　棋盘，来自柯尼斯堡，年代为 1608 ~ 1647 年，材质为琥珀、象牙、木质和金属

可。曼图亚（Mantua）的公爵收藏了"成千上万种的花瓶"，科蒙多尼一概反感这些东西。仓储的记录清单描述了此类物品像是瓮形或有 8 个边，有一些甚至镶着黄金，奢华地用宝石装饰着。德累斯顿和慕尼黑这两个城市都有琥珀鸟笼，在佛罗伦萨也发现了同类物品，美第奇家族的历代大公在佛罗伦萨拥有着自己的藏品。[29]

佛罗伦萨的琥珀

1587 年 10 月，弗朗西斯科大公（Grand Duke Francesco）去世。他死后，他的全部财富立即被彻底的估价。财产估价报告显示，琥珀出现在很多场合中。[30] 在他的所有财富保存处中，公爵论坛厅是最富丽堂皇的所在，这是一处壮观显赫的空间，呈八边形，位于乌菲兹（Uffizi）的中心区，令人瞩目。人们正是在这里才能目睹这件传说中的琥珀鸟笼，还能在旁边顺便欣赏到一只琥珀杯子以及琥珀内嵌的一只蜥蜴。所有这些都在高处存储着，挂在搁架上或者存在一组组搁架里，搁架装有若干个抽屉，绕着这个房间围成环形。[31]

佛罗伦萨的公爵夫人及其他女贵族们都酷爱、痴情于琥珀，这是人们所共知的。奥地利的玛丽亚·马达莱娜女大公，即托斯卡纳的大公爵夫人对自己的信仰极其虔诚，集聚了无数有关敬虔的琥珀，她把这些琥珀都放在自己私用的礼拜堂里。她虔诚的努力一定感动了上帝，尤其是当蜡烛点起，摇曳的烛光照着琥珀，影影绰绰，可能多根蜡烛就置于琥珀蜡烛台上。投玛丽亚·马达莱娜所好的人们纷至沓来，争相献艺。菲利普·汉霍弗认为琥珀就是他的庇护人波美拉尼亚－什切青（Pomerania-Stettin）公爵赠送的一种礼物。汉霍弗在但泽的一个熟人就送给他一件琥珀十字架，他思忖着把这件十字架与一套祭台组合在起来，再增加一只圣杯、碗、华盖和蜡烛台，通过这样的整合就能卖个相当可观的价钱。由于受玛丽亚·马达莱娜的影响，他才产生了这样的想法，而玛丽亚·马达莱娜最初十分热心，甚至迫不及待，但当她得知有人送给她的姐姐波兰－立陶宛（Poland-Lithuania）统治者的妻子一个十字架和许多祭坛物品时，她毫不犹豫地彻底改变了主意。[32] 为了精明巧妙的琥珀，王公贵族的兄弟姐妹彼此暗中争斗，耗尽精力和年华，上演着一场场闹剧。

尽管随着岁月的流逝，不胜其数的精美琥珀佳品遭到了蹂躏、劫掠和破坏，但在佛罗伦萨幸存下来的收藏品仍属欧洲最佳藏品之一。[33] 如果要通过藏品追寻和回溯琥珀艺术和个人实践的巨大进展，那么研究佛罗伦萨的收藏品就足够了，无须另谋他求，这是佛罗伦萨的收藏品的独特魅力和重大贡献。有一些刻上名字和日期的琥珀作品显示出波罗的海地区的能工巧匠们学习掌握远离自己地区的种种风格是多么迅捷。柯尼斯堡的一位琥珀技师耶奥里·施赖伯（Georg Schreiber）在仅仅相隔 5 年就制作了两套圣坛上方的装饰物。[34] 第一套显示出制作方法受到当地北方艺术和建筑风格的影响，尤其是教堂家具，但第二套显然受到罗马圣彼得大教堂（St Peter）新侧面风格的启发（见图 79 和图 80）。施赖伯一定拥有自己的渠道，能够接触到表现圣彼得大教堂的印刷品，而且的的确确有很多琥珀作品直接复制了其他的雕刻作品，或者以这些雕刻品为蓝本进行了修饰。这些情形对廓清琥珀的年代也很有帮助，但人们不断地对琥珀制作、再制作、复制以及再版会使事情复杂化。

制作琥珀所用的技术工艺可用来确定琥珀物品的年代。17 世纪初，用琥珀打制圣坛上方的装饰物是一项非常复杂的工程，上面一块块的嵌镶板两两相连。琥珀的半透明特点就派上了用场，技师们将这一优势发挥到了极致，却严重限制了它们的尺寸。当开始用到木质的底部构造时，圣坛装饰物开始增高。当时的工匠采用了一种技术将琥珀直接就加在了木质结构之上，今天我们称这种技术为"外壳镶嵌"。这就是说光线将永远不能穿透这件琥珀，但琥珀技工们采用雕刻侧面的办法以及像雕刻宝石那样雕刻琥珀，将这些切削的琥珀块置于能够反射光线的金属薄片顶上，并且用各种颜色涂上漆，聪颖智慧的技工就这样解决了琥珀不能反光的难题。用一个木质的骨架也能将不同的分隔空间融汇在一起。这些隔间内都用反射玻璃装衬，尤其适于摆放圣物或圣徒肖像。有一些圣坛装饰物甚至刻画了迷人的小琥珀场景，例如"最后的晚餐"，所有这些内容都是在琥珀上通过雕刻表现出来的。

图 79　小型琥珀祭坛装饰台，置于奥地利的
玛丽亚·马达莱娜女大公，即托斯卡纳的大公
爵夫人的礼拜堂里，由柯尼斯堡的耶奥里·施
赖伯悉心精制，制作时间为 1614 年

图 80　小型琥珀祭坛装饰台，置于奥地利的
玛丽亚·马达莱娜女大公，即托斯卡纳的大公
爵夫人的礼拜堂里，由柯尼斯堡的耶奥里·施
赖伯悉心精制，制作时间为 1619 年

177

琥珀与独创性

琥珀工匠们不仅心灵手巧，还颇具创新思维，独创能力的高低往往决定着他们作品的成败。他们拥有盖世的技巧，将琥珀变为灵动的作品，悄无声息地向收藏者传递着信息，感染着他们，收藏者们陶醉于藏品给他们带来的惊讶，迷惑于如此奇迹的发生。1594 年，法因斯·莫里森参观了意大利佛罗伦萨的藏品，之后感慨万分，在他的写作中表述了这些藏品所带给他的震撼。在一只杯子和蜥蜴虫珀的旁边，他还看到了一只闹钟。[35] 同时代的库存清单中没有任何计时器的记录，却记录着有一条琥珀制成的小船，船上竟然还载着船员。这样一个"时钟"十有八九是自动机械，因为在其他华丽的琥珀收藏中，此类的琥珀小船就是自动装置。在柏林，甚至还有一个琥珀制的自动设施，上面雕刻着正在辛苦劳作的煤矿工人。尽管这些精美制作最早是在欧洲完成的，但到了 18 世纪，中国工匠用琥珀装饰的体大笨重的钟表巧夺天工，超出人们的想象，反过来自中国回流到了英国和日耳曼地区。一门琥珀制作的缩微版火炮也源出意大利佛罗伦萨公爵的收藏宝库。这类大炮很少流传到当今，虽然琥珀火炮的炮管能够装卸，炮车亦可移动，但这种设计十分脆弱，容易损坏。尽管如此，人们明显还是对琥珀火炮乐此不疲。之后，一位荷兰收藏者展示了他的藏品，这门小琥珀火炮被布置在一座堡垒之上，好像随时准备向旁观者发射"枪林弹雨"。在现代早期，通过公开展示是向外界宣介一件藏品必不可少的步骤，而琥珀在其中的表现简直就是天作之合。让我们尽情想象一下吧：葡萄酒倒入层层琥珀平台，溢满后顺势而下而形成的精致红色小瀑布（见图 81）；透过琥珀透镜感受到的放大奇效；患近视的人们戴上琥珀眼镜后，看到清晰的世界；阅读一本有琥珀缚带的书籍；甚至吹奏琥珀长笛，真是妙不可言！

不过，欣赏把玩琥珀作品有时也有伤风化。说到意大利米兰，曼弗雷多·塞塔拉的袖珍日晷的套子里就隐藏着一位"靓丽的佛兰德女人"。"这简直是如梦的仙境"，她"在纯洁的琥珀中展现了她的本性"，魅力四射，据说她能使你梦萦魂牵，日思夜想。[36]还有一种情况，当有人轻轻打开大啤酒杯的盖子，或杯中的东西倾倒干净后，充满诱惑力的女性肖像有时就会现出真身——尽管这种酒杯的主要目的是盛装液体，液体本身也不清澈。有人声称饮用与琥珀接触的酒精饮品会导致烂醉如泥，这些隐匿在饮酒器皿中的女性肖像充分说明，人们喝酒时就会像酒神巴克斯那样失去控制，恣肆放纵，随意妄为。有些杯子上刻画的淫秽图像十分露骨，勾人心魂，有时甚至还有情人间缠绕在一起的情景（见图82）。琥

图81　葡萄酒喷泉（约1610年），来自柯尼斯堡，材质为琥珀和鎏金青铜

图82　形似小划船的容器，刻画了一对相拥着的恋人，来自德国卡塞尔市，年代为1680或1690年，所有权属于克里斯托夫·拉伯哈特（Christoph Labhart）

珀也会被推荐给那些怀疑自己的伴侣有过不轨行为的人们，希望逼着有过错的一方自我坦白。[37]

琥珀的价值

决定琥珀身价的因素多种多样，甚至眼花缭乱：高昂的成本、稀罕特性、艺术技巧、独创性、大小、功能性、历史意义、戏剧性，甚至有关保健养生和愉悦感也在里面扮演着一定的角色。上述的这些因素可能也决定着某一些名目，这些名目会有实际作用，而这些作用并不是起初有意安排的。曼图亚公爵拥有的圣母玛利亚琥珀像、耶稣基督琥珀像和十二信徒琥珀像、琥珀圣坛装饰物、琥珀圣杯和祭碟、琥珀蜡烛台、调味品瓶和琥珀圣体容器等珍品既没有保存在他的宫廷教堂里，也不在圣器收藏室里，而是精心保存在特洛伊宫（Hall of Troy）里，这是一个接待场所，其装饰是由久负盛名的画家朱利奥·罗马诺（Giulio Romano）完成的。回到佛罗伦萨，一套信徒像和一个十字架甚至被用作一片家具的内饰。在整个黑檀结构的映衬下，这些肖像闪烁着金色光芒，像是在进行自我烧灼，这一切深深地印刻进了约翰·伊夫林（John Evelyn）的脑海。置身于这些场景，人们会感到，琥珀的艺术价值和物质性价值已经在表达对基督教的虔诚功能之前展现得淋漓尽致。

从信仰再回到俗世，神圣的琥珀甚至还会充当起货币的职能。20世纪中叶，佛罗伦萨的白银博物馆（Museo degli Argenti，现在称作 Tesoro dei Granduchi）的保管者们在美第奇琥珀圣坛装饰物的内部发现了一张短笺。短笺显示出，这件圣坛装饰物在完成后没过几年就在但泽被典当过。[38]琥珀念珠可能还被用作赌博。在1549～1550年，选举教皇的秘密会议（Papal Conclave）正在举行，威尼斯的使节报告说，在漫长的遴选教皇期间，他亲眼看见参与选举的红衣主教们用琥珀念珠赌博。在同一个秘密会议上，奥地利的玛格丽特（Margaret）赠送给特伦托的红衣主教（Cardinal of Trent）一串祈祷用的琥珀念珠，露出的信息是"他对如何选出这样一位教皇清楚得很，况且选举结果还要经过皇帝的认可"。[39]

在此期间，琥珀是笼络关系的一种重要物品，不过要想每个人都能得到琥珀确实比较困难，普鲁士和波兰－立陶宛联邦的公民充分利用了他们的优势。需要引起教皇的注意吗？那好，向一位红衣主教赠送"一个金光闪闪的心形琥珀，半个手指的长度，上面刻着施洗者约翰（John the Baptist）小时候的肖像"就可能轻松如愿。[40]需要一些古董来填充大教堂的珍宝库吗？这不难，何不向一位大权在握的亲王赠送一个精美的琥珀首饰盒？需要政治上的靠山吗？也不是难事，或许向在谈判桌上占有一席之地的王公贵族奉献琥珀就能奏效。弗朗切斯科·巴尔贝里尼在代表罗马教皇谈判协商终止三十年战争（Thirty Years War）时，就聚敛了 5 个圣母玛利亚和小婴儿耶稣（Virgin and Child）的琥珀肖像，还有一尊教皇乌尔班八世（Pope Urban）的琥珀半身像，很显然，这尊雕像是专门为教皇雕刻制作的，独此一座。

局内人和局外人基本上都认可波兰－立陶宛和普鲁士为琥珀的摇篮。枯燥无味的地理教科书对这种关系阐述得比较透彻，这两个地区的贵族和百姓都不遗余力地推动琥珀业的发展。波兰－立陶宛王国首相的妻子，将一个华丽的琥珀礼物恭送至意大利洛雷托（Loreto）的圣地时，不仅使基督教教会（the Church）倍感荣耀，表现了她对教会和信仰的无比虔诚，她还对家乡的琥珀油灯、几只盛装水和葡萄酒的调味品瓶，许多琥珀祭坛蜡烛台、琥珀水盆、琥珀圣像牌和琥珀柄的黄金圣杯做了精彩壮观的展示和宣传。下面的这个例子也说明琥珀产地的盛名。1640 年，一位青年人在罗马开展研究工作，他的父亲居住在克拉科夫。他在写给父亲的信中，请求父亲能够给他一串琥珀念珠，或"其他一些琥珀制成的物品"，他要把这些琥珀物件送给一位熟人，因为这位熟人最近提出需要"一些产自波兰的可人的东西"。[41]

强调和夯实对琥珀材料本身的认同和身份的认同感，需要找到一种方法，这种做法在今天仍然在延续。马里乌什·德拉匹科斯基和他在格但斯克的工作室专门研究琥珀圣物的制作情况，其中许多都是奉献给教皇、红衣主教和其他圣所的。德拉匹科斯基创作的最著名的作品是琥珀厅（Amber Room）建成以来体积最大的装饰物之———一尊庞大的圣坛装饰物，尺寸为 11 米 ×9 米，置放在格但斯克市圣布里奇特大教堂的长方形廊柱大厅。琥珀厅是凯瑟琳宫内的一座大厅，这座大厅完全由琥珀面板装饰而成，饰以金叶和很多镜子，奇妙异常，给人以巨大的震撼力。凯瑟琳宫距离圣彼得堡以东 25 千米。圣布里奇特大教堂与波兰团结工会（Solidarność trade union）的关系非同一般，这尊圣坛装饰物就是使用琥珀表达当地大众身份认同的一个重要象征（见图 83）。[42]

图 83　马里乌什·德拉匹科斯基（Mariusz Drapikowski）制作的圣坛装饰物，于 2017 年 12 月在波兰格但斯克市圣布里奇特大教堂（St Bridget's Church）正式供奉

拥有琥珀

　　琥珀虽然广受王公贵族的喜爱，但在历史上非显贵消费者欣赏青睐的琥珀种类却少有人知，但念珠是个例外。在中世纪的欧洲，大部分人可能都虔诚地信仰基督教，但实际情况千差万别，只有少量历史文献支持这一点。保存下来的琥珀文物表明琥珀是一个百变金刚，能满足人们多种多样的需要，适宜放在人们迥异的口袋里。在琥珀应用的另一个极端，也有一些有实用功能的琥珀物件打造得非常豪华，比如豪门家族私人礼拜堂里的做弥撒用的调味瓶。我们再看看另一个极端，普通民众也会用一些标志性的琥珀物件，这些物件的一个共同特征就是容易获得。

　　在现代欧洲的初期，普通民众通过何种渠道拥有琥珀？这种天然的宝石可以在各个药店购买。镀金匠、银匠、印刷工人、漆匠、工具制作技工、织物和皮革工人以及医生都是购买琥珀的常客，他们在上清漆、沉淀染料、给铅字上油墨、染色、涂漆和制作湿敷药物时会用到琥珀。不过，底层百姓去哪里获取加工好的琥珀制品尚不清楚。在现代早期的伦敦，男男女女普遍都有念珠，这些念珠的来源渠道各不相同，许多是通过正当手段获得的，这一点毫不怀疑，但也有一些是偷来的。根据英国伦敦老贝利街（Old Bailey）的中央刑事法庭 17 世纪末期及之前的记录，盗窃琥珀案件中的涉案人员中也包括女性，既有原告，也有被告，这些记录几乎就是这方面唯一的历史档案资料。

　　完全可以肯定的是，要想搞到某些既新奇又罕见的琥珀恐怕不是一件简单的事。对芸芸众生而言，他们想弄到琥珀，有几个渠道：直接去普鲁士或波兰 – 立陶宛；请其他赶去那里或住在那里的人帮忙；找一些有关系的人。柯尼斯堡是一座重要的大学城，接纳了无数的知识分子。奥勒·沃尔姆（Ole Worm）是一位医生，原来住在哥本哈根，他得到了一只中空的琥珀球，里面是撞柱游戏的 9 根琥珀小柱、2 个琥珀圆球和 3 个琥珀骰子，所有这些都是靠着柯尼斯堡当地的一位植物学家好友的帮忙才搞到的。因此，沃尔姆正是在柯尼斯堡建立了一座早期琥珀博物馆。[43] 可能沃尔姆直接向琥珀制作者购买了琥珀作品——但泽的琥珀工坊经常向赴但泽的游客们出售琥珀制品。1663 年冬天，格奥尔格·施罗德（Georg Schröder）走进了一家琥珀作坊，刚一进屋就被一件非同一般的"标价 1000 个泰勒（旧时德意志诸国的大银币。——译者注）的小匣子"吸引住了，工匠介绍打造这部上佳极品整整耗费了他一年的时光。施罗德在他的日记里画的略图与实物并不相符，他形容这个杰作"雕刻得极其精美"并且"晶莹剔透，冰清玉洁，顶部刻画着几个美丽的人像，人像是由几块色彩各异的琥珀雕制而成的"。[44]

只有行会会员或经官方批准的商家才有资格被授权售卖琥珀。不过，官方打击非法拥有琥珀的公告接二连三，纷至沓来，这表明相关法律可能只是个摆设，人们并不买账，而且这个地区有大量外国公民，尤其是水手，短期内都能找到琥珀，离开时也都带着它们。我们了解到，也存在着一个琥珀典当市场。除此之外，获得琥珀还有一个有趣的渠道，那就是寡妇们由于种种原因，变卖她们丈夫生前留下的琥珀。举个例子，德特勒夫·马蒂森（Detlef Matthiessen）去世后，留给他妻子安娜·奥洛芬（Anna Oloffin）大量财宝，其中就有一件用珠宝做装饰外表的琥珀权杖，奥洛芬寻找买家，以变卖这根权杖。[45]

话还得分两头说。不是每个人都有机会亲赴普鲁士或波兰 - 立陶宛，无缘去这两个地区的人只得另辟蹊径，这些办法可是帮助一些人积聚了巨额财富。显要的贵族们或者雇用一些代理人为他们多方寻觅琥珀，或者依靠神通广大的关系熟人。费迪南多·科斯皮（Ferdinando Cospi）设法从一位意大利同行那里弄到了玩牌用的琥珀筹码，这位同行一直在莫斯科驻波兰 - 立陶宛使馆工作，费迪南多·科斯皮的琥珀中的虫珀则来自一位远房亲戚，而这位亲戚也很显赫，他是罗马教皇驻波兰的使节。[46] 再进一步探究琥珀行当的奥秘。上流贵族和生活富足的阶层也会在拍卖会上购入二手琥珀，还会在专业经销商那里获得，这些途径有时候也会歪打正着。购买二手琥珀常常能带来意外的惊喜，1649 年，英格兰、苏格兰和爱尔兰国王查理一世（King Charles）被处死后，英国皇家收藏品中相当数量的珍宝被拍卖。某些种类的琥珀成品大量呈现在公众眼前，例如先前已售出的不带刀片的刀柄就大受制刀匠的欢迎，他们把这些刀柄买走，回到自家作坊后再把刀柄安装到相应的位置上。所谓万物不可缺，零星碎片也有展现自己的市场。之前制作一件琥珀饰带会剩下一些碎片，一般情况下这些碎片就会弃置无用了，琥珀匠人们感到可惜，于是他们费尽心思捣鼓出一台怪异的绕线机，用它来对饰带碎片进行再利用。[47]这台奇妙的装置上面刻着"保罗·莫特赫斯特，伦敦"（Paul Morthurst，London）字样。保罗·莫特赫斯特是一位日耳曼侨民，在18世纪60年代，他是一位木匠和制造细木家具的工匠。很可能就是他发明了这台"绕线机"，这不仅展示了他娴熟的技能，还表明了他的出身，他或许在他的工场里展示了这台机器。

第一批诞生的博物馆

辛辛苦苦找来琥珀的主人们会自然而然地感到洋洋得意，有资格炫耀一番，比如牛津的艾利亚斯·阿什莫尔（Elias Ashmole），他通过实地参观和阅读书籍、目录的方法，邀请琥珀收藏同行欣赏他们自己的藏品。对于那些最为昂贵的琥珀，主人们还会专门定做箱柜把它们罩在里面（见图84）。琥珀库存记录表明，艺术性琥珀作品几乎无一例外地被保存在箱柜里或用玻璃装饰门面的展柜里，为了确保万无一失，有些琥珀制品甚至在个人用的玻璃柜子里展示。在18世纪的佛罗伦萨，琥珀作品被置于一个以海洋为主题的展柜里展览（见图85），十分引人注目。

大约两个世纪后，雅德维加·卢兹丘斯卡（Jadwiga Łuszczewska）灵机一动，想出了一个主意：何不把琥珀集中在起来，统一对外展览从中赚钱。她参访了一位商业巨贾，"他的宅邸从地板到房顶遍布琥珀，就像一只碗装满了金沙，从碗边溢了出来"。在这位富豪丹楹刻桷的宅邸，她亲眼所见"这种海里的宝贝就是那样堆砌在那里，活脱脱就是我们通常所见的那种吝啬鬼形象，这种情景使我一下子醍醐灌顶，如果把这么多琥珀像这样集中一起对外展览该能

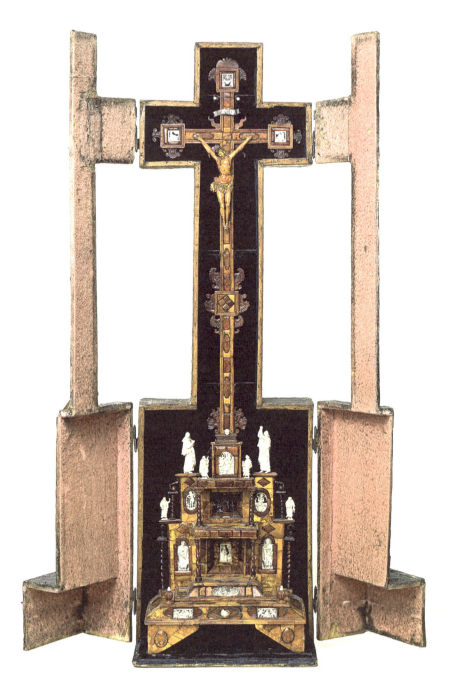

图84　由格奥尔格·克里贝尔创制的巨大琥珀圣坛装饰台，上面置有象牙雕刻的人像，来自欧洲东北部，年代大致为1640年，材质为琥珀、白银、木材、象牙、云母和纸张

图85　1728年，由安东·弗朗切斯科·贡内利（Anton Francesco Gonnelli）制作的展柜，当初专门用作展示琥珀艺术品，至今永葆青春，仍在继续完成着自己的使命，展柜用玻璃做正面，来自意大利佛罗伦萨，材质为木质和青铜镀金

赚取多大的利润"。不过,她还是经过了进一步的深入分析,认为钻石和珍珠可以独领风骚,这是由于它们位居"珠宝的极品地位",有资格睥睨群雄,不屑与他物为伍。雅德维加·卢兹丘斯卡还认为"在珠宝的第二梯队",琥珀稳居其中,尤其是"大规模"集中展示时。[48] 不过,约翰·格奥尔格·凯斯勒(Johann Georg Keyssler)唱起了对台戏。1726 年,他参观了佛罗伦萨的公爵收藏后,却得出了相反的结论:如果把美第奇家族拥有的全部琥珀摆在一起的话,它们的瑕疵将暴露无遗。[49]

在欧洲,现代博物馆的摇篮要追溯到高贵堂皇的私人收藏。建于 1753 年的大英博物馆(British Museum)就是在汉斯·斯隆(Hans Sloane)爵士私人收藏的基础上建立的,据说大英博物馆是世界上第一家国立公共博物馆。斯隆虽是一位医生,但兴趣广泛,自成年后直至终老的几乎所有岁月,他都深度参与了位于伦敦的英国皇家学会的事务。先是在初期作为学会的秘书,稍后成为学会刊物的编辑,再后来担任了英国皇家学会的会长。在当时的英国,皇家学会的会员们都是琥珀的重要收藏家。他们的藏品中尺寸最大的琥珀块足有"半英尺长"(约 0.3 米。——编者注),是从荷尔斯泰因(Holstein)的伦茨堡(Rendsburg)带回的。[50] 他们还积极出版有关琥珀的书籍,其中最著名的就是起到重要作用的《普鲁士琥珀》(Succini Prussici,1677)。作者菲利普·雅各布·哈特曼(Philip Jacob Hartmann)的这部书大受欢迎,一共出版了超过 15 种版本。斯隆清醒地认识到琥珀在他的收藏品种中应占一席之地,而且他的"由洁白琥珀雕刻的小肖像摆放时已变成黄色"。自然学家马克·盖茨比(Mark Catesby)总共卖给英国国家 7 万件各种藏品,其中就包括许多琥珀水彩画。可以断定斯隆的琥珀是大英博物馆开馆时的第一批琥珀。

自从 1753 年大英博物馆建立之后,许多重要的收藏都对公众开放了,最后演变成了博物馆的形式,直到今天人们仍然络绎不绝地去参观。宏伟壮丽、金碧辉煌的琥珀艺术品是柏林、德累斯顿、卡塞尔和慕尼黑等地众多博物馆的骄傲,这些艺术品的琥珀原料全都来自波罗的海沿岸。不过令人扼腕的是,历代普鲁士统治者在柏林积聚了众多藏品,堪称典范,这些藏品在第二次世界大战中被毁于一旦。奥地利和俄罗斯也是重要的琥珀收藏发源地，哈布斯堡王朝收集的无数琥珀分布在维也纳和因斯布鲁克两地；俄罗斯帝国聚敛的琥珀分别置于莫斯科和圣彼得堡。[51] 另外，丹麦和阿尔卑斯山脉以南地区的琥珀藏品也相当可观，藏品品质上乘；佛罗伦萨、摩德纳（Modena）和那不勒斯的收藏也是精品济济，不遑多让。在英国，维多利亚和艾伯特博物馆是在皇室的倡议下成立的，但并不以皇家藏品为基础，这家博物馆逐渐收集、增加各类藏品，以抗衡保守势力。各个博物馆的保管者们在 19 世纪 50 年代获得了第一批欧洲琥珀；19 世纪 70 年代和 20 世纪 20 年代，人们激情再现，又涌现出了一波又一波的琥珀收集热潮，但是到了 1950 年，由于瓦尔特·莱奥·希尔德伯格（Walter Leo Hildburgh）慷慨的捐赠，使得琥珀收藏形势急转直下。

欧洲的博物馆主要收藏的是欧洲琥珀，这或许并不出乎意料。不过，凡是亚洲琥珀藏品，题材基本上离不开中国藏族和缅甸的民族、精湛的雕刻技艺和鼻烟壶，而且琥珀尺寸普遍偏小，19 世纪的西方收藏家们尤其偏爱鼻烟壶。历史上，英国对中国的华南地区非常感兴趣，包括后来他们通过不平等条约强租的中国香港，这意味着获取中国琥珀制品有着十分便利的渠道，相应地中国琥珀在英国也有收藏。拍卖纪录显示，在 19 世纪 30 年代以前，在伦敦就形成了一个转售中国清代琥珀艺术品的市场。

19 世纪末期的琥珀收藏活动

在欧洲历史上，交易商和拍卖商人们是极其重要的琥珀来源者，许许多多的收藏者和新近成立的非皇家博物馆都会依赖他们收集各自的琥珀藏品。在 19 世纪，仍然有很多具有博物馆收藏价值的琥珀能够满足市场的需求。在整个 19 世纪，琥珀杯子、小盒子和橱柜、肖像——一套明显罕见的耶稣基督与十二信徒在一起的肖像，以及更加稀有的圣伊丽莎白（St Elisabeth）像，还有棋盘和棋子、大啤酒杯、托盘、鼻烟盒与餐具等悉数都在伦敦拍卖市场售出，这些琥珀宝贝的前主人可都是佩紫怀黄的达官显宦、豪门名流，包括领地的贵族、政治家、诗人和画家、法官、牧师、学校校长和博物馆的工作人员。这些用于拍卖的物品中，甚至也有皇室血统的琥珀佳品现身。1819 年，夏洛特王后（Queen Charlotte）的琥珀棋盘被售出；一个据说是 17 世纪 60 年代专门为"巴伐利亚公主"（Princess of Bavaria，另一个身份是"波希米亚王后"）制作的琥珀橱柜在 1822 年售出；还有"一件带柄的古董琥珀水壶，上有雕刻，用白银镶嵌，从前是约瑟芬皇后（Empress Josephine）的财产"，于 1849 年被拍卖。上述这 3 件拍卖案例当时都引起了巨大轰动。当今，北美艺术性收藏机构中最大的琥珀作品收藏非位于波士顿的美术博物馆（Museum of Fine Arts）莫属。这些琥珀艺术品是由一位个人在 19 世纪末期的几十年积累的，他就是威廉·阿诺德·巴法姆（William Arnold Buffum）。[52]

20 世纪和 21 世纪的琥珀收藏

19 世纪末，许多美国收藏者和博物馆常常通过收藏者遗赠的途径，会获得大量中国琥珀，使他们的藏品品种更加丰富。1911 年辛亥革命爆发，中国的革命者经过不懈努力推翻了清朝的腐朽统治。清朝的遗老遗少们拥有的大量的珍宝古玩几经辗转到纽约拍卖。在这些拍卖活动中，美国人对中国艺术的兴趣，包括琥珀，展现得淋漓极致。辛亥革命的发生也推动了在紫禁城原址上成立故宫博物院（Palace Museum），故宫博物院中恒河沙数的各类藏品是清朝在其数百年统治时收藏的，收集了当时及古代无数的精美艺术品。如今，中国境外规模最大、最宏伟的中国琥珀收藏都集中在北美，例如在美国自然博物馆（American Museum of Natural History）内的德鲁蒙德收藏厅（Drummond Collection）和大维多利亚艺术博物馆里的雷夫收藏厅（Reif Collection），美国自然博物馆位于纽约，大维多利亚艺术博物馆则在加拿大境内。

在 20 世纪，鬼斧神工的琥珀制品的历史出奇地复杂，作品中蕴含着强烈的情感，感染着观众。第二次世界大战快要结束的时候，仓皇逃离东普鲁士苏军占领区的德国难民，简直就变成了先前的冒险者、探险者和游荡者，他们随身携带着珍贵的祖传琥珀，抱着一丝求生的念头，想方设法逃到能抚慰惊魂之地。后来，德国难民的许多琥珀都捐献给了各种各样的纪念性博物馆，这些博物馆都建在他们安身立命的联邦德国。20 世纪 60 年代和 70 年代也见证了德国里布尼茨 – 达姆加滕（Ribnitz-Damgarten）琥珀收藏博物馆的建立，在此期间，立陶宛的帕兰加和波兰的马尔波克也创建了各自的琥珀博物馆。基特森（Kitson）收藏馆藏品的出售，将大量欧洲和亚洲琥珀投放到了市场上，基特森收藏馆是一家主要的亚洲艺术收藏地。巧的是，这次出售与波兰的马尔波克博物馆的建立同步进行，幸运之神眷顾了这家新成立的博物馆。现在，马尔波克博物馆号称是第一家尝试集东西方琥珀同台共展之大成的公共机构。这家博物馆的馆长也是将当代珠宝制作大师和艺术家的上乘佳作收入本馆馆藏的第一人，如卢茨扬·米尔塔（见图 86）。这种思路也一直是加里宁格勒琥珀博物馆（Kaliningrad Amber Museum，建于 1972 年）重点考虑的事项。这家博物馆重新调整了其他收藏中的作品和克里姆林宫赠送的历史作品的展示位置。在重新布展的这些藏品旁边，增加了新创作的作品对外展览，新旧作品比肩而邻，相映生辉。甚至在更晚近时期，格但斯克（原来的但泽）也建立了具有代表性的收藏馆，包括罕见的刻上签名的品种以及常常被忽视的作品，如装饰派（Art Deco）艺术品。[53] 格但斯克收藏馆堪称世界一流。

自 20 世纪初，个人也可以购买小型加工过的欧洲和亚洲琥珀，渠道无外乎跳蚤市场、古玩市场和线上渠道，同时也有少量专事琥珀文物的专业交易商。近几年，也出现了几起博物馆的大宗购买，引发了轰动，如荷兰国立博物馆（Rijks museum）购买了一件琥珀游戏盒，据信是英国王室公主（Princess Royal of Great Britain）安妮（Anne）和奥兰治亲王（Prince of Orange）威廉四世（William iv）1734 年结婚时收到的礼物。历史再向前推进，波诡云谲，有时也波澜壮阔。2018 年，英国议会通过的象牙法案（Ivory Act）彻底禁止在英国境内进行任何象牙交易。这项禁止性法律也包括艺术文化遗产的买卖，只要象牙占艺术品的比例超过了 10%，该艺术品均被禁止买卖。鉴于琥珀作品中会使用象牙增强对比效果，所以该法律的实施会严重影响无数波罗的海琥珀的未来。

图 86　卢茨扬·米尔塔（Lucjan Myrta），"琥珀内自画像"，2009 年，材质为琥珀和木材

　　加里宁格勒琥珀博物馆每两年举办一次国际琥珀大赛。这项比赛既是一次行业大阅兵，也是一道征召新秀、出征未来的动员令。比赛期间还会举办一场研讨会，重点讨论诸如琥珀在当代珠宝制作者和视觉艺术家教育中的地位这类重要议题。倘使琥珀艺术想要有一个光辉灿烂的明天，应针对这种材料的独有特征，对琥珀从业者进行实际培训并现场体验，这是极其重要的先决条件。目前，这种技能差不多仍然被俄罗斯和波兰所垄断，在这两个国家，加工琥珀已经有相当悠久的历史。尽管如此，经典人物的半身琥珀胸像，中国特色的琥珀制品，多米尼加、墨西哥和苏门答腊岛制作的鸟类和爬行动物琥珀雕像近

来在艺术品市场上已经屡见不鲜，充分说明这些国家和地区的雕塑家愈来愈强的艺术自信心。虽然他们自己并不常加工琥珀，但许多视觉艺术家和雕塑家都受益于材质的神奇，从中汲取灵感。西格马尔·普尔克（Sigmar Polke）开展创新式探索，用仿琥珀的树脂进行试验。[54] 阿拉斯泰尔·麦凯（Alastair Mackie）在他的装置中将两种传统技法融会贯通，这个装置把棋子大小的琥珀块放置在一个桌子的上方，桌子由一个光箱特效做成，用来观察琥珀样本（见图87）。察赫·道特里（Zach Doughtery）想象有一张 SD 记忆卡能在琥珀中石化，预计未来总有一天古生物学家将会发现现代数字存储装置保存在琥珀里。现代艺术家和工匠们正像他们的前辈们一样，放飞着想象的翅膀，进行着无止境的创新，筚路蓝缕，努力为这种"金子般的宝石"创造一个充满希望的明天。

图 87　阿拉斯泰尔·麦凯创作的"未成形的有机物"，琥珀棋子是专门为这次展览制作的，展览于 2009 年举办，主题是"32 块琥珀：棋子的艺术"，材料为沼栎、光箱、玻璃、电池、黄铜、琥珀、树脂和昆虫

八

消逝的琥珀

作为一种古老的化石化树脂，琥珀在地球上近乎不朽地存续了数亿年，但一旦把它们从栖息地移开，拨开外壳，琥珀就开始失去水分，出现裂纹，退去五色斑斓，诸多环境因素决定着琥珀退化的速度和严重程度。纵观全球，天然琥珀、琥珀作品、琥珀样本收藏活动已经开始走下坡路，迈上漫漫消亡之途。另外，琥珀自身的脆弱性使它们正在沦为牺牲品。2006 年，丹麦国家博物馆（National Museum of Denmark）发布了一份研究报告。报告得出结论，该馆 1.7 万件琥珀收藏品中有 45% 明显出现了退化的迹象。[1] 历史上，如果这种现象没能得到高度重视，琥珀就会经受岁月的长期侵蚀，最后在众目睽睽之下走向消亡。1730 年左右，德国旅行家约翰·格奥尔格·凯斯勒到了佛罗伦萨，当他目睹美第奇家族的这些琥珀藏品时，就被它们奇特的外观所深深震撼。1780 年，还是这批琥珀，保存条件的恶劣促使管理者不得不将它们移往他处保管。[2] 英国人查尔斯·汤普森（Charles Thompson）看到了帕尔马的法尔内塞（Farnese）家族琥珀，就它们的保管条件未置一言。但当琥珀被转移到那不勒斯，最后于 1756 年在卡波迪蒙特宫（Capodimonte Palace）公开展出时，它们的"粗劣的保管条件"和"亟须修葺"的现状引发了广泛关注。[3] 当下，法尔内塞家族的琥珀只有一小部分还在对外展出。

今天，物理变化和化学变化会加快琥珀的退化和剥蚀，关于这一点人们已形成共识。[4] 在当代博物馆里，温度、湿度和光照都被严格控制。[5] 这些措施也只能延缓琥珀的退蚀速度，但无法逆转或终止退蚀进程。所以，仅仅对幸存下来的琥珀开展研究将永远不会掌握人类应用琥珀的全面情况。历史学家在探究琥珀的这个过程中四处找寻文字记载，他们这样做不仅可以弄清楚历史上消失了的琥珀背景，还能明了诸如在医疗中使用琥珀，或把琥珀研成粉末，并用这些粉末制成香料和染料的情况，而这样做就不可避免地导致琥珀粉身碎骨。本章将从一种琥珀开始，探讨历史上某些传奇琥珀消逝的背景，这些琥珀极具震撼力。

胸怀大志的琥珀

当今还有人没听说过琥珀厅的吗？[6]这座大厅有时被描述为世界第八大奇迹，被世人狂热地崇拜（见图 88 和图 89）。它不仅激发人们留下了无数的文献记录，还走进了作家们创作的很多小说的情景中，甚至还被编成了电脑游戏。19 世纪初，这座大厅在俄罗斯以外还寥无人知，直到法国诗人兼艺术批评家西奥菲尔·戈蒂埃在他书信体的小说《俄罗斯游记》（*Voyage en Russie*，1866）中盛赞了琥珀厅后，这座艺术殿堂才真正令闻广誉，名扬天下。

琥珀厅最初的设想是由勃兰登堡－普鲁士的腓特烈一世（Friedrich Ⅰ）于 1705 年左右提出的，随后不久，他就继位国王。一开始琥珀厅的布局肯定很小，因为原来的规划地点位于他在卡洛滕伯格宫（Charlottenburg Palace）的个人办公室和接见大厅之间。位于柏林的卡洛滕伯格宫里这样的一个大厅并不大，但装饰着更大的镶嵌画镶板，尺寸为 1.65 米 ×4.75 米，这些镶板是用来包裹在这个来宾接待室的墙壁上的。

在欧洲所有的统治者中，唯独腓特烈一世才能随心所欲地获取大量优质的琥珀，原因无他，最大的几个琥珀矿藏就位于他治下领地的西部，这在当时尽人皆知。几年后，他的家族把尺寸最大、品质最佳以及形状最奇特的珍贵琥珀留为己用，或者在对外交往中充作礼品。最具震撼力的琥珀自然而然地受到了赞誉，极尽溢美之词，通过它们的绰号就能略知一二（例如，"大脑

图88 1859年，圣彼得堡附近的沙皇村（Tsarskoye Selo）琥珀厅及其蛋白银版画，皮埃尔－安布鲁瓦兹·里什堡（Pierre-Ambroise Richebourg）制

袋"或"长面包"）。有一些还引起了那个时期广泛的关注和评论，有一个琥珀块的重量刚刚过1千克，却常常吸引参观者前来参观并发表热评，这些参观者是赶赴维也纳欣赏皇家收藏的。[7] 镶嵌在贵金属里的拳头大小的琥珀块也让人赞不绝口。大琥珀块也有其巨大的潜力，许多大琥珀块因而被加工成了制成品，待价而沽。一位作者描述，曾见过琥珀块"与人的脑袋一般大"，被制成了杯子和碗。[8] 普鲁士的历代统治者收到帮忙寻找"黄色和洁白、必须清澈剔透、又大又精致"琥珀的请求铺天盖地，这些请求遍及整个欧洲的

图 89　2008 年，位于沙皇村内凯瑟琳宫里的琥珀厅

王室和名门望族，其中有些显贵事先做好了功课，脑海里早已打好"独有作品"的腹稿。[9]

　　波罗的海最大的琥珀通常重 10 千克左右。近代对琥珀厅的重建需要的琥珀总量高达 6 吨，其中的 1200 千克单独用在墙壁的装饰护板上，琥珀厅的重建足足花了 25 年时间，而原来的琥珀厅只用了 4 年就建成了。这座 18 世纪的建筑原始资料十分齐全，有意思的是，这齐备的档案资料可能还是误打误撞的结果，原因是建造这座厅的资格最老的高级技师打了一场旷日持久的官司，他就是琥珀切削工匠戈特弗里德·沃尔弗拉姆（Gottfried Wolffram）。他在但泽从师于尼古劳斯·图罗（Nicolaus Turow），学到了琥珀加工的一身本事。出徒后，他在丹麦的哥本哈根开始了自己的琥珀加工生涯，为王室家族打制琥珀。到柏林参加琥珀厅的建造时，他已经拥有 20 年的丰富从业经验，堪称技术大师了。由于在这个行业的长期浸润，他对工期的安排十分精确。当他抵达柏林开始为腓特烈一世（见图 90）效力时，正值腓特烈一世的宫廷

197

建筑师对琥珀厅的建设思路摇摆不定。然而，他和建筑师伊奥桑德（Eosander）的合作并不融洽，伊奥桑德认为沃尔弗拉姆提出的改变想法"破坏了原有的整体设计"。伊奥桑德雇用了两个更年轻的工匠，其中一个就是图罗的儿子。沃尔弗拉姆受到了压制而愤懑不已，他抱怨这两个年轻人"根本配不上从事这项工程"。沃尔弗拉姆也不含糊，把伊奥桑德打了一顿，出了一口恶气后扬长而去。临走还不忘把加工好的琥珀锁在自己的房间，遗弃在那里。最后，他回到了丹麦，在那里提起了诉讼，欲要回自己的工钱。

图90　铜面油画《腓特烈一世》（1677～1706年），可能是继位国王之前的肖像，所有权属于塞缪尔·布莱森多夫（Samuel Blesendorf）

　　这几位年轻人被留在那里完成墙壁护板的制作装饰，直至1709年。其时，当初的思路已经发生变化，况且留在那里的琥珀也开始枯萎凋零。腓特烈一世的儿子弗里德里希·威廉一世（Friedrich Wilhelm Ⅰ）果断作出决定，于1716年将这些琥珀赠送给了当时的俄罗斯沙皇，琥珀很快被打包装船运送至彼得一世（Peter Ⅰ）的新建首都圣彼得堡。当原来柏林那座大厅的琥珀运至圣彼得堡时，该市市长惊掉了下巴，他写道："这一辈子从未见识过世间如此罕见的珍品。"但墙壁护板仍然被深锁宫墙，翘首以盼大显身手的良机。几年过去了，彼得一世最小的女儿伊丽莎白（Elizabeth）在1741年命人把这些护板放在了冬宫（Winter Palace）里。新修饰的这间殿堂要比卡洛滕伯格的空间更加宽敞，而卡洛滕伯格的房间正是原来建造琥珀厅的地方，因此为了使整个房间更加协调，弥补原来的空隙，又增加了许多镜子和绘画作品。在此之后将近50年，这个大厅维护状态不佳，显得破破烂烂，像是被遗弃一般。琥珀、金属薄片和底部结构之间的黏合剂已经干裂，木材要么膨胀，要么萎缩，整间屋子看上去毫无生气。后来，又用了3年时间，把护板重新装上，旧貌换新颜，琥珀厅又恢复了往日的辉煌。不过辉煌归辉煌，后来的日常打理和维护也是万万缺不得的。或许是考虑到琥珀的现有保存条件并不理想，伊丽莎白，也就是当时的皇后，将这些琥珀从冬宫搬到了夏宫（Summer Palace，见图91）。俄罗斯专门从柯尼斯堡（加里宁格勒）聘请了5位琥珀高级专家重新安装这些护板，他们使用了一种叫"错觉画法"（*Trompe l'oeil*）的新琥珀横饰带，加装到护板上，使之衔接得天衣无缝。可惜的是，伊丽莎白无缘享受重建后的美轮美奂，倒是后来的凯瑟琳大帝（Catherine the Great）得此福分，尽享琥珀厅的愉悦和乐趣。凯瑟琳大帝将琥珀厅辟做了一间豪华会客厅，在这里她常与宫廷闺蜜相聚倾谈。

只要琥珀厅存在一天，对于管理者来说，它就是一件头疼的事。在俄罗斯，这间屋子的最后一位管理人在他的日记账中消极地写道：经常需要打扫卫生，清除灰尘，把断掉的琥珀碎片再接上，修复好。琥珀厅超群拔萃的光芒在1941年黯然褪色，这时德国纳粹军队占领了沙皇村。事实证明，要把墙体护

图91　沙皇村里的夏宫

板拆除转移并稳妥地保管相当困难。无奈之下，管理者把它们罩住，在地板上堆成堆，用沙子埋起来。这种权宜之计暂时延缓了德军步兵的第一波扫荡，但挡不住德军军官的馋涎。纳粹军队花了一整天时间将琥珀从原安装处揭下来，用地毯和窗帘包裹好，打包运送到德国城市柯尼斯堡。在那里，运回的琥珀会被布置在当地的博物馆展出（见图92）。这些琥珀的到来被作为一种精神上的故土回归大肆宣扬，因为在那个时期，很多欧洲人认为柯尼斯堡就是"琥珀事

图92　柯尼斯堡城堡（Königsberg Castle）和威廉皇帝纪念碑（Monument to Emperor Wilhelm）一瞥，约为19世纪90年代，这座城堡是柯尼斯堡市的博物馆所在地

200

实上的和唯一的发源地"。参观者蜂拥而至，络绎不绝，欲先睹琥珀厅为快，但有些人参观后倍感失望，琥珀墙体护板并没有恢复成在俄罗斯的原样。据说护板看起来很破败，并未激起人们特别的热情。

如果故事到此结束，恐怕就有些老套，显得单调乏味。不过，情节迅速急转直下，最精彩的还在后面。1944 年 6 月开始，当苏联军队反攻到德国，柯尼斯堡的琥珀厅展览被拆除，封存起来。8 月底，博物馆所在的城堡综合设施在英国实施的一次空袭中遭受到了重创，导致一些护板被彻底摧毁。琥珀在 240℃～290℃的环境中会液化。空袭过后，有目击者报告说看见一个融化了的"蜜黄色的坨坨"。有关当局计划将幸存的琥珀搬运至相对安全的东南方萨克森州，甚至再向南。不过，在 1945 年 4 月 9 日柯尼斯堡陷落之前，琥珀大转移是否已经启动，现在仍旧存疑。该市官员解释说，战事进展实在是太神速，还来不及准备琥珀转移，苏军就攻了近来，然后一切就结束了。如果此言不虚的话，琥珀护板被摧毁的证据究竟在哪里？人们关于琥珀去向的猜测也愈演愈烈，它们已经被秘密转移了。一位目击者听见一位官员说他在柯尼斯堡被攻陷前 4 天就及时亲自布置安排琥珀转运事宜。官员的这番解释欲盖弥彰，反而更加深了人们的疑虑：琥珀护板是真的运走了，还是先被藏匿起来，然后偷偷运走？

失而复得

就这样，琥珀厅的下落被悬了起来，但到了 20 世纪 70 年代，人们又重新燃起了寻找这批宝物的希望，事情是这样的：柯尼斯堡大学在哥廷根有一个收藏处。这时，有一些琥珀样本的藏品在这个收藏处被发现了，而这些琥珀样本曾经是柯尼斯堡大学引以为荣的珍贵文物。最近 20 年，在艺术市场上出现了这间琥珀厅的零星碎片，再加上一直以来高调而命运多舛的寻宝行动的推波助澜，使人们对琥珀厅的兴趣又一次被激发起来。[10] 人们一直在传颂着琥珀厅的传奇，它可能还在某个被遗忘的矿山井筒中、仓库或某个地方的地下室，保存状况良好，依然在闪耀着灿烂的光辉，有些人对这些说法坚信不疑。

自 1945 年，大量琥珀遗失了，琥珀厅里的琥珀只是其中的一例。柯尼斯堡琥珀护板的回归使得该市博物馆馆长萌发了一个在全欧洲寻找历史性琥珀文物的宏伟计划，因此而开启了艰难的寻宝征程。今天，这些文物都没有线索，据推断它们都已被毁坏。许多文物在战时和战后混乱不堪的年代消失、被盗或劫掠了。举个例子吧，图林根州（Thüringen）哥达市（Gotha）弗雷登斯坦因城堡（Schloss Friedenstein）的藏品中超过 12 件琥珀被带到了苏联。[11] 2007 年，哥达市的保管者们重新得到了一个小匣，这件文物自 1945 年一直杳无踪影。[12]

遗失艺术品基金会（The Lost Art Foundation）协助众多博物馆和个人去搜寻并记录琥珀"由于纳粹迫害或第二次世界大战的直接占领……自其主人处流离失所、重新安置、保存或封存"的信息。[13] 在找寻遗失琥珀的这项工作中，"纪念物、艺术品和档案（MFAA）"计划所作的巨大贡献尤其重要，这个计划早在 1945 年终就开始了。"纪念物、艺术品和档案"计划在全欧洲建立了很多收藏点，在这些收藏点，被纳粹统治集团毁坏的艺术品和人工制品得以处理、拍照和再分配。例如，他们记录了曾经属于犹太银行家弗里茨·曼海默（Fritz Mannheimer）的琥珀，这些琥珀在德国入侵荷兰时被德军掳走，转送至希特勒的私人收藏。1952 年，被劫走的琥珀又重新回到了原来的家园，它们现在被陈列在阿姆斯特丹的荷兰国立博物馆（Amsterdam's Rijksmuseum），无声地诉说、证明着这段令人心酸的历史。由于德国纳粹对犹太民族的迫害、灭绝暴行，迫使犹太人不得不遗弃大量琥珀，这些惨状意味着很多与犹太典仪有关的琥珀制品，比如摩西五经教鞭（见图 93）和割礼执行人使用的割刀（Mohel Messer）要么被掠夺、毁坏，要么惊悚地趴在自己已沦为难民的主人行装里，在世界各地漂泊流浪。位于耶路撒冷的以色列博物馆（The Israel Museum in Jerusalem）拥有一个与离散在全世界的犹太人有关的精细琥珀艺术品收藏厅，还有许多旅居欧洲的犹太文化藏品。尽管人们在找回犹太艺术品方面付出了艰苦的努力，但这项工作仍然任重而道远。

图 93　20 世纪，摩西五经教鞭，上刻着希伯来文字，材质为白银和琥珀

琥珀家具

　　除了琥珀厅外，在第二次世界大战中单一琥珀损失最大的当属位于柏林的普鲁士王室藏品。在欧洲的任一历史时期，普鲁士王室的琥珀藏品是最好的琥珀加工制品，这一点毋庸置疑。三十年战争期间首批琥珀被毁坏后，紧接着就进行了恢复，恢复的物品中许多稀奇古怪的供游戏的琥珀作品，包括两座庄园、一条"防御堡垒"和"装扮玩偶的小饰物"，甚至还有一些乐器。之后，普鲁士的各个统治者会把稀罕的琥珀，尤其是用琥珀包皮的家具，当作珍贵礼物赠送给全欧洲的王室贵族，其中大部分纤弱易碎，现在都湮没在茫茫的历史长河中。

　　在欧洲，枝形吊灯是琥珀用在家具尝试上第一批样式中的一种。关于枝形吊灯最早的记录要追溯到 16 世纪末。[14] 这项记载没有描述吊灯的实际样貌，其他的库存清单显示，都没有类似的记载，像 1619 年，安妮王后（Queen Anne）在伦敦的丹麦王宫（Denmark House）的财产中有一种琥珀蜡烛台，"这个蜡烛台挂在一个双层的木质盒子的支架上"。1651 年，相同的描述又出现了，苦命的国王查尔斯一世（Charles I）变卖的财产中就有"蜡烛台"的身影。[15] 幸运的是，有一架枝形吊灯脱颖而出，成了明星。它有 1 米多高，重约 7 千克，收藏在佛罗伦萨托斯卡纳某位大公的手中。这种神奇的照明装置"总共有 3 层……每层都有 8 个挂臂，椭圆形物和圆形物由白琥珀制成，上面画满人像和历史事件，

203

最顶端有一只鹰"。[16] 就吊灯存在的历史来看，它最初是挂在珍珠做外壳的讲坛（Tribuna）主体的圆顶上，后来被当作一扇南向的窗户，枝形吊灯如此的布置使人们惊奇不已，评论如潮。对参观者而言，枝形吊灯的起源尤其令他们好奇。在 17 世纪 50 年代，有人告诉英国旅行者理查德·拉塞尔斯（Richard Lassels），这架枝形吊灯是萨克森的约翰·格奥尔格公爵（Duke Johann Georg of Saxony）送给科西莫二世大公（Grand Duke Cosimo Ⅱ）三儿子的赠礼。据说这最初是索菲亚（Sophia）送给约翰·格奥尔格的，索菲亚是勃兰登堡 – 安斯巴格（Brandenburg-Ansbach）的格奥尔格·弗里德里希之妻。[17] 大约 75 年后，约翰·格奥尔格·凯斯勒被告知枝形吊灯上雕刻的这些人像是"勃兰登堡地区显赫的亲王、公爵、公主和王妃的半身像"，而这架枝形吊灯一直被当作一种赠礼。[18] 我们现在已知吊灯的赠送是 1618 年一种政治势力平衡态势的某种代价，真正的受礼者是科西莫大公，而不是他的儿子，前述的观点与后面的观点基本上就可以互相印证了。如果这些时间都能对得上的话，赠礼者最大的可能就是勃兰登堡的约翰·西吉斯蒙德（Johann Sigismund），普鲁士阿尔布雷希特·弗里德里希公爵的女儿嫁给了他。阿尔布雷希特·弗里德里希于 1618 去世后，约翰·西吉斯蒙德继承了自己岳父的领地。

毫无疑问，琥珀制成的枝形吊灯令人叹为观止，以后制作的吊灯有的留存至今，也充分证明了这一点（见图 94）。实际上，吊灯主人当初并不是有意把它们当作照明设施，比方说，丹麦国王弗雷德里克（Frederik）虽然在 1653 年收到了这架枝形吊灯，但实际上是他事先向他人要些琥珀，以便在他的艺术收藏中增加琥珀种类。[19] 其他的统治者也将枝形吊灯作为重要的备选礼物。1673 年在俄罗斯，赠送给沙皇阿列克谢·米哈伊洛维奇（Alexei Mikhailovich）的枝形吊灯刚开始挂了起来，备受仰慕，稍后就被送给了邻近的波斯使馆，据说沙皇又把这架吊灯回赠给带它来的代表。[20] 欧洲的诸多统治者争相拉拢奥斯曼帝国（Ottoman Empire）和波斯王国（Kingdom of Persia），向他们示好，原因就在于这两个国家是通往东方的桥头堡，也是获得重要商品如丝绸的门户。因此，选帝侯弗里德里希·威廉于 1689 年向莫斯科赠送了第二架枝形吊灯。

图 94　柯尼斯堡的琥珀枝形吊灯，1660 或 1670 年

遗憾的是，俄罗斯的两架枝形吊灯都已杳无踪影，但发现了第二架吊灯的画像，这些画像也在第二次世界大战损毁了，万幸的是，画像在损毁之前就已正式出版了。第二架吊灯的制作者迈克尔·雷德林（Michael Redlin）描绘了这些画像。因此，天赐良机，让我们拥有一个罕见的视角去研读一位工匠对他们行当的描述。他制作的枝形吊灯有2层、12个吊臂，是由"没有任何杂质的大琥珀块"制成的。"镀金薄片上绘画着罗马和日耳曼皇帝以及英雄们的形象"，吊灯装饰着发光装置，发光装置的表面也覆盖了一层清澈的琥珀。由于工程的浩繁，他花了整整两年的时间才完工。[21] 通常这种工作往往会延迟好几年才能交差。单单收集合适的琥珀种类可能就要耗费更长的时间。从切削琥珀起家，后来成功变身为琥珀商人的约翰·科斯特（Johann Koste），就需要5年时间去收集充足的琥珀来制作镜框。为制作这个镜框，他倾尽了余生。[22] 根据实际情况，一幅镜框差不多要1500多块琥珀块。[23] 考虑到琥珀在打造过程中所造成的大量损耗，琥珀最终的需要量可能高达15千克，一位工匠说，用这个量可以制作一张琥珀包皮的桌子。综合衡量材料品质和做工质量，这些琥珀制品的价值就不可估量了。根据约翰·伊夫林的估算，同时代的玛丽二世王后（Queen Mary Ⅱ）的大琥珀橱柜和饭桌镜子的市值为4000英镑。在当时，这个数目可以购买将近750匹马。[24]

　　与枝形吊灯的情况类似，第一批琥珀镜框大约在1600年就有文字记录了。最早的那批镜框尺寸很小，可能受当时的反光玻璃板的尺寸所限。可供参考的很多样品可能是有柄小镜子，就像丹麦的安娜，平时放在由天鹅绒做衬里的小盒子里。[25] 其他镜子则是镶在墙壁上（见图95）。[26] 镜子在当时本身就属于奢侈品，更遑论用琥珀做镜框的镜子了。与前面探讨的枝形吊灯一样，镜框是一种王室礼品，而且还是最高贵的赠礼。第一批大手笔定制的镜框，正如枝形吊灯一样，最初是送给沙皇的一种赠礼，但送给了法国国王路易十四，即"太阳王"。尼古劳斯·图罗用了半年时间，专门为这副镜框量身定做，加上了法国的国徽、旭日东升的画面以及国王本人的座右铭。[27] 由于久不下雨，天气干旱，河流和隧道的水位下降，运输镜框的工作不得不向后延迟。但镜框最终

图 95　16 世纪末，柯尼斯堡的墓志铭造型的镜子，材质为琥珀、象牙和镜子玻璃

被运抵巴黎后，就成了一个美轮美奂的场面。据说路易十四对镜框精湛的雕刻工艺赞叹不已，这些雕刻展现的是古罗马诗人奥维德（Ovid）的《变形记》（Metamorphoses）中所吟诵的场景。像许许多多的其他琥珀艺术品一样，这副镜框也在历史上消失了，无法溯源。据悉于1687年被送至了暹罗（泰国），一同送去的还有一副镜框、两个琥珀首饰盒和一件船形琥珀饮酒容器。[28] 高身价的镜框不仅体现出镜子作为礼品，还能够派作其他用场，而且镜子本身在发生冲突时也会遭到洗劫。在三十年战争期间，据说卡尔·古斯塔夫·弗兰格尔（Karl Gustaf Wrangel）的斯克罗斯特城堡（Skokloster Castle）里"用琥珀做镜框的威尼斯镜子"就成了战利品。[29]

上述这些作品想必是非常精美，光芒四射，但没有任何枝形吊灯或镜子享有像琥珀大御座那样青云独步的无上荣光。这尊琥珀大御座是为纪念即将到来的神圣罗马帝国皇帝利奥波德一世（Emperor Leopold I）加冕20周年提前在1676年特意定制的。[30] 勃兰登堡的选帝侯们并没有专门委任自己的御用琥珀雕刻师，这与丹麦诸代国王的做法相同，但黑森的领主爵们和萨克森的选帝侯们却有自己的御用琥珀雕刻技师。高官显爵们不雇技师造成的影响的确不容小觑，原因是传说弗里德里希·威廉自己"就会将琥珀切削得非常精致"。[31] 这种影响始于弗里德里希·威廉指示他在但泽的代表确定一件合适的礼品，所以逐渐就蔓延开了。但泽的琥珀技工在接到这位选帝侯代表的要求后，精心设计、开足马力赶工。制作一尊用琥珀包皮的御座的想法源自尼古劳斯·图罗大师，他早已做了准备，画了几张草图。而这令弗里德里希·威廉心中大喜，所以他迅速委托图罗赶制这尊御座，但要做一些修改：要把利奥波德一世皇帝的更多内容增加到御座的设计和制作中。图罗说：由于他对制作御座究竟需要多少琥珀心里没底，所以无法确定这尊御座的价格，不过，双方达成共识，最后的成品将不会超过1万波兰兹罗提（Polish złoty），支付方式为一半现金一半琥珀。当时，1万兹罗提大约是但泽一套房产年租金的200倍。图罗终于在1677年完成了这件巨作。御座造好后，如何运输成了难题。一开始的运输方案是将御椅包装完好后用四轮马车运载，但是这种方式能否保证这尊琥珀珍品经受住崎岖路途的剧烈颠簸而完好无损，相关人士还是打了个大大的问号。因此，运输方式改为雇用了 4 位工人搬运板条箱，还专门请几位琥珀技师随行，万一出现损坏能及时修补。最终，御座在春天快要结束时安稳地抵达了维也纳。如今，御椅只留下了 10 块碎片，其他部分早在多年前就已不知去向。遗留下的这尊御座样貌就是最后的委托制作草图（见图 96）。

图 96　水彩纸质草图展现了象牙和琥珀制作的王座，由弗里德里希·威廉一世委托制作，年代大约为 1677 年

克里斯托夫·毛赫尔

用今天的眼光看来，琥珀包皮的桌子和椅子样品看起来很怪诞，但它们的确是那个时代时尚潮流的引领者——普鲁士琥珀包皮的家具与凡尔赛宫（palace at Versailles）一套著名的法国风格包银家具不相上下。实际上，有些应勃兰登堡－普鲁士的统治者们的要求而制作的家具非常流行，以至于琥珀切削工们都不知道究竟哪些样式广受欢迎。在 17 世纪 80 年代早期，有一件委托任务没有让图罗来做，原因是他不知道一件独脚小圆桌长得什么样，这种小桌子的确形状比较特殊。琥珀工匠克里斯托夫·毛赫尔（Christoph Maucher）承接了这项委托，这个人比较特立独行，他既不是琥珀行会的会员，也不住在但泽。对一般人来说，这从技术上基本上就堵上了他从事加工琥珀的路。然而，毛赫尔还是顽强走上了这条艰难的道路。不过他的制作风格实在是太有特色了，以至于艺术史学家经过鉴定后认为，10 件保留下来的御座碎片中有 4 块就是毛赫尔制作的。

毛赫尔属于伟大的欧洲琥珀雕刻艺术家之一，众多博物馆也以收藏他的作品为荣。他出生在德国东南部，职业生涯遍及维也纳、哥本哈根和列支敦士登卡尔·欧西比乌斯（Karl Eusebius）伯爵的宫廷，1670 年他 28 岁，抵达但泽。当地的行会会员眼红他的高超水平，不停地在背后诋毁他，说他的坏话，这反而使毛赫尔比其他琥珀工匠的知名度更高。当地的政府顾及当地工匠的情绪，站在他们的一边：凡是能与其他大师们引发竞争的琥珀制作，毛赫尔都被禁止参与。毛赫尔一开始精于琥珀的雕刻，最重要的是，精湛的雕刻技艺使他有机会创作了各种类型的作品，在众人中脱颖而出。他见多识广，制作水平一流，使中庸的琥珀匠人们不得不甘拜下风。[32] 他创作的包含大量人物、动物形象的作品往往与象牙更紧密地结合在一起，而同时代的其他匠人往往只在琥珀上刻画这些形象。顺便补充一句，象牙雕刻也是毛赫尔精通的技艺。雕刻的主题取自古希腊、古罗马的神话和源于圣经的故事：悲惨的

卢克丽霞（Lucretia）和狄多（Dido）、养育西门（Cimon）的佩罗（Pero）、善
良的雅亿（Jael）和犹滴（Judith）、帕里斯（Paris）的审判（见图 97）、美惠
三女神（the Graces）、珀耳修斯（Perseus）把菲尼亚斯（Phineas）变成石头
等。[33] 有一些雕刻是为了装饰王冠盒，有一些则是单独作为艺术品创作、问

图 97　克里斯托夫·毛赫尔雕制的 "帕里斯的审判"（The Judgement of Paris，Königsberg），柯
尼斯堡，约 1690 ～ 1700 年，材质为琥珀

世。尽管毛赫尔重复雕刻过一些主题的肖像，但似乎都是自由构思创作，没有模仿自己原来的作品。在这些肖像中，它们都与50年后在卡塞尔（Kassel）制作的独立人物肖像不同，卡塞尔地区雕制的肖像是基于凡尔赛宫花园里的真实雕塑群而创作的；与更早的小雕像也不同，例如选帝侯弗里德里希·威廉及妻子奥兰治的路易丝·亨丽埃特（Luise Henriette of Orange）的肖像，这些都是领地统治者的形象。毛赫尔去世时65岁左右，他已经成了一位富翁了。[34] 他将他的土地留给侄女继承，把金钱转赠给其他5个人，包括两位琥珀行业的合作者。他一直留在但泽工作了35年还要多，估计都是从事琥珀行业。不过遗憾的是，他创作的作品尚存的不超过15件，只有少数一些有关其他售卖和委托的粗略文档被发现，但笼罩在毛赫尔身上的神秘色彩将会慢慢消散，当然仍还要进一步地探讨。

橱柜里的内藏物

在18世纪的首个十年，欧洲制作的琥珀家具的种类已经大大延伸，包含琥珀包皮的橱柜和写字台。这类家具的特征是木质的结构被严严实实地包上了一层琥珀小块。16世纪末和17世纪初的中国明朝家具也用到了琥珀，但在使用方式上与欧洲南辕北辙，琥珀块被嵌入了五彩斑斓的珍贵木质面板，同时使用的其他材料还有珍珠母、天青石、绿松石和象牙。这些材料并没有充当无名英雄，隐身在木质结构中，而是绕家具四周协调排布，使家具周身灵动、栩栩如生。打造这类家具需要工匠精通多种材料的加工技巧，而且代价高昂。有证据表明，在日本的奈良正仓院（Shōsō-in Repository）中的一些宝藏中也使用了类似的技术，这里收藏着与圣武天皇（Emperor Shōmu，701—756）和光明皇后（Empress Komyo，701—760）以及他们那个朝代有关的各种艺术品。历史上，日本那个时代的社会稳定、文明发达，属于比较辉煌的年代。青铜镜子和红色檀香木制的乐器也镶嵌了珍珠母和琥珀，充分证明了应用这种技艺的悠久历史（见图98）。

图 98　装饰着八个瓣的镜子，属于圣武天皇（724 ～ 749 年在位）的财产，在唐朝时期的中国制作，材质为青铜、珍珠母、头巾状的大贝壳、上漆的琥珀、玳瑁壳和嵌入了绿松石和天青石的黑色树脂

　　与欧洲包有外壳的最有名的橱柜相比，中国明代家具使用琥珀还是比较节省的。欧洲最知名的橱柜是一件送给"强者奥古斯图斯"（Augustus the Strong）的礼物，这件橱柜之所以不同凡响不仅仅是由于它自身，还在于橱柜里的种类繁多的内藏物，让你眼花缭乱，细数如下：琥珀针线盒、琥珀润发油和琥珀粉末罐、琥珀线筒和梭子、手镯、鼻烟盒、手杖柄、烟斗夯、棋类、纸牌，还有其他内含物品。一位年代史编者写道："艺术品鉴赏家认为这套橱

柜简直就是艺术上的奇迹，前无古人后无来者，内涵丰富，无与伦比，无疑是一件无价之宝。"[35] 在德累斯顿奥古斯图斯的行宫所在地，这套橱柜就摆放在征服宫（Zwinger）里，在征服宫，建有大量宏伟瑰丽、高矗巨桷的楼阁，楼阁之间由多座美术馆相连。1730 年的库存记录显示，这座专注于博物的宫殿还拥有两套大橱柜，撒克逊（Saxon）选帝侯的琥珀堆聚在橱柜里——当时最震撼的琥珀的现存虫珀集大成者。这些虫珀是由一位叫纳塔内尔·森德尔（Nathanael Sendel）的医生多年前辛辛苦苦收集起来的，他来自普鲁士的埃尔宾［Elbing，现在的埃尔布隆格（Elbląg）］。[36] 如同他的许多同胞一样，纳塔内尔·森德尔对天然宝石偏爱有加，但他走得更远，不辞辛苦赴野外现场探秘，用辛勤的笔头把宝石记录下来，赢得了人们的赞誉。奥古斯图斯把这位先生和他系统收集的宝藏一起召唤到德累斯顿，森德尔应奥古斯图斯的要求详细全面介绍了宝藏的情况。

现如今，森德尔所著的《琥珀的历史》（*Historia succinorum*，1742）就是他留下的全部遗产，因为发生在 19 世纪 40 年代的大火将他一生的心血全部化为灰烬。许多重要的虫珀藏品都终结于这场大火，数千件琥珀样本，无论是被毁、退化或者仅仅是因为疏于管理，就此永别于世，后世子孙再也无缘一饱眼福。有一小部分有责任心的私人收藏者赠送或者出售他们辛苦一生收集的藏品给公共收藏机构，这部分人通常都拥有深厚的科学素养，他们洞悉这些琥珀的重要性。古生物学家格奥尔格·卡尔·贝伦特（Georg Carl Berendt）从父亲那里继承了 1200 件琥珀样品，自己又设法搞到了 2400 多件，这样，他一共拥有了超过 4200 件琥珀样本。这些琥珀样品成为今天设在柏林的古生物收藏品中心的支柱（见图 49、图 99）。[37] 贝伦特的合作者海因里希·格珀特（Heinrich Göppert）是一位古植物学家，把他的首批琥珀藏品卖给了布雷斯劳［现波兰西南部城市弗罗茨瓦夫（Wrocław）的旧称］博物馆，随后又启动了后续的售卖，布雷斯劳市是他自己的故乡。[38] 不过，当其他藏品的主人们离世后，或者面临入不敷出的困境时，那些琥珀就会散落他处，不见了踪影，十之八九没人了解它们的最后命运。

图 99　西蒙琥珀收藏中心（Simon Amber Collection）的虫珀，保存在位于德国柏林的自然博物馆（Natural History Museum）

近年来，追踪琥珀的工作被摆上了非常重要的议事议程，尤其是与未受到监管的缅甸商业贸易有关的琥珀。一部分人考虑到，鉴于这部分贸易可能是非法的，因此无论这些材料被藏在哪里，其法律地位都是成疑的，不管是在私人手里还是在公共收藏机构。[39] 琥珀价格火箭式的上涨完全是精美绝伦的琥珀品种推动的，这显然意味着许多琥珀都流入了收藏者和中间商的手里，而旨在从事科学研究的收藏机构则与品质上乘的琥珀无缘。例如，一块含有小蛇骨骼的琥珀（见图 51 和图 52）就摆在购物中心的一家玩具店的僻静处的货架上，挤在其他货品之间，玩具店是由琥珀主人开办的。历史上的无数事实显示，琥珀要是留在私人的手里，对它的长久妥善保存就远远谈不上了，这种现实使科学家倍感棘手，他们认为科研工作包括"实现和验证假设"，未来的研究和对已有的推论进行确认对保证科学家研究工作的整体性至关重要。[40]

2020 年，人们就关于缅甸琥珀的未来展开了激烈的辩论。当涉及这个国家与化石样本有关的材料时，有些科研团体和学术期刊表达了谨慎的要求。化石材料的保存与它们主人的社会地位关联不大，但与这种材料的溯源关系密切。化石材料的法律地位并不明确，在缅甸，化石出口属于违法行为，而法律允许宝石的出口。克钦省冲突频发，战火纷飞，据说开采琥珀的收入是缅甸军方财政开支的一个渠道，收入的增加使冲突加剧，延宕冲突的时间。不公平和险情频现的工作现状也是十分突出的问题，工人竟然在通常是无家可归的人们所住的帐篷里加工琥珀。现在，许多杰出的科学家基于伦理角度，呼吁人们抵制缅甸琥珀贸易、获取琥珀和发布缅甸琥珀的研究报告，强调要高度重视科学的人道精神。科研领域要在充分占有信息的前提下作出决策，即对他们所用材料的来龙去脉要清清楚楚，并积极想方设法地帮助当地矿山的社区。当下，这些呼声在日益增加。不过，现在所面临的实际情况是研究虫珀的机会在减少，意味着人们探讨了解自然界演化史的机会逐渐丧失了，这种残酷的现实令人无比不安和焦虑。[41]

风光不再

缅甸的形势错综复杂，不但影响该地区的发展，而且还影响该地区以外研究人员获取信息。本书不止一次探究过缅甸的这种现实，而且纵观历史，还有很多插曲讲述着本地和全球围绕着琥珀而发生的恩恩怨怨。同样，琥珀知识的获取和文化的湮没也与过去没什么两样。

处于全球性探险的时代，在普鲁士描写琥珀的作者们也会同时对其他地区新发现的琥珀着迷，也会感到新琥珀对普鲁士琥珀的威胁。他们以极大的兴趣紧跟着探险的步伐，记录着新进展，常常设法寻找在琥珀新发现地区的样本。在欧洲 16 世纪和 17 世纪的文本中，"Amber"（琥珀）这个词被用来描述各种各样的黄色树脂物质，这些物质很少是真正化石化的，而化石化是当今关于琥珀定义的核心。欧洲人为了迫切地利用他们在全球侵略的成果，好像要把大部分在海外发现的黄色半透明物质统统称为"琥珀"。有一种被称为"印度琥珀”的材料在当时引发了热议。普鲁士的琥珀技工们既怕失去欧洲的垄断地位，又怕丢掉与被同时代的人称为“蛮荒之地”的贸易机会。这种贸易的大部分活动都转到了安特卫普，安特卫普与印度公司（Casa da Índia）的联系很多，印度公司是一家官方资助的贸易机构，与葡萄牙开展贸易，还与西班牙联系紧密。对伯利兹城（Belize）遗址上的挖掘得出了初步证据，即 16 世纪和 17 世纪通过殖民者进口的琥珀，在他们占领中美洲的初期深刻影响了当地原住民的材料文化，那些遗址可以追溯到后来的西班牙人与当地人发生联系（大概始于 1528 年）的时代。年轻逝者的坟墓里也发现了欧洲琥珀珠子，这说明赠予青少年琥珀珠子是旨在试图劝说他们放弃自己的信仰和传统，原因是“种族历史的证据表明传教的神父们将改变信仰的重点放在了孩子们身上”。[42]

葡萄牙人把“新世界”的琥珀带到欧洲的作用非常突出，从一件轶事就可见一斑。一个世纪以来，在普鲁士享有盛誉的戈贝尔家族（Göbel family）一直是这个地区首屈一指的琥珀艺术大师，靠的是与里斯本的热络联系才可获得“印度琥珀”。他们在 16 世纪 70 年代得到的每一件琥珀必须经过严格的检查，核心的问题就是它的可加工性。琥珀也能够被打制成本地工匠可以掌握的产品类型吗？他们注意到这特别困难，需要往琥珀块上洒水，防止发热和变黏。小戈贝尔觉得这说明琥珀是完全不同的某种材料，或许他认为是与芳香树脂和柯巴脂相似的某种物质。单词“copal”（柯巴脂）是从纳瓦特尔（Nahuatl）语表示熏香的词汇演变而来，指的是墨西哥南部的恰帕斯（Chiapas）出产的琥珀，当地原住民在仪式上烧烤这种琥珀，用来制作塞嘴和塞鼻子的东西，以及卷耳朵的物件（见图 100）。恰帕斯琥珀的形成年代大约在 2500 万年之前，这个地区应用琥珀已有千年历史。在对墨西哥奥尔梅克（Olmec）人的拉本塔（La Venta，北美古印第安人）遗址进行考古发掘时，科学家们发现的年代最久远的琥珀最少在距今 2700 年前制作完成。

安的列斯群岛（the Antilles）也发现了琥珀矿藏，最有名的是多米尼加共和国的琥珀。作为历史上非常出名的伊斯帕尼奥拉岛（Hispaniola），意大利航海家克里斯多弗·哥伦布（Christopher Columbus）于 1492 年登上了那座岛屿，

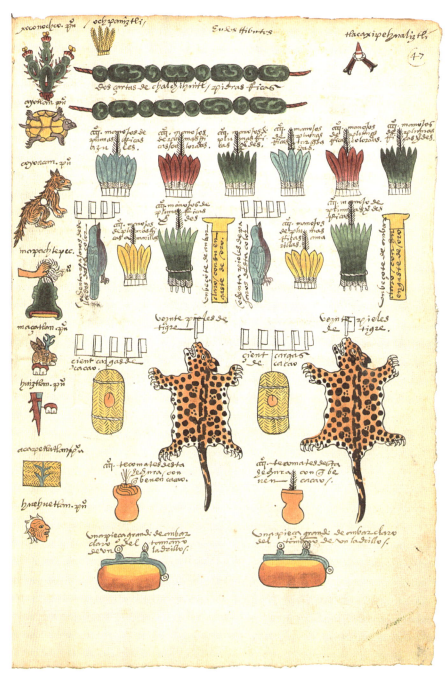

图 100　说明阿兹特克（Aztec）国王的盟邦城市上缴的税收专页，选自《门多萨法典》（*Codex Mendoza*，16th century），来自墨西哥

注：带有向外展开的顶盖的黄色圆柱体是琥珀塞子

218

据传说他用欧洲琥珀交换了一双当地泰诺（Taíno）人的鞋子，巧得很，这双鞋装饰着加勒比海的琥珀。据说当哥伦布 1496 年返航欧洲时，当地人也送给他琥珀的雕刻制品。[43] 当前，世界上最受欢迎的琥珀非多米尼加共和国出产的莫属。不过，直到 20 世纪中叶，多米尼加琥珀还鲜为人知。在这个世纪的大部分时间，多米尼加琥珀为了搭上久负盛名的波罗的海琥珀的顺风车，还冒名"波罗的海"琥珀在市场上出售。回过头来看，这的确有些愚蠢。后来情况发生了变化，当地通过的一部法律明确规定，只有本地开采的琥珀才被允许出口。多米尼加人民大梦初醒，对自己琥珀的认知和自豪感大幅提升，琥珀也声名远播。现在，我们都非常清楚，多米尼加琥珀至少是 3 种不同树脂中的任意一种，每种的生成年代各不相同，每种的植物起源可能也各不相同，完美地诠释了使用"琥珀"这个万能词包打天下的混乱局面。[44]

当下，芳香树脂和柯巴脂被认为是相似的物质，柯巴脂从还存活着的树上吸收了大量树脂，只有一部分变成化石了，芳香树脂是其中硬度最大的。现代芳香树脂产自桑给巴尔岛（Zanzibar）。但是在历史辞典中，芳香树脂源自"新西班牙"和"东方"。英国东印度公司（English East India）的商人们在莫桑比克（Mozambique）和马达加斯加（Madagascar）获得了琥珀。戈贝尔去世后的 200 年，德国的词典编纂家 J.H. 泽德勒（J. H. Zedler）记录到"印度琥珀"产于其他"东西印度群岛"，也就是说出自摩鹿加群岛（Moluccas）。[45] 他提供的参照物是罕见的超大琥珀块，重达 80 多千克，非常震撼，后来被运回阿姆斯特丹。

阿姆斯特丹琥珀可能就是达马树脂。早在 15 世纪，当时有记录记载人们烧这种琥珀以取暖和照明，制成珠子，用于上清漆。[46] 达马树脂与另一种长得很像琥珀的物质相似，新西兰北岛的毛利人（Māori）把这种物质称作 kāpia。Kāpia 又名贝壳杉树脂，在当地家喻户晓，妇孺皆知，传统上人们把它放在嘴里咀嚼，用在火把上或烧制成烟灰，用来做文身。直到 19 世纪中叶，贝壳杉树脂几乎可以在露天采收，但随着需求的不断增加，以当时的欧洲殖民者为主，砍伐了大量树木，开挖了更深处的矿藏。较大的琥珀块有时被保留下来，雕琢成高级首领及家庭成员的人物半身像（见图 101）。[47]

图 101　范妮·罗斯·波特（Fanny Rose Porter）[珀艾塔（Poata），又称朗吉·特·帕伊（Rangi Te Pai）王妃] 以及 Tamatere Tama-i-whakanehua-i-te-rangi 的雕像 [Ngāti Porou 的首领；又称塔马蒂·瓦卡（Tamati Waka）]，约 1905 年，材质为南方贝壳杉（Agathis australis）树脂

欧洲对于新世界树脂的兴趣并不在于要迫切寻找波罗的海琥珀的替代品，相反，欧洲人对于搞清楚松香的起源给予了特别的关注，这是一种通过加热新鲜树脂制成的物质；还要通过蒸馏树脂的方式，探讨松节油的形成方式，海军舰艇上使用这类松节油主要是为了堵缝和绳索的防水。18 世纪，达马树脂和柯巴脂，作为表面保护层其他类型的组成成分，如用在家具上的漆和亮光漆，起的作用也越来越大。这些物品在历史上也各有各的难处。当年利用非洲奴隶作为廉价劳动力，在美国东南部的海床汲取并收集树脂，现在基本上公认这种情况是破坏天然森林的罪魁祸首。在刚果，即当今的刚果民主共和国，柯巴脂是人工采收的，他们所采集的柯巴脂和柯巴脂所有的副产品与欧洲殖民者的暴行密不可分，也是展示欧洲种族和文化优越性的明证。

琥珀不再神秘

　　欧洲人对琥珀更深的了解以及深度介入树脂的获取是否与18世纪中期对波罗的海琥珀的去神秘化有关，关于这一问题，学者们莫衷一是，未有确切的结论。波罗的海琥珀所经受的最致命的重创或许是它自身神话的破灭。由于欧洲古文物的学者假定琥珀在某种程度上与树脂相关，瑞典博物学家林奈（Linnaeus）尽管也曾设法收集这方面的证据资料，但直到他撰著《自然系统》（Systema naturae，1735）时仍然无法获取结论性的证据。最终在1757年，圣彼得堡科学院（St Petersburg Academy）米哈伊尔·瓦西里耶维奇（Mikhail Vasilyevich）提供的一篇论文反而证明琥珀源自蔬菜。还有一种观点认为琥珀是硫酸与油质颗粒相互作用的结果，罗蒙诺索夫（Lomonosov）否认这个结论的正确性，因为没有任何化学家能够再次复制这个过程。他指出，与其他物质相比，琥珀独有的重力（其比重与水差不多）特征与松树树脂高度相似。很快，学界普遍接受了罗蒙诺索夫的观点，即琥珀是一种十分古老的、坚硬的树脂，不过琥珀的年龄究竟有多么古老还需假以时日。当然，我们现在已经了解到琥珀种类不同，其年代也各异。

　　历史上，琥珀本质上是树脂这个观点已达成共识，尽管它是一种远古的树脂。在这种观点与树脂在日常生活中轻易获得和广泛应用的特性的共同作用下，琥珀被拉下了圣坛，大大削弱了它作为一种奢侈材料的角色，琥珀在时尚潮流领域的作用大幅削弱。1742年，柯尼斯堡琥珀行会呼请国王应在外交国务活动中增加琥珀的使用量，"请求您的使节们和朝臣们多做宣传琥珀的工作，让世人更加关注我们的琥珀……让更多的人顺其自然地了解琥珀、喜爱琥珀"。[48]他们认为，自身的财政状况拮据，在贸易活动中无法购买足量的琥珀原料。官方很快颁布了法令，鉴于学徒工没有能力购买基本的琥珀原料，所以如果想成为琥珀帮办的话，用于资格考试所需的琥珀总量减半。正如本书在其他章节探讨的那样，琥珀行业历经风风雨雨，继续传承了下来，需要指出的是，这个行当服务了遍及世界各地无数的客户，满足了他们各种各样、稀奇古怪的需求。

放眼世界，中国清朝乾隆时代精心打制的琥珀工艺品，令人叹为观止，迅速成为人们喜爱的琥珀佳作，将琥珀的流行推向了高潮。尽管那时琥珀在欧洲风光不再，渐渐地走向下坡路，但在中国，琥珀作为奢侈品宠儿的地位却越来越牢固。琥珀的声誉日隆、备受青睐，甚至要用它制作如意（考虑到琥珀的脆弱性，这种想法完全不切实际）。在中国，如意相当于权杖——一种历史悠久的权威与政治权力的符号，在皇室仪式上使用，也是一种备受瞩目的赠礼。北京故宫博物院收藏的一件稀有琥珀如意可溯源至1770年，背部雕刻着内容。另外有一份文献记载，这件如意是崇庆皇太后的心爱之物。这件制品巧夺天工，长度超过35厘米，所需的琥珀原料一定是一块超大琥珀，也是对琥珀技师的技艺和琥珀知识的一次大考。同一批技师，许多在皇宫的工坊当差，精心设计、雕琢了壮美恢宏的山景（见图102），刻制了令人眼花缭乱的人物形象，直到今天依然使人着迷陶醉。

图 102　刻有人物和风景的中国清代（1644—1911）作品，材质为琥珀，放置在一个由木材制成的基座上。

结 论

本书尝试着探讨人类与琥珀接触至少 3000 年的历史，涉及除南极洲以外所有的世界大陆。作者跨越了相当长的时间框架，努力向读者呈现更加广阔的琥珀全景图。书中不可能顾及琥珀的所有细节，也无法完全掌控它的复杂性，特别因为"琥珀"这个词本身，无论是使用哪个国家或哪个民族的语言，都是各自历史和文化的一种灵活象征。到了现在，在一个地质年代和地理区位的宽广范围内，琥珀依旧续写着化石化树脂的历史。一部真正的跨国全球琥珀史仍然期待着人们的如椽巨笔来续写。

阐述天然资源的文化和博物学的诸多论著在本质上并不会作出对于这些材料前景的预测，想在这些书里找到答案并不容易。作者聚焦在这些材料的历史意义上面。尽管如此，作者的实际探险经历所展现的，对琥珀的历史性细究和拷问才刚刚开始。根据历史研究的艰难性，这显然是毋庸置疑的，尤其是考虑到琥珀原料和琥珀珠子在欧洲殖民主义和帝国主义发展过程所扮演的特殊角色，更是如此。阐述这些并不令人愉快的历史真相是确保琥珀业稳健发展的关键，研究琥珀对于今天和未来都具有不可低估的重大作用。

何为琥珀？这个问题既简单，又复杂，本书就是从这个看似简单的疑问切入。数百年来，当遇到琥珀时，人们就一直在叩问这个难题。今天，这个疑问的答案再平常不过，琥珀是一种化石化的树脂。随着琥珀身上的神秘色彩的消失，未来的研究很可能聚焦在琥珀究竟是什么？在哪里形成的？如何形成的？什么时间形成的？等等系列问题上。为了保证琥珀在经济上的可持续，无论它起源于何处，琥珀必须回应消费者不断变化的期望，这些消费者与历史上相比，对于环境保护的意识在不断增强。完全透明和具备伦理上的说服力的琥珀溯源是必备的前提。这必然意味着要采用更好的办法监督全球完整琥珀供应链。展望未来，消费者肯定也将关注矿工是否得到合理的报酬，是否在安全条件下工作，是否严禁未成年人采挖琥珀，开采矿山的土地是否通过合法渠道获得，土地利用是否兼顾到环保要求，做到可持续发展，这样他们才能求得心安理得。我们当前所处的这个时代，气候问题危机四伏，不受监管的琥珀矿开采简直就是一场环境灾难，导致恣意的砍伐森林、残酷的地表侵蚀、不可挽回的生物栖息地的丧失和令人扼腕的土地退化现象。

我们每一个人所做的每一件事都应对减缓气候变化作些贡献，琥珀也不例外。即使是最简单的消费策略都会奏效，比方说，喜爱琥珀珠宝的人们可能希望购买二手琥珀，或者利用环境友好的方法重新加工一些古董，他们也可能期望用于镶嵌的贵重金属的来源合理合法。现实情况是，鉴于人道主义方面的担忧，一部分杰出的古生物、昆虫学家会激烈地争辩并且公开反对"缅甸硬琥珀不应当纳入研究范围"这种思路。诚然，的确没有比上述事实更有说服力的证据，能发现琥珀新的潜力。他们担心，物质和信息的这种遗失，将会导致"在缅甸和世界其他地区科学研究的大倒退"。[49] 近一时期，琥珀行业出现了一些具有深远影响的重大发现，这些发现对已确立的科学事实造成了巨大挑战。我们所在的这个星球的未来面临着前所未有的严峻挑战。琥珀这个大自然时间藏宝器和关键信息的保管器，一方面承载着它自身演化的悠久历史，另一方面也必定能就未来人类和地球的发展前景向我们提供无比珍贵的洞见。

参考文献

一　琥珀的前世今生

1 M. C. Bandy and J. A. Bandy, trans., *Georgius Agricola: De natura fossilium (Textbook of Mineralogy)* (New York, 1955), p. 71; Giuliano Bonfante, 'The Word for Amber in Baltic, Latin, Germanic, and Greek', *Journal of Baltic Studies*, xvi/3 (1985), pp. 316–19; and Faya Causey, 'Anbar, Amber, Bernstein, Jantar, Karabe', in *Bernstein, Sigmar Polke, Amber*, exh. cat., Michael Werner Gallery (New York, 2007).

2 This chapter draws on: Andrew Ross, *Amber: The Natural Time Capsule*, 2nd edn (London, 2010); Norbert Vávra, 'The Chemistry of Amber – Facts, Findings and Opinions', *Ann. Naturhist. Mus. Wien*, cxi/a (2009), pp. 445–74; Jorge A. Santiago-Blay and Joseph B. Lambert, 'Amber's Botanical Origins Revealed', *American Scientist*, xcv/2 (2007), pp. 150–57; Jean H. Langenheim, *Plant Resins: Chemistry, Evolution, Ecology, Ethnobotany* (Portland, or, 2003); David A. Grimaldi, *Amber: Window to the Past* (New York, 1996); George Poinar and Roberta Poinar, *The Quest for Life in Amber* (Reading, ma, 1994); and Helen Fraquet, *Amber* (London, 1987).

3 George Poinar and Roberta Poinar, *The Amber Forest: A Reconstruction of a Vanished World* (Princeton, nj, 1999).

4 Alexander P. Wolfe et al., 'A New Proposal Concerning the Origin of Baltic Amber', *Proceedings of the Royal Society of London B: Biological Sciences*, cclxxvi (2009), pp. 3403–12. The seminal studies are: C. W. Beck, E. Wilbur and S. Meret, 'The Infrared Spectra of Amber and the Identification of Baltic Amber', *Archaeometry*, viii (1965), pp. 96–109; and C. W. Beck at al., 'Infra-Red Spectra and the Origin of Amber', *Nature*, cci (1964), pp. 256–7.

5 Vávra, 'The Chemistry of Amber'; F. Czechowski et al. 'Physicochemical Structural Characterisation of Amber Deposits in Poland', *Applied Geochemistry*, xi (1996), pp. 811–34.

6 These headlines are all taken from bbc News reports throughout 2016.

7 David Penney and David I. Green, *Fossils in Amber: Remarkable Snapshots of Prehistoric Fossil Life* (Manchester, 2011); David Penney, ed., *Biodiversity of Fossils in Amber from the*

Major World Deposits (Manchester, 2010).

8 For recent treatments of amber in Myanmar, see Paul M. Barrett and Zerina Johanson, 'Myanmar Amber Fossils: A Legal as Well as Ethical Quagmire', www.nature.com, 27 October 2020; Katharine Gammon, 'The Human Cost of Amber', www.theatlantic.com, 2 August 2019; and Joshua Sokol, 'Troubled Treasure', www.sciencemag.org, 23 May 2019. Media reports and other sources are excellently summarized in 'Ethics, Science and Conflict in the Amber Mines', a special edition of the *Journal of Applied Ethical Mining of Natural Resources and Paleontology (pmf Journal)*, i (2020).

9 Poinar and Poinar, *The Amber Forest.*

10 Leyla J. Seyfullah et al., 'Production and Preservation of Resins – Past and Present', *Biological Reviews*, lxxxiii (2018), pp. 1684–714.

11 Nicolai Kornilowitch, 'Has the Structure of Striated Muscle of Insects in Amber Been Preserved?' (in Russian), *Prot. Obschchestva estestro pri Itper. Yurev Univ.*, xiii (1903), pp. 198–206; George Poinar and Roberta Hess, 'Ultrastructure of 40-Million-Year-Old Insect Tissue', *Science*, ccxv/4537 (1982), pp. 1241–2.

12 R. de Salle and D. Flamingo Lindley, *The Science of Jurassic Park and the Lost World; or, How to Build a Dinosaur* (London, 1998).

13 George Poinar and Roberta Poinar, *What Bugged the Dinosaurs? Insects, Disease and Death in the Cretaceous* (Princeton, nj, 2009); Joseph Stromberg, 'A Fossilized Blood-Engorged Mosquito Is Found for the First Time Ever', www.smithsonianmag.com, 14 October 1999.

14 John Pickrell, 'Tick That Fed on Dinosaurs Trapped in Amber', www. nationalgeographic.com, 12 December 2017.

15 George Poinar, Hendrik N. Poinar and Raul J. Cano, 'dna from Amber Inclusions', in *Ancient dna*, ed. H. Hermann and B. Hummel (New York, 1994), pp. 92–103.

16 Lida Xing, Ryan McKellar and Jingmai O'Connor, 'An Unusually Large Bird Wing in Mid-Cretaceous Burmese Amber', *Cretaceous Research*, cx/104412 (2020), with bibliography regarding previous finds.

17 J. Fischman, 'Have 25-Million-Year-Old Bacteria Returned to Life?', *Science*, cclxviii/5213 (1995) p. 977.

18 Ludovico Moscardo, *Note overo Memorie del museo del Lodovico Moscardo*, 2nd edn (Venice, 1672), p. 132; Pietro Andrea Matthioli, trans., *Il Dioscoride dell'eccellente dottor medico m. P. Andrea Matthioli da Siena con li suoi discorsi*, 3rd edn (Venice, 1550), p. 143. My translation.

19 H. R. Göppert, *Die Flora des Bernsteins und ihre Beziehungen zur Flora der Tertiärformation und der Gegenwart* (Danzig, 1883).

20 Berthold Laufer, *Historical Jottings on Amber in Asia: Memoirs of the American Anthological Association* (Lancaster, pa, 1907), vol. i, part 3, pp. 243–4, 218–20.

21 Berlin, Geheimes Staatsarchiv Preußischer Kulturbesitz, xx Hauptabteilung, Etatsministerium 16a 5, 'Abhandlung von Gregor Duncker über den Ursprung des Bernsteins als Arznei' (Treatise by Gregor Duncker on the Beginnings of Amber as a Medicine, *c.* 1538).

22 Bandy and Bandy, *De natura fossilium*, pp. 63, 71–2.

23 Andreas Aurifaber, *Succini Historia. Ein kurtzer: gründlicher Bericht woher der Agtstein oder Börnstein ursprünglich komme* (Königsberg, 1551), unpaginated.

24 'Promiscuous Inquiries, Chiefly about Cold, Formerly Sent and Recommended to Monsieur Hevelius; Together with His Answer Return'd to Some of Them', *Philosophical Transactions*, i (1665/6), pp. 344–52.

25 Karl Andrée, *Der Bernstein und seine Bedeutung in Natur- und Geisteswissenschaften, Kunst und Kunstgewerbe, Technik, Industrie und Handel* (Königsberg, 1937), p. 24. My translation.

26 Hugo Conwentz, *Monographie der baltischen Bernsteinbäume* (Danzig, 1890).

27 Jean H. Langenheim, *Plant Resins, Chemistry, Evolution, Ecology, and Ethnobotany* (Portland, or, 2003), p. 165.

28 Seyfullah et al., 'Production and Preservation of Resins'.

二　传说与神话

1 D. E. Eichholz, trans., *Pliny: Natural History*, Loeb Classical Library (London and Cambridge, ma, 1962), vol. x, bk xxxvii, chap. xi–xii.

2 C. H. Oldfather, trans., *Diodorus of Sicily* (London, 1979), vol. iii, bk v, l. 23. See also S. Dopp, 'Die Tränen von Phaethons Schwestern wurden zu Bernstein: Der Phaethon-Mythos in Ovid's "Metamorphosen", in *Bernstein. Tränen der Götter*, ed. M. Ganzelewski and R. Slotta, exh. cat., Deutsches Bergbau-Museum (Bochum, 1996), pp. 1–10.

3 Charles Martin, trans., *Ovid: Metamorphoses* (New York and London, 2005), p. 65, l. 493.

4 Berthold Laufer, 'Historical Jottings on Amber in Asia', in *Memoirs of the American Anthropological Association* (Lancaster, pa, 1907), vol. i, part 3, pp. 243–4, p. 217.

5 Dennis Looney, 'Ferrarese Studies', in *Phaethon's Children: The Este Court and Its Culture in Early Modern Ferrara*, ed. Dennis Looney and Deanna Shemek (Tempe, az, 2002), pp. 1–24, here p. 1.

6 Christoforo Landino, Alessandro Vellutello and Francesco Sansovino, *Dante*, 2nd edn (Venice 1696), Canto xvii, ff. 94r–5v. My translation.

7 Jane Davidson Reid, *The Oxford Guide to Classical Mythology in the Arts, 1300–1990s* (Oxford, 1993), pp. 888–92.

8 Louis Deroy and Robert Halleux, 'À propos du grec ἤλεκτρον "ambre et "or blanc', *Glotta*,

lii/1.2 (1974), pp. 36–52.

9 Elisabetta Landi, 'Le Eliadi dal mito all'iconografia', in *Le lacrime delle ninfe. Tesori d'ambra nei musei dell'Emilia-Romagna*, ed. Beatrice Orsini (Bologna, 2010), pp. 37–54, here p. 45.

10 Antje Kosegarten, 'Eine Kleinplastik aus Bernstein von François du Quesnoy', *Pantheon*, xxi (1963), pp. 101–8.

11 Sophocles and Strabo cited in Eichholz, trans., *Pliny: Natural History*, vol. x, bk xxxvii, chap. xi, ll. 40–41.

12 Corinne Mandel, 'Santi di Tito's Creation of Amber in Francesco i's Scrittoio: A Swan Song for Lucrezia de' Medici', *Sixteenth Century Journal*, xxxi (2000), pp. 719–52.

13 On the presentation of amber in museums in Lithuania and its role in defining Lithuanian culture, see Eglė Rindzevičiūtė, 'Soviet Lithuanians, Amber and the "New Balts', *Culture Unbound: Journal of Current Cultural Research*, ii (2010), pp. 665–94.

14 Martin Zeiller, *Topographia electorat. Brandenburgici et ducatus Pomerani* (Topography of the Electorship of Brandenburg and the Duchy of Pomerania) (Frankfurt am Main, 1652), pp. 5, 16, 43.

15 John Evelyn, *Sylva; or, A Discourse of Forest-Trees, and the Propagation of Timber in His Majesties [sic] Dominions* (London, 1664), p. 37.

16 Eichholz, trans., *Pliny: Natural History*, vol. x, bk xxxvii, chap. xi, l. 44.

17 Gaius Iulius Solinus, *Delle cose maravigliose del mondo* (Venice, 1559), p. 118. My translation.

18 M. C. Bandy and J. A. Bandy, trans., *Georgius Agricola: De natura fossilium (Textbook of Mineralogy)* (New York, 1955), p. 71.

19 D. E. Eichholz, trans., *Theophrastus: De lapidibus* (Oxford, 1965), chap. v, ll. 28–32; D. E. Eichholz, 'Some Mineralogical Problems in Theophrastus' *De Lapidibus*', *Classical Quarterly*, ns xvii/1 (1967), pp. 103–9.

20 John Hill, trans., *Theophrastus's History of Stones* (London, 1746), pp. 74–5.

21 Ludovico Moscardo, *Note overo Memorie del museo del Lodovico Moscardo*, 2nd edn (Venice, 1672), p. 132. My translation.

22 Quoted in Lynn Thorndike, *A History of Magic and Experimental Science* (New York, 1941), p. 455.

23 Alan Cook, 'A Roman Correspondence: George Ent and Cassiano dal Pozzo, 1637–55', *Notes and Records of the Royal Society*, lix/1 (2005), pp. 5–23, doc. 6, dated 5 November 1639.

24 Pietro Carrera, *Delle memorie historiche della città di Catania* (Catania, 1639), vol. i, pp. 512–13. My translation.

25 Paolo Boccone, *Museo di fisica e di esperienze* (Venice, 1697), p. 35. My translation.

26 Mercedes Murillo-Barroso et al., 'Amber in Prehistoric Iberia: New Data and a Review', *plos one*, xiii/8 (2018), pp. 1–36; C. W. Beck, Edith C. Stout and Karen M. Wovkulich, 'The Chemistry of Sicilian Amber', in *Amber in Archaeology: Proceedings of the Fourth*

International Conference on Amber in Archaeology, Talsi, 2001, ed. C. W. Beck, Ilze B. Loze and Joan M. Todd (Riga, 2003), pp. 17–33.

27 W. A. Buffum, *The Tears of the Heliades; or, Amber as a Gem* (London, 1896), p. 21.

28 Oldfather, *Diodorus of Sicily*, vol. iii, bk v, l. 23.

29 Helen Fraquet, *Amber* (London, 1987), pp. 102–9.

30 Antonio di Paolo Masini, *Bologna perlustrata* (Bologna, 1650), p. 180; Giovanni Ignazio Molina, *Memorie di storia naturale* (Bologna, 1821), pp. 88–9 on this amber.

31 Examples from Boccone, *Museo*, pp. 33–4.

32 Discussed by Buffum, *The Tears of the Heliades*, pp. 96–100.

三　祖先与琥珀

1 Randall White and Christian Normand, 'Early and Archaic Aurignacian Personal Ornaments from Isturitz Cave: Technological and Regional Perspectives', in *Aurignacian Genius: Art, Technology and Society of the First Modern Humans in Europe, Proceedings of the International Symposium, 8–10 April 2013*, ed. R. White and R. Bourrillon (New York, 2015), pp. 138–64.

2 Mercedes Murillo-Barroso et al., 'Amber in Prehistoric Iberia: New Data and a Review', *plos one*, xiii/8 (2018), pp. 1–36.

3 Roger Jacobi, 'The Late Upper Palaeolithic Lithic Collection from Gough's Cave, Cheddar, Somerset and Human Use of the Cave', *Proceedings of the Prehistoric Society*, lxx (2004), pp. 1–92; see the exhibition 'A Baltic Gem', February 2013–March 2014, Creswell Crags Museum (discussed by S. Jackson, 'A Baltic Gem Explores the Mystery of an Amber Pebble at Creswell Crags', www.culture24.org.uk, 19 November 2013); Nicky Milner et al., 'A Unique Engraved Shale Pendant from the Site of Star Carr: The Oldest Mesolithic Art in Britain', *Internet Archaeology*, xl (2015), at www.intarch.ac.uk.

4 C. W. Beck and Stephen Shennan, *Amber in Prehistoric Britain* (Oxford, 1991); Stephen Shennan, 'Amber and Its Value in the British Bronze Age', in *Amber in Archaeology: Proceedings of the Second International Conference on Amber in Archaeology, Liblice, 1990*, ed. C. W. Beck, Jan Bouzek and Dagmar Dreslerová (Prague, 1993), pp. 59–66.

5 Helle Vandkilde, 'A Review of the Early Late Neolithic Period in Denmark: Practice, Identity and Connectivity', *Offa-Journal*, lxi/lxii (2004/5), pp. 75–109; Lasse Sørensen, *From Hunter to Farmer in Northern Europe: Migration and Adaptation during the Neolithic and Bronze Age* (Oxford, 2014).

6 Marius Iršėnas, 'Stone Age Amber Figurines from the Baltic Area', *Acta Academiae Artium Vilnensis*, xxii (2001), pp. 77–85; 'Elk Figurines in the Stone Age Art of the Baltic Area', *Acta*

Academiae Artium Vilnensis, xx (2000), pp. 93–105.

7 Stephen Veil et al., 'A 14,000-Year-Old Amber Elk and the Origins of Northern European Art', *Antiquity*, lxxxiii/333 (2012), pp. 660–73.

8 Ilona R. Bausch, 'The Materiality and Social Value of Amber Objects during the Middle Jomon in Japan', *Analecta Praehistorica Leidensia*, xliii/44 (2012), pp. 221–34.

9 Mike Reich and Joachim Reitner, *Aus der Königsberger Bernsteinsammlung 'Schwartzorter Funde'* (Göttingen, 2014).

10 J.-H. Bunnefeld and Lutz Martin, 'Von der Ostsee nach Assur – Zum Bernsteinaustauch im frühen 2. Jt. v. Chr.', in *Die Welt der Himmelscheibe von Nebra – Neue Horizonte,* ed. H. Meller and M. Schefzik (Halle, 2020), pp. 161–3.

11 Anna J. Mukerjee et al., 'The Qatna Lion: Scientific Confirmation of Baltic Amber in Late Bronze Age Syria', *Antiquity*, lxxxii (2008), pp. 49–59.

12 Christoph Bachhuber, 'Aegean Interest on the Uluburun Ship', *American Journal of Archaeology*, cx/3 (2006), pp. 345–63.

13 Sørensen, *From Hunter to Farmer*, pp. 242, 248.

14 A. T. Murray, trans., *Homer: The Odyssey* (Cambridge, ma, and London, 1919), bk xviii, l. 295.

15 Joseph Maran, 'Bright as the Sun: The Appropriation of Amber Objects in Mycenaean Greece', in *Mobility, Meaning and the Transformations of Things*, ed. Hans Peter Hahn and Hadas Weiss (Oxford and Oakville, ct, 2013), pp. 147–69. See also the special edition 'Studies in Baltic Amber', *Journal of Baltic Studies*, xvi/3 (1985).

16 A. T. Olmstead, 'Amber Statuette of Ashur-nasir-apal King of Assyria (885–860 b.c.)', *Bulletin of the Museum of Fine Arts*, xxxvi/218 (1938), pp. 78–83; Oscar White Muscarella, *The Lie Became Great: The Forgery of Ancient Near Eastern Cultures* (Groningen, 2000), pp. 177–8; M. Heltzer, 'On the Origin of Near Eastern Archaeological Amber', in *Languages and Cultures in Contact: At the Crossroads of Civilizations in the Syro- Mesopotamian Realm. Proceedings of the 42nd rai 1995*, ed. Karel van Lerberghe (Leuven, 1999), pp. 169–76.

17 On this amber, see C. W. Beck, Gretchen C. Southard and Audrey B. Adams, 'Analysis and Provenience of Minoan and Mycenaean Amber, ii. Tyrins', *Greek, Roman and Byzantine Studies*, ix (1968), pp. 5–19.

18 Harry Carter, trans., *The Histories of Herodotus of Helicarnassus* (London, 1962), bk iv, ll. 33–5.

19 Pliny citing the opinion of Nicias: see D. E. Eichholz, trans., *Pliny: Natural History*, Loeb Classical Library (London and Cambridge, ma, 1962), vol. x, bk xxxvii, chap. xi, l. 36.

20 Andrew Ross and Alison Sheridan, *Amazing Amber* (Edinburgh, 2013) pp. 23–30.

21 Paul Ashbee, 'The Bronze Age Gold, Amber and Shale Cups from Southern England and the European Mainland: A Review Article', *Archaeologia Cantiana*, cxxviii (2008), pp. 249–69.

22 Two accessible and excellent surveys are Faya Causey, *Amber and the Ancient World* (Los Angeles, ca, 2012); and Faya Causey, *Ancient Carved Ambers in the J. Paul Getty Museum* (Los Angeles, ca, 2012).

23 Cecile Brøns, 'Dress and Identity in Iron Age Italy: Fibulas as Indicators of Age and Biological Sex, and the Identification of Dress and Garments', *Babesch*, lxxxvii (2012), pp. 45–68, here p. 56.

24 Dirk Krausse and Nicole Ebinger, 'Die Keltenfürstin von Herbertingen. Entdeckung, Bergung und wissenschaftliche Bedeutung des neuen hallstattzeitlichen Prunkgrabs von der Heuneburg', *Denkmalpflege in Baden-Württemberg*, iv (2001), pp. 202–7.

25 Carter, trans., *The Histories*, bk iii, l. 115.

26 Quoted in Jules Oppert, *L'ambre jaune chez les Assyriens* (Paris, 1880).

27 Eichholz, trans., *Pliny: Natural History*, vol. x, bk xxxvii, chap. xi, l. 35.

28 P. L. Cellarosi et al., eds, *The Amber Roads: The Ancient Cultural and Commercial Communication between the Peoples. Proceedings of the 1st International Conference on Ancient Roads, San Marini, 3–4 April 2014* (Rome, 2016); Harry Fokkens and Anthony Harding, *The Oxford Handbook of the European Bronze Age* (Oxford, 2013).

29 See www.betty-bernstein.at.

30 Xiaodong Xu, *Zhongguo gu dai hu po yi shu/Chinese Ancient Amber Art* (Beijing, 2011), p. 36.

31 Ibid.

32 Ibid., p. 37; Berthold Laufer, *Historical Jottings on Amber in Asia: Memoirs of the American Anthological Association* (Lancaster, pa, 1907), vol. i, part 3, pp. 243–4, 234.

33 Xiaodong Xu, *Chinese Ancient Amber Art*, p. 38: Dian Chen et al., 'Baltic Amber or Burmese Amber: ftir Studies on Amber Artifacts of Eastern Han Dynasty Unearthed from Nanyang', *Spectrochimica Acta Part A: Molecular and Biomolecular Spectroscopy*, ccxxii (2019), pp. 1–5; Jenny F. So, 'Scented Trails: Amber as Aromatic in Medieval China', *Journal of the Royal Asiatic Society*, xxiii/1 (2013), pp. 85–101; Filippo Salviati and Myrna Myers, *The Language of Adornment: Chinese Ornaments of Jade, Crystal, Amber and Glass. From the Neolithic Period to the Qing Dynasty* (Paris, 2002).

34 Xiaodong Xu, *Chinese Ancient Amber Art*, p. 40.

35 'Rare Amber Found in Han Dynasty's Tomb', www.chinadaily.com, 15 December 2015; the other examples given here are from So, 'Scented Trails'.

36 Xiaodong Xu, *Chinese Ancient Amber Art*, p. 46.

37 Eichholz, trans., *Pliny: Natural History*, vol. x, bk xxxvii, chs xi–xii.

38 G. G. Ramsay, *The Satires of Juvenal and Persius* (London, 1918), Satire xiv.

39 J. B. Rives, trans., *Tacitus: Germania* (Oxford and New York, 1999), chap. xlv, l. 4.

40 Maria Carina Calvi, *Aquileia. Le amber romane* (Aquileia, 2005); Maria Luisa Nava and Antonio Salerno, eds, *Ambre. Trasparenze dall'antico*, exh. cat., Museo archaeologico nazionale, Naples (Milan, 2007).

41 Audronė Bliujienė, *Northern Gold: Amber in Lithuania (c. 100 to c. 1200)* (Leiden, 2011); Florin Curta, 'The Amber Trail in Early Medieval Eastern Europe', in *Paradigms and Methods in Early Medieval Studies*, ed. Felice Lifshitz and Celia Chazelle (New York, 2007), pp. 61–79.

42 T. Hodgkin, *The Letters of Cassiodorus: Being a Condensed Translation of the ' Variae Epistolae'* (London, 1886), pp. 265–6.

43 Mette Langbroek, 'All That Is Gold Does Not Glitter: A Study on the Merovingian Use and Exchange of Amber in the Benelux and the German Lower Rhine Area', ma thesis, University of Leiden, 2016.

44 Sue Harrington and Martin Welch, *The Early Anglo-Saxon Kingdoms of Southern Britain, ad 450–650* (Oxford, 2014), pp. 155, 157, 158.

45 Xiaodong Xu, *Chinese Ancient Amber Art*, p. 49.

46 Bonnie Cheng, 'Fashioning a Political Body: The Tomb of a Rouran Princess', *Archives of Asian Art*, lvii (2007), pp. 23–49.

47 Xiaodong Xu, *Chinese Ancient Amber Art*, p. 53.

48 Ibid., Chapter Three.

49 For the most recent bibliography on amber in Lebanon, see Sibelle Maksoud, Khaled Taleb and Dany Azar, 'Four New Lower Barremian Amber Outcrops from Northern Lebanon', *Palaeoentomology*, ii/4 (2019), pp. 333–9.

50 Julie Scott Meisami, *Medieval Persian Court Poetry* (Princeton, nj, 1987), pp. 82–3 and p. 99 n. 31.

51 Coleman Barks, 'After Being in Love, the Next Responsibility', in Jelaluddin Rumi, *The Rumi Collection* (Boston, ma, and London, 2005), p. 154; and Nevit Ergin with Camille Helminski, 'Rebab and Ney', ibid., p. 160.

52 Laufer, *Historical Jottings*, p. 240.

53 O. Zelentsova, I. Kuzina and S. Milovanov, 'Amber Trade in Medieval Rus: The Current State and Prospects for Research', in *The International Amber Researcher Symposium. Amber. Deposits – Collections – The Market*, ed. B. Kosmowska-Ceranowicz, Wiesław Gierłowski and Elżbieta Sontag (Gdańsk, 2013), pp. 79–80.

54 Xiaodong Xu, *Chinese Ancient Amber*, Chapters Three and Four on Liao ambers.

55 Niamh Whitfield, 'Hunterston/Tara Type Brooches Reconsidered', in *Making Histories: Proceedings of the Sixth International Conference of Insular Art, York 2011*, ed. Jane Hawkes (Donnington, 2013), pp. 145–61.

56 Bente Magnus, 'The Importance of Amber in the Viking Period in the Nordic Countries', in *Amber in Archaeology: Proceedings of the Fourth International Conference on Amber in*

Archaeology, Talsi, 2001, ed. C. W. Beck, Ilze B. Loze and Joan M. Todd (Riga, 2003), pp. 126–38.

四　琥珀的发现

1 D. E. Eichholz, trans., *Pliny: Natural History*, Loeb Classical Library (London and Cambridge, ma, 1962), vol. x, bk xxxvii, chap. xi, l. 42.

2 J. B. Rives, trans., *Tacitus: Germania* (Oxford and New York, 1999), chap. xlv, l. 4.

3 G.A.L. Johnson and D. L. Schofield, 'The F. A. Paneth Collection of East Prussian Amber', *Geological Curator*, v/6 (1991, for 1988), pp. 219–24, here p. 219.

4 D. Wyckoff, trans., *Albertus Magnus: Book of Minerals* (Oxford, 1967), p. 121. Etymological dictionaries place the earliest use of the medieval Latin *ambrum* and its Italian vernacular derivation *ambro* or *ambra* in the late 1200s.

5 Lothar Dralle, 'Der Bernsteinhandel des Deutschen Ordens in Preußen, vornehmlich zu Beginn des 16. Jahrhunderts', *Hansische Geschichtsblätter*, xcix (1981), pp. 61–72.

6 'Simonis Grunovii, Monachi Ordinis Praedicatorum Tolkemitani Chronici', in P. J. Hartmann, *Succini Prussici physica et civilis historia* (Frankfurt, 1677), pp. 154–64. My translation.

7 Purportedly an original account of a witchcraft trial found by a pastor among rubbish in his church. Translated into English, Oscar Wilde claimed it as one of his favourite stories, and it was set to music by William Vincent Wallace (1861). Retranslated by socialite Lady Duff Gordon and sumptuously illustrated by Philip Burne-Jones, the tale was a Victorian bestseller.

8 Edward Rosen, trans., *Three Copernican Treatises: The Commentariolus of Copernicus, the Letter against Werner, the Narratio Prima of Rheticus*, 3rd edn (New York, 1971), p. 189.

9 Simon Grunau, 'Preußische Chronik', in *Die preußischen Geschichtsschreiber des 16. und 17. Jahrhunderts*, ed. Max Perlbach, R. Philippi and P. Wagner (Leipzig, 1896), vol. i.3, pp. 49–54. My translation.

10 M. C. Bandy and J. A. Bandy, trans., *Georgius Agricola: De natura fossilium (Textbook of Mineralogy)* (New York, 1955), pp. 74–6.

11 Andreas Aurifaber, *Succini historia. Ein kurtzer: gründlicher Bericht woher der Agtstein oder Börnstein ursprünglich komme* (Königsberg, 1551), unpaginated.

12 Suggested distances from Wilhelm Runge, *Der Bernstein in Ostpreussen. Zwei Vorträge, Sammlung gemeinverständlicher wissenschaftlicher Vorträge* (Berlin, 1868), p. 9.

13 Darren Boyle, 'Amber Galore! Modern-Day Gold Rush on Russian Coastline as Fossilized Tree Resin Washes Up on the Shore', www.dailymail.co.uk, 13 January 2015.

14 Berlin, gstapk, xx ha, Etatsministerium 16a 6 [Schriftwechsel mit den Bernsteinmeistern Hans

Fuchs und Siegmund Fuchs über Betrieb des Bernsteinwesens (1543–71)], 3r.

15 Severin Göbel, *Historj vnd Eigendtlicher bericht von herkommen ursprung und vielfeltigen brauch des Börnsteins* (Königsberg, 1566), unpaginated. My translation.

16 Berlin, gstapk, xx ha, Etatsministerium 16a 15 [Bernstein- und Strandordnungen (1625–96)], ff. 90r–v; Berlin, gstapk, xx ha, Etatsministerium 16a 23 (Verzeichnis von Bernsteinsorten). My translation.

17 'List of Open Selling Prices of Amber Production of jsc Kaliningrad Amber Factory', *Baltic Jewellery News*, xxxviii (March 2020), p. 114.

18 Karl Gottfried Hagen, 'Geschichte der Verwaltung des Börnsteins in Preußen . . . Von der Zeit des Ordens bis zur Regierung König Friedrich i', *Beiträge zur Kunde Preussens*, vi/1 (1824), pp. 1–41; Wilhelm Tesdorpf, *Gewinnung, Verarbeitung und Handel des Bernsteins in Preußen von der Ordenszeit bis zur Gegenwart* (Jena, 1887).

19 Karl Heinz Burmeister, 'Georg Joachim Rheticus as a Geographer and His Contribution to the First Map of Prussia', *Imago Mundi*, xxiii (1969), pp. 73–6.

20 Rosen, trans., *Three Copernican Treatises*, p. 189.

21 Yulia Varyga, 'Kaliningrad Scientist Presents Initiatives in the Field of Interdisciplinary Amber Education', *Baltic Jewellery News*, xxxiv (March 2018), pp. 38–9.

22 Michael J. Czajkowski, 'Amber from the Baltic', *Mercian Geologist*, xvii/2 (2009), pp. 86–92, here p. 90.

23 Aurifaber, *Succini historia*, unpaginated; Caspar Schütz, *Historia rerum Prussicarum: Wahrhaffte und eigentliche Beschreibung der Lande Preussen* (Leipzig, 1599), p. 50.

24 Karl Gottfried Hagen, 'Geschichte der Börnsteingräbereien in Ostpreussen und besonders der auf bergmännische Art veranstalteten', *Beiträge zur Kunde Preussens*, vi/3 (1824), pp. 200–227, here p. 201.

25 Katharine Gammon, 'The Human Cost of Amber', www.theatlantic.com, 2 August 2019.

26 Capt. R. Boileau Pemberton, 'Abstract of the Journal of a Route Travelled by Capt. S. F. Hannay of the 40th Regiment Native Infantry, from the Capital of Ava to the Amber Mines of the Húkong Valley on the South-East Frontier of Assam', *Journal of the Asiatic Society of Bengal* (1837). Available in the 1873 version online at www.soas.ac.uk.

27 Ibid.

28 William Griffith, *Journals of Travels in Assam, Burma, Bhootan, Afghanistan and the Neighbouring Countries* [London (?), 1847], p. 77.

29 Anna Małka, 'Dawne kopalnie i metody eksploatacji złoża bursztynu bałtyckiego', *Biuletyn Państwowego Instytutu Geologicznego*, cdxxxix (2010), pp. 491–506; Rainer Slotta, 'Die Bernsteingewinnung im Samland (Ostpreußen) bis 1945', in *Bernstein. Tränen der Götter*, ed. M. Ganzelewski and R. Slotta, exh. cat., Deutsches Bergbau-Museum (Bochum, 1996), pp.

169–214.

30 Known as 'blue earth' and first identified by Ernst Gustav Zaddach, 'Das Tertiärgebirge Samlands', *Schriften der Physicalisch-Ökonomische Gesellschaft* (1867), vol. viii.

31 Ulf Erichson, ed., *Die Staatliche Bernstein-Manufaktur Königsberg: 1926–1945* (Ribnitz-Damgarten, 1998).

32 'The Kaliningrad Amber Combine Has Changed Vector of Development', *Baltic Jewellery News*, xxxiv (March 2018), pp. 40–41.

33 T. S. Volchetskaya, H. M. Malevski and N. A. Rener, 'The Amber Industry: Development, Challenges and Combating Amber Trafficking in the Baltic Region', *Baltic Region*, ix/4 (2017), pp. 87–96.

34 Danis Kazansky, 'How Ministry of Internal Affairs Protects Illegal Amber Digging near Olevsk', *Baltic Jewellery News*, xxxiv (March 2018), pp. 8–11; 'From Ukraine with Love', *Baltic Jewellery News*, xxxiv (March 2018), pp. 14–15; 'The Underground Economy of Amber: A Destabilizing Threat to Ukraine', *Baltic Jewellery News*, xxxviii (March 2020), pp. 10–11.

35 'The Ministry of Environment Urges Bigger Penalties for Illegal Amber Mining', *Baltic Jewellery News*, xxxiv (March 2018), pp. 18–19.

五　琥珀的生成及赝品

1 C. P. Odriozola et al., 'Amber Imitation? Two Unusual Cases of Pinus Resin-Coated Beads in Iberian Late Prehistory (3rd and 2nd millennia bc)', *plos one*, xiv/5 (2019), unpaginated.

2 Berthold Laufer, *Historical Jottings on Amber in Asia: Memoirs of the American Anthropological Association* (Lancaster, pa, 1907), vol. i, part 3, pp. 243–4.

3 Bianca Silvia Tosatti, ed., *Il manoscritto veneziano: un manuale di pittura e altre arti – miniatura, incisione, vetri, vetrate e ceramiche – di medicina, farmacopea e alchimia del Quattrocento* (Cassina de'Pechi, 1991).

4 Adapted from the translation provided in Eugenio Ragazzi, 'Historical Amber/How to Make Amber', www.ambericawest.com, accessed 19 September 2021.

5 Ladislao Reti, 'Le arti chimiche di Leonardo da Vinci', *La chimica e l'industria*, xxxiv (1952), pp. 655–721.

6 D. E. Eichholz, trans., *Pliny: Natural History*, Loeb Classical Library (London and Cambridge, ma, 1962), vol. x, bk xxxvii, chap. xii, l. 47.

7 *Vocabolario degli Accademici della Crusca*, 5th edn (Venice, 1741), p. 113. My translation.

8 Andreas Aurifaber, *Succini historia. Ein kurtzer: gründlicher Bericht woher der Agtstein oder Börnstein ursprünglich komme* (Königsberg, 1551), unpaginated. My translation.

9 Johannes Kentmann, 'Nomenclaturae rerum fossilium, que in Misnia praecpue, & in alijs quoque regionibus inveniunter', in *De omni rerum fossilium genere, gemmis, lapidibus, metallis et huiusmodi*, ed. Conrad Gessner (Zurich, 1565), 22r–24r. My translation.

10 Nathanael Sendel, *Historia succinorum corpora aliena involvientum et naturae opere pictorum et caelatorum* (Leipzig, 1742).

11 Laufer, *Historical Jottings*, p. 221.

12 Xiaodong Xu, *Zhongguo gu dai hu po yi shu/Chinese Ancient Amber Art* (Beijing, 2011), p. 6.

13 Laufer, *Historical Jottings*, p. 219.

14 Ibid., p. 242.

15 This English translation is from Johann Jacob Wecker, *Eighteen Books of the Secrets of Art and Nature* (London, 1660), p. 233.

16 Laufer, *Historical Jottings*, p. 218.

17 'Refashioning the Renaissance Team, Imitation Amber and Imitation Leopard Fur', www.aalto. fi, accessed 19 September 2021; Sophie Pitman, 'Una corona di ambra falsa: Imitating Amber Using Early Modern Recipes', www.refashioningrenaissance.eu, 30 April 2020.

18 Johann Heinrich Zedler, *Grosses vollständiges Universal Lexicon aller Wissenschafften und Künste* (Halle and Leipzig, 1733), vol. iii, col. 1401.

19 Johann Christian Kundmann, *Rariora naturae* (Wrocław and Leipzig, 1726), pp. 219–26.

20 See the amber float dated 1751 in Alfred Rohde, *Bernstein: Ein deutscher Werkstoff. Seine künstlerische Verarbeitung vom Mittelalter bis zum 18. Jahrhundert* (Berlin, 1937), fig. 330; and discussion in Friedrich Samuel Bock, *Versuch einer kurzen Naturgeschichte des Preußischen Bernsteins und einer neuen wahrscheinlichen Erklärung seines Ursprunges* (Königsberg, 1767), p. 146. For a discussion of the use of an amber float by Robert Boyle, see Charles Singer, *A History of Technology* (New York and London, 1957), vol. iii, p. 22.

21 John Houghton, *A Collection for the Improvement of Husbandry and Trade* (London, 1727), vol. ii, p. 64.

22 Hugh Plat, *The Jewell House of Art and Nature* (London, 1594), pp. 67–8.

23 For greater detail on all of these sources, see Rachel King, 'To Counterfeit Such Precious Stones as You Desire: Amber and Amber Imitations in Early Modern Europe', in *Fälschung, Plagiat, Kopie: künstlerische Praktiken in der Vormoderne*, ed. Birgit Ulrike Münch (Petersburg, 2014), pp. 87–97.

24 Stanislaus Reinhard Acxtelmeier, *Hokus-pokeria, oder, Die Verfälschungen der Waaren im Handel und Wandel* (Ulm, 1703), p. 24.

25 D.R.S. Shackleton Bailey, trans., *Martial: Epigrams*, 3rd edn (Cambridge and London 1993), vol. i, bk iii, epi. 65.

26 M. C. Bandy and J. A. Bandy, trans., *Georgius Agricola: De natura fossilium (Textbook of Mineralogy)* (New York, 1955), p. 77.

27 Adrian Christ, 'The Baltic Amber Trade, *c*. 1500–1800: The Effects and Ramifications of a Global Counterflow Commodity', ma thesis, University of Alberta, 2018, p. 112.

28 Information on the classification of amber taken from a leaflet produced by the iaa Amber Laboratory.

29 See Mats Eriksson and George Poinar, 'Fake It Till You Make It – The Uncanny Art of Forging Amber', *Geology Today*, xxxi/1 (2015), pp. 21–7; and D. A. Grimaldi et al., 'Forgeries of Fossils in "Amber: History, Identification and Case Studies', *Curator*, xxxvii (1994), pp. 251–74.

30 'The Amber Mining Market Structure Compared with the World's Diamond Market', *pmf Journal*, i (2020), pp. 25–7.

31 Eichholz, trans., *Pliny: Natural History*, vol. x, bk xxxvii, chap. xi, l. 46.

32 J. B. Rives, trans., *Tacitus: Germania* (Oxford and New York, 1999), chap. xlv, l. 5.

33 Laufer, *Historical Jottings*, pp. 218–20.

34 Ibid., pp. 218, 235 and 238.

35 Severin Göbel, *Historj und Eigendtlicher bericht von herkommen ursprung und vielfeltigen brauch des Börnsteins neben andern saubern Berckhartzen* (Königsberg, 1566). My translation.

36 Cited in Bock, *Versuch einer kurzen Naturgeschichte*, p. 35.

37 Miaoyan Wang and Lida Xing, 'A Brief Review of Lizard Inclusions in Amber', *Biosis: Biological Systems*, i (2020), pp. 39–53; Gabriela Gierlowska, *On Old Amber Collections and the Gdańsk Lizard* (Gdańsk, 2005).

38 It may have resembled the string depicted in Johann Pomarius' *Der köstliche Agstein oder Bornstein* (Magdeburg, 1587).

39 Luca Fielding, *Sir Thomas More: A Selection from His Works* (Baltimore, md, 1841), p. 315.

40 Rachel King, 'Collecting Nature Within Nature: Animal Inclusions in Amber in Early Modern Collections', in *Collecting Nature*, ed. Andrea Gáldy and Sylvia Heudecker (Newcastle upon Tyne, 2014), pp. 1–18.

41 Rachel King, '"The Beads with Which We Pray Are Made from It: Devotional Ambers in Early Modern Italy', in *Religion and the Senses in Early Modern Europe*, ed. Wietse de Boer and Christine Göttler (Leiden, 2013), pp. 153–75.

42 Francesco Scarabelli and Paolo Maria Terzago, *Museo ò galeria adunata dal sapere, e dallo studio del signore canonico Manfredo Settala* (Tortona, 1666), pp. 56–61. My translation, with kind assistance from Cristina Cappellari.

43 Ronald Gobiet, ed., *Der Briefwechsel zwischen Philipp Hainhofer und Herzog August d. J. von Braunschweig-Lüneburg* (Munich, 1984), pp. 424–5. My translation.

44 For these and other sources, see King, 'Collecting Nature Within Nature'.

45 Kundmann, *Rariora naturae*, pp. 219–26. My translation.

46 Bock, *Versuch einer kurzen Naturgeschichte*, pp. 64, 66–9. My translation.

47 Shackleton Bailey, trans., *Martial*, vol. ii, bk vi, epi. 15.

48 This translation from Giambattista della Porta, *Natural Magick* (London, 1658), pp. 130–31, 186–8.

49 Francis Bacon, *Sylva sylvarum; or, A Naturall Historie: In Ten Centuries* (London, 1626), p. 33.

50 Vatican City, Vatican Apostolic Archive, Miscellanea Armadio, xv.80 (Itinerario di Iacomo Fantuzzi da Ravenna nel partire di Polonia dell 1652), ff. 25r–27v. Printed editions are: Piotr Salwa and Wojciech Tygielski, eds, *Giacomo Fantuzzi: Diario del viaggio europeo (1652)* (Warsaw and Rome, 1998); and Wojciech Tygielski, ed., *Giacomo Fantuzzi: Diariusz podróży po Europie (1652)* (Warsaw, 1990). See also Shackleton Bailey, trans., *Martial*, vol. i, bk iv, epi. 32.

51 James O'Brien, *The Scientific Sherlock Holmes: Cracking the Case with Science and Forensics* (Oxford and New York, 2013), p. 157.

52 Alexander Pope, *An Epistle from Mr Pope, to Dr Arbuthnot* (London, 1735), vol. i, pp. 9, 167–70.

53 Bacon, *Sylva*, p. 33.

54 Translation from Della Porta, *Natural Magick*, pp. 186–8.

55 Kundmann, *Rariora naturae*, pp. 219–26; and Johann Georg Keyssler, *Travels through Germany, Bohemia, Hungary, Switzerland, Italy and Lorrain*, 2nd edn (1757–8), vol. i, p. 432.

56 W.R.B. Crighton and Vincent Carrió, 'Photography of Amber Inclusions in the Collections of National Museums Scotland', *Scottish Journal of Geology*, xliii/2 (2007), pp. 89–96.

57 David Penney et al., 'Extraction of Inclusions from (Sub)fossil Resins, with Description of a New Species of Stingless Bee in Quarternary Colombian Copal', *Paleontological Contributions*, vii (May 2013), pp. 1–6. For the most recent developments, see E.-M. Sadowski et al., 'Conservation, Preparation and Imaging of Diverse Ambers and Their Inclusions', *Earth-Science Reviews*, ccxx (2021), unpaginated.

六　琥珀饰品

1 J. B. Rives, trans., *Tacitus: Germania* (Oxford and New York, 1999), chap. xlv, ll. 4–6.

2 Robert Hellbeck, 'Die Staatliche Bernstein-Manufaktur als Trägerin der Preußischen Bernstein-Tradition', in *Preußische Staatsmanufakturen; Ausstellung der Preußischen Akademie der Künste zum 175jährigen Bestehen der Staatlichen Porzellan-Manufaktur* (Berlin, 1938), pp. 103–7.

3 See Rachel King, 'Bernstein. Ein deutscher Werkstoff ?', in *Ding, Ding, Ting: Objets médiateurs de culture, espaces germanophone, néerlandophone et nordique*, ed. Kim Andringa et al. (Paris, 2016), pp. 101–20.

4 Ulf Erichson, ed., *Die Staatliche Bernstein-Manufaktur Königsberg: 1926–1945* (Ribnitz-Damgarten, 1998), p. 23. My translation.

5 Wilhelm Bölsche, 'Der deutsche Bernstein', *Velhagen und Klassings Monatshefte*, ii (1934/5), pp. 89–90. My translation.

6 Erichson, ed., *Die Staatliche Bernstein-Manufaktur Königsberg*, and Hellbeck, 'Die Staatliche Bernstein-Manufaktur', pp. 105–7.

7 Alfred Rohde, *Das Buch vom Bernstein*, 2nd edn (Königsberg, 1941), p. 21.

8 'Bernstein als urdeutsche Schmuck', *Die Goldschmiedekunst*, xix (1933), p. 433. My translation.

9 Alan Crawford, *C. R. Ashbee: Architect, Designer and Romantic Socialist* (New Haven, ct, and London, 1985), p. 350.

10 Rainer Slotta, 'Bernstein als besonderer Werkstoff ', in *Bernstein. Tränen der Götter*, ed. M. Ganzelewski and R. Slotta, exh. cat., Deutsches Bergbau- Museum (Bochum, 1996), pp. 433–8.

11 Michael Ganzelewski, 'Bernstein – Ersatzstoffe und Imitationen', in *Bernstein. Tränen der Götter*, ed. Ganzelewski and Slotta, pp. 475–81, especially pp. 476–8.

12 Norbert Vávra, 'Bernstein und Bernsteinverarbeitung im Alten Wien', in *Bernstein. Tränen der Götter*, ed. Ganzelewski and Slotta, pp. 483–91.

13 Trade card for James Cox, goldsmith, at the Golden Urn, in Racquet Court, Fleet Street, London, British Museum, Sir Ambrose Heal collection of trade- cards, Heal, 67.99.

14 Eugen von Czihak, 'Der Bernstein als Stoff des Kunstgewerbes', in *Die Grenzboten. Zeitschrift für Politik, Literatur und Kunst* (Berlin and Leipzig, 1899), pp. 179–89, 288–98.

15 Gesellschaft zur kunstgewerblichen Verwertung des Bernsteins GmbH.

16 Von Czihak, 'Der Bernstein als Stoff des Kunstgewerbes', pp. 288–9. My translation.

17 Georg Malkowsky, 'Das samländische Gold in Paris', in *Die Pariser Weltausstellung in Wort und Bild*, ed. Georg Malkowsky (Berlin, 1900), p. 138. My translation.

18 Otto Pelka, *Bernstein* (Berlin, 1920), p. 136. My translation.

19 Ibid.

20 Bettina Müller, 'Werke von Toni Koy, Goldschmiedin in Königsberg', www.ahnen-spuren. de, 19 September 2018; Jan Holschuh, Hans Werner Hegemann and Max Peter Maass, *Jan Holschuh – Bernstein, Elfenbein, Aluminium*, exh. cat., Deutsches Elfenbeinmuseum (Erbach, 1981); *Der Bildhauer Prof. Hermann Brachert: 1890–1972. Austellung zum 100. Geburtstag, Plastiken, Bernsteinarbeiten, Zeichnungen*, exh. cat. (Ravensburg, 1990).

21 'Simonis Grunovii, Monachi Ordinis Praedicatorum Tolkemitani Chronici', in P. J. Hartmann, *Succini Prussici physica et civilis historia* (Frankfurt, 1677), pp. 154–64, here pp. 156–7;

Andreas Aurifaber, *Succini historia. Ein kurtzer: gründlicher Bericht woher der Agtstein oder Börnstein ursprünglich komme* (Königsberg, 1551), unpaginated. My translation.

22 Laurier Turgeon, 'French Beads in France and Northeastern North America during the Sixteenth Century', *Historical Archaeology*, xxxv/4 (2001), pp. 58–9, 61–82.

23 Dirk Syndram and Jochen Vötsch, eds, *Die kürfürstlich-sächsische Kunstkammer in Dresden* (Dresden, 2010), Das Inventar von 1587, ff. 232v/249v.

24 Turgeon, 'French Beads in France and Northeastern North America during the Sixteenth Century'.

25 Vatican City, Vatican Apostolic Archive, Miscellanea Armadio xv.80 (Itinerario di Iacomo Fantuzzi da Ravenna nel partire di Polonia dell 1652), ff. 25r–27v. Printed editions are: Piotr Salwa and Wojciech Tygielski, eds, *Giacomo Fantuzzi: Diario del viaggio europeo (1652)* (Warsaw and Rome, 1998); and Wojciech Tygielski, ed., *Giacomo Fantuzzi: Diariusz podróży po Europie (1652)* (Warsaw, 1990).

26 Wilhelm Tesdorpf, *Gewinnung, Verarbeitung und Handel des Bernsteins in Preußen von der Ordenszeit bis zur Gegenwart* (Jena, 1887), pp. 28, 109.

27 Ibid.

28 R. Schuppius, 'Das Gewerk der Bernsteindreher in Stolp', *Baltische Studien*, xxx (1928), pp. 105–99, here p. 114.

29 Taken from the statues of the Königsberg guild 1745, cited in Gisela Reineking von Bock, *Bernstein, das Gold der Ostsee* (Munich, 1981), p. 36.

30 Turgeon, 'French Beads in France and Northeastern North America during the Sixteenth Century'.

31 Eugene H. Byrne, 'Some Medieval Gems and Relative Values', *Speculum*, x (1935), pp. 177–87.

32 For example, M. Grazia Nico Ottaviani, ed., *La legislazione suntuaria, secoli xiii–xvi: Umbria* (Rome, 2005), p. 50.

33 M. C. Bandy and J. A. Bandy, trans., *Georgius Agricola: De natura fossilium (Textbook of Mineralogy)* (New York, 1955), p. 76.

34 Wilhelm Stieda, 'Lübische Bernsteindreher oder Paternostermacher', *Mittheilungen des Vereins für Lübeckische Geschichte und Alterthumskunde*, ii/7 (1885), pp. 97–112, here p. 109.

35 Jemima Kelly, 'Amber Growth Turns Red as Oversupply Knocks Value', www.ft.com, 30 May 2019.

36 Adrian Christ, *The Baltic Amber Trade, c. 1500–1800: The Effects and Ramifications of a Global Counterflow Commodity*, ma thesis, University of Alberta, 2018, pp. 50–57.

37 An excellent recent study is Moritz Jäger, 'Mit Bildern beten: Bildrosenkränze, Wundenringe, Stundengebetsanhänger (1413–1600). Andachtsschmuck im Kontext spätmittelalterlicher und

frühneuzeitlicher Frömmigkeit', PhD thesis, Geissen University, 2014.

38 *The Four Epistles of A. G. Busbequius, concerning His Embassy into Turkey* (London, 1694), p. 211.

39 Robert de Berquen, *Les Merveilles des Indes orientales et occidentales; ou, Nouveau traitte des pierres precieuses et perles* (Paris, 1669), p. 98; Ulisse Aldrovandi, *Musaeum metallicum in libros iv* (Bologna, 1648), p. 416.

40 Olga Pinto, ed., *Viaggi di C. Federici e G. Balbi alle Indie orientali* (Rome, 1962), pp. 97, 118–19; Pietro Della Valle, *Viaggi descritti in 54 lettere familiari, in tre parti, cio la Turchia, la Persia e l'India* (Rome, 1650), vol. i, p. 737.

41 Pierre Pomet, *Histoire générale des drogues, traitant des plantes, des animaux, et des mineraux* (Paris, 1694), p. 84. My translation.

42 Robert Howe Gould, trans., *Théophile Gautier: Constantinople of To-Day* (London, 1854), pp. 117–18.

43 Ronald Gobiet, ed., *Der Briefwechsel zwischen Philipp Hainhofer und Herzog August d. J. von Braunschweig-Lüneburg* (Munich, 1984), p. 289. My translation.

44 Aurifaber, *Succini historia*; Anselmus de Boodt, *Le Parfaict joaillier; ou, Histoire des pierreries* (Lyons, 1644), pp. 410–29, especially pp. 418–22.

45 John Houghton, *A Collection for the Improvement of Husbandry and Trade* (London, 1727), vol. ii, p. 65. See also D. E. Eichholz, trans., *Pliny: Natural History*, Loeb Classical Library (London and Cambridge, ma, 1962), vol. x, bk xxxvii, chap. xxii, l. 51, on amber and childhood illnesses. Farah Abdulsatar et al., 'Teething Necklaces and Bracelets Pose Significant Danger to Infants and Toddlers', *Paediatrics and Child Health*, xxiv/2 (May 2019), pp. 132–3.

46 Lu Liu, 'An Illustrated Manual for Regulating the Qing Society: A Discussion of Several Issues Relating to Huangchao liqi tushi', *Palace Museum Journal*, iv (2004), pp. 130–44. See also Xiaodong Xu, *Zhongguo gudai hupo yishu/Chinese Ancient Amber Art* (Beijing, 2011); and Barry Till, *Soul of the Tiger: Chinese Amber Carvings from the Reif Collection* (Victoria, bc, 1999), p. 19.

47 English taken from *The History of That Great and Renowned Monarchy of China . . . lately written in Italian by F. Alvarez Semedo* (London, 1655), p. 9.

48 Xiaodong Xu, *Chinese Ancient Amber Art*, pp. 61–70.

49 John Cordy Jeaffreson, ed., *Middlesex County Records* (London, 1886), vol. i, bill dated 10 April 1583.

50 John M. Riddle, 'Amber: An Historical-Etymological Problem', in *Laudatores temporis acti: Studies in Memory of Wallace Everett Caldwell*, ed. Gyles Mary Francis and Davis Eugene Wood (Chapel Hill, nc, 1964), pp. 110–20.

51 Bandy and Bandy, *De natura fossilium*, p. 76.

52 German (*Bernstein*) Dutch (*barnsteen*), Polish (*bursztyn*), Hungarian (*borostyn*) and Swedish (*bärnsten*).

53 Joseph Browne, *A Practical Treatise of the Plague, and All Pestilential Infections That Have Happen'd in This Island for the Last Century*, 2nd edn (London, 1720), p. 50.

54 Berlin, Geheimes Staatsarchiv Preussischer Kulturbesitz, xx Hauptabteilung, Etatsministerium 16a 5, 'Abhandlung von Gregor Duncker über den Ursprung des Bernsteins als Arznei' (Treatise by Gregor Duncker on the Beginnings of Amber as a Medicine, *c.* 1538), ff. 2r–4v.

55 Giuseppe Donzelli, *Teatro farmaceutico, dogmatico, e spagirico*, 3rd edn (Rome, 1677), pp. 399–400. My translation.

56 Aurifaber, *Succini historia*, unpaginated; Johann Wigand, *Vera historia de succino Borussica* (Jena, 1590); and John Bate, *The Mysteries of Nature and Art: In Four Severall Parts*, 3rd edn (London, 1654), p. 217.

57 Sarah Kettley, *Designing with Smart Textiles* (London and New York, 2016), p. 12.

58 Aurifaber, *Succini historia*, unpaginated. My translation.

59 John M. Riddle, 'Pomum ambrae: Amber and Ambergris in Plague Remedies', *Sudhoffs Archiv für Geschichte der Medizin und der Naturwissenschaften*, xlviii/2 (1964), pp. 111–22.

60 *A Collection of Very Valuable and Scarce Pieces Relating to the Last Plague in the Year 1665* (London, 1721), p. 85.

61 Ibid., p. 234.

62 Oskar Doering, ed., *Des Augsburger Patricier's Philipp Hainhofer Beziehungen zum Herzog Philipp ii. von Pommern–Stettin* (Vienna, 1894), p. 98; and Oskar Doering, *Des Augsburger Patriciers P. Hainhofer Reisen nach Innsbruck und Dresden* (Vienna, 1901), pp. 260, 263 n. 17.

63 Xiaodong Xu, *Chinese Ancient Amber Art*.

64 *An Embassy from the East-India Company of the United Provinces, to the Grand Tartar Cham Emperor of China*, 2nd edn (London, 1673), pp. 304, 313–14.

65 Christ, *The Baltic Amber Trade*, pp. 21 n. 32, 105.

66 Ibid., pp. 98, 105.

67 Engelbert Kaempfer quoted ibid., p. 106.

68 Alessandro Rippa and Yi Yang, 'The Amber Road: Cross–Border Trade and the Regulation of the Burmite Market in Tengchong, Yunnan', *trans: Trans-Regional and -National Studies of Southeast Asia*, v/2 (2017), pp. 243–67.

69 Helen Fraquet, *Amber* (London, 1987), pp. 84–101.

70 English taken from *The History of That Great and Renowned Monarchy of China . . . lately written in Italian by F. Alvarez Semedo* (London, 1655), p. 9.

71 'Huge Amber Deposit Discovered in India', www.phys.org, 25 October 2010.

72 D. E. Eichholz, trans., *Pliny: Natural History*, Loeb Classical Library (London and Cambridge,

ma, 1962), vol. x, bk xxxvii, chap. xi, l. 37.

73 Tansen Sen, 'The Impact of Zheng He's Expeditions on Indian Ocean Interactions', *Bulletin of soas*, lxxix/3 (2016), pp. 606–36, here p. 623.

74 Donald F. Lach, *Asia in the Making of Europe* (Chicago, il, and London, 1977), vol. ii, pp. 11, 15 and 117.

75 Richard Dafforne, *The Apprentices Time-Entertainer Accomptantly; or, A Methodical Means to Obtain the Exquisite Art of Accomptantship*, 3rd edn (London, 1670), p. 13.

76 Archibald Constable, trans., *Travels in the Mogul Empire, ad 1656–1668* (Westminster, 1891), p. 200.

77 Sud Chonchirdsin, 'A Vietnamese Lord's Letter to the East India Company', www.blogs.bl.uk, 15 October 2018.

78 Christ, *The Baltic Amber Trade*, p. 99. Conversion undertaken using www.nationalarchives.gov. uk/currency-converter.

79 R. Schuppius, 'Das Gewerk der Bernsteindreher in Stolp', *Baltische Studien*, xxx (1928), pp. 105–99, here p. 155. My translation.

80 Henry William Bristow, *A Glossary of Mineralogy* (London, 1861), p. 12.

81 Marie-José Opper and Howard Opper, 'Diakhité: A Study of the Beads from an 18th–19th-Century Burial Site in Senegal, West Africa', *beads: Journal of the Society of Bead Researcher*s, i/4 (1989), pp. 5–20, here pp. 7, 15.

82 Christ, *The Baltic Amber Trade*, pp. 76–77, translation Christ.

83 Opper and Opper, 'Diakhité', p. 8.

84 Cheryl J. LaRoche, 'Beads from the African Burial Ground, New York City: A Preliminary Assessment', *beads*, vi/4 (1994), pp. 3–30. See also Erik R. Seeman, *Death in the New World: Cross Cultural Encounters, 1492–1800* (Philadelphia, pa, 2001), pp. 215–16.

85 'Warrants etc: August 1701, 1–10', in *Calendar of Treasury Books,* vol. xvi: *1700–1701*, ed. William A. Shaw (London, 1938), pp. 334–54, available online at www.british-history.ac.uk.

86 Günter Kuhn, 'Bernsteingeld aus dem Sudan', *Der Primitivgeldsammler*, xxiii/1–2 (2002), pp. 22–5. This term is far from neutral, and the word 'negro' here might be easily replaced with a more offensive related one.

87 *The Life and Travels of Mungo Park* (New York, 1854), pp. 28, 43, 45, 49, 52–3, 65, 76, 172–3, 176, 182, 185, 187, 199, 206 and 208.

88 Brantz Mayer, *Captain Canot; or, Twenty Years of an African Slaver* (New York, 1865), pp. 174, 179.

89 Peter Francis Jr, 'Beadmaking in Islam: The African Trade and the Rise of Hebron', *beads*, ii/5 (1990), pp. 15–28, here p. 17.

90 Vincent Perrichot et al., conference paper: 'The Age and Paleobiota of Ethiopian Amber

Revisited', 5th International Paleontological Congress, Paris, 9–13 July 2018.

91 Karlis Karklins and Norman F. Barka, 'The Beads of St Eustatius, Netherlands Antilles', *beads*, i/7 (1989), pp. 55–80.

92 Jadwiga Łuszczewska, *Polish Amber* (Warsaw, 1983), pp. 34–5.

93 Rosanna Falabella, 'Imitation Amber Beads of Phenolic Resin from the African Trade', *beads*, xxviii (2016), pp. 3–15.

94 Lourdes S. Domínguez, 'Necklaces Used in the Santería of Cuba', *beads*, xviii/4 (2005), pp. 3–18.

95 John Browne, *An Essay on Trade in General; and, on That of Ireland in Particular* (Dublin, 1728), p. 111.

96 Antonino Mongitóre, *Della Sicilia ricercata* (Palermo, 1742–3).

97 Patrick Brydone, *A Tour through Sicily and Malta in a Series of Letters to William Beckford*, 3rd edn (London, 1774), vol. i, p. 282.

98 Francesco Ferrara, *Memorie sopra il Lago Naftia nella Sicilia meridionale: sopra l'ambra siciliana; sopra il mele ibleo e la citt d'Ibla Megara; sopra Nasso e Callipoli* (Palermo, 1805), p. 95.

99 Ibid., pp. 90–91.

100 W. A. Buffum, *The Tears of the Heliades; or, Amber as a Gem* (London, 1896), and Yvonne J. Markowitz, 'Necklace in the Archeological Revival Style', in Yvonne J. Markowitz, *Artful Adornments: Jewelry from the Museum of Fine Arts* (Boston, ma, 2011), pp. 84–5.

101 Elizabeth McCrum, 'Irish Victorian Jewellery', *Irish Arts Review*, ii/1 (1985), pp. 18–21.

102 Miriam Krautwurst, 'Reinhold Vasters – ein niederrheinischer Goldschmied des 19. Jahrhunderts in der Tradition alter Meister: sein Zeichnungskonvolut im Victoria & Albert Museum, London', PhD thesis, Trier University, 2003.

103 G. G. Ramsay, *The Satires of Juvenal and Persius* (London, 1918), satire v.

104 Youssef Kadri, 'Stöcke mit Bernstein Griffen und Knäufen', *Der Stocksammler*, xxix (1999), pp. 65–75.

105 Dr Wall, 'Experiments of the Luminous Qualities of Amber, Diamonds, and Gum Lac, by Dr. Wall, in a Letter to Dr Sloan, R. S. Secr', *Philosophical Transactions*, xxvi (1705) pp. 69–76, here pp. 71–2.

106 The word *elektron* has two meanings. The first is amber. The second is an alloy of gold and silver, used for jewellery, coinage, plate and metal embellishments – we still use the word 'electrum' in this sense today; see R. W. Wallace, 'Origin of Electrum Coinage', *American Journal of Archaeology*, xci/3 (1987), pp. 385–97.

107 'America and West Indies: October 1711', in *Calendar of State Papers Colonial, America and West Indies: Volume 26, 1711–1712*, ed. Cecil Headlam (London, 1925), pp. 110–33, available online at www.british-history.ac.uk.

108 Columbia University Medical Center, 'Amber-Tinted Glasses May Provide Relief for Insomnia', www.sciencedaily.com, 15 December 2017.

七　琥珀艺术品

1 D. E. Eichholz, trans., *Pliny: Natural History*, Loeb Classical Library (London and Cambridge, ma, 1962), vol. x, bk xxxvii, chap. xii, l. 48.

2 Rachel King, 'Rethinking the Oldest Surviving Amber in the West', *Burlington Magazine*, clv/1328 (2013), pp. 756–63.

3 Ibid.

4 Ibid.

5 'm. 39: Unqore joiaux de la chapelle d'argent enorrez', in *Richard ii and the English Royal Treasure: Inventory*, ed. Jenny Stratford (Woodbridge, 2012), pp. 249–52, n. 1180.

6 Johann Georg Keyssler, *Travels through Germany, Bohemia, Hungary, Switzerland, Italy and Lorrain* (London, 1756/7), vol. ii, p. 126.

7 Sabine Haag, 'Paulus, Andreas, Matthias, Johannes, Judas, Thaddäus, Matthäus', in *Bernstein für Thron und Altar: das Gold des Meeres in fürstlichen Kunst- und Schatzkammern*, ed. Wilfried Seipel, exh. cat., Kunsthistorisches Museum, Vienna (Milan, 2005), cat. no. 86a–f.

8 Haag, 'Großer Bernsteinaltar', ibid., cat. no. 85.

9 Karl Gottfried Hagen, 'Geschichte der Verwaltung des Börnsteins in Preußen Zweiter Abschnitt. Von Friedrich i bis zur jetzigen Zeit', *Beiträge zur Kunde Preussens*, vi/3 (1824), pp. 177–99, here pp. 185–6.

10 This translation from Perceval Landon, *Nepal*, 2nd edn (New Delhi, 1993), p. 234.

11 Aldo Ricci, trans., *The Travels of Marco Polo* (London, 1950), p. 182.

12 Corneille Jest, 'Valeurs d'échange en Himalaya et au Tibet: L'ambre et le musc', in *De la voûte céleste au terroir, du jardin au foyer*, ed. Bernard Koechlin et al. (Paris, 1987), pp. 227–30.

13 Marjorie Trusted, *Catalogue of European Ambers in the Victoria and Albert Museum* (London, 1985), pp. 48–51.

14 For an English-language history, see Elżbieta Mierzwińska, *The Great Book of Amber* (Malbork, 2002).

15 Hermann Ehrenberg, *Die Kunst am Hofe der Herzöge von Preussen* (Leipzig, 1899), p. 198, doc. dated 12 June 1563. My translation.

16 Andreas Aurifaber, *Succini historia. Ein kurtzer: gründlicher Bericht woher der Agtstein oder Börnstein ursprünglich komme* (Königsberg, 1551), unpaginated. My translation.

17 Ibid.

18 Antoine Maria Gratiani, *La Vie du Cardinal Jean François Commendon* (Paris, 1671), p. 200. My translation.

19 Rachel King, 'Objective Thinking: Early Modern Objects in Amber with Curative, Preservative and Medical Functions', in *Amber in the History of Medicine: Proceedings of the International Conference*, ed. Tatiana J. Suvorova, Irina A. Polyakova and Christopher J. Duffin (Kaliningrad, 2016), pp. 80–94.

20 Rachel King, 'The Reformation of the Rosary Bead: Protestantism and the Perpetuation of the Amber Paternoster', in *Religious Materiality in the Early Modern World*, ed. Suzanna Ivanič, Mary Laven and Andrew Morrall (Amsterdam, 2019), pp. 193–210.

21 Linda Martino, 'Le ambre Farnese del Museo di Capodimonte', in *Ambre: trasparenze dall'antico*, ed. Maria Luisa Nava and Antonio Salerno, exh. cat., Museo archaeologico nazionale, Naples (Milan, 2007), pp. 32–7, cat. no. i.1.

22 Lorenz Seelig, 'Vogelbauer aus Bernstein', in *Die Münchner Kunstkammer*, ed. Dorothea Diemer, Peter Diemer and Lorenz Seelig (Munich, 2008), vol. i, pp. 153–4 n. 411.

23 Susanne Netzer, 'Bernsteingeschenke in der Preussischen Diplomatie des 17. Jahrhunderts', *Jahrbuch der Berliner Museen*, xxxv (1993), pp. 227–46, here p. 230. My translation.

24 Sabine Haag, 'Einblicke in die Bernsteinsammlung des Kunsthistorischen Museums', in *Bernstein für Thron und Altar: das Gold des Meeres in fürstlichen Kunst- und Schatzkammern*, ed. Wilfried Seipel, exh. cat., Kunsthistorisches Museum, Vienna (Milan, 2005), pp. 15–21, here p. 19. My translation.

25 On these and more generally ambers in the Danish royal collections see Mogens Bencard, 'Märchenhafte Steine aus dem Meer. Die Bernsteinsammlung der Kunstkammer in Schloss Rosenborg, Copenhagen', *Kunst und Antiquitäten*, vi (1987), pp. 22–34.

26 Alfred Rohde, *Bernstein: Ein deutscher Werkstoff. Seine künstlerische Verarbeitung vom Mittelalter bis zum 18. Jahrhundert* (Berlin, 1937), p. 21.

27 Aurifaber, *Succini historia*.

28 On ambers in the collections in Kassel, see the various entries in Ekkehard Schmidberger, Thomas Richter and Michaela Kalusok, eds, *SchatzKunst, 800–1800. Kunsthandwerk und Plastik der Staatlichen Museen Kassel im Hessischen Landesmuseum* (Wolfratshausen, 2001).

29 Jutta Kappel, 'Zur Geschichte der Bernsteinsammlung des Grünen Gewolbes. "Kunststucklein von Adtsteinen', in *Bernsteinkunst aus dem Grünen Gewölbe*, ed. Jutta Kappel (Dresden, 2005), pp. 9–23, here p. 13.

30 Giovanna Gaeta Bertelà, *La Tribuna di Ferdinando i de' Medici: inventari, 1589–1631* (Modena, 1997), pp. 63–9.

31 Detlef Heikamp, 'Zur Geschichte der Uffizien-Tribuna und der Kunstschränke in Florenz und Deutschland', *Zeitschrift für Kunstgeschichte*, xxvi (1963), pp. 193–268.

32 Ronald Gobiet, ed., *Der Briefwechsel zwischen Philipp Hainhofer und Herzog August d. J. von Braunschweig-Lüneburg* (Munich, 1984), pp. 519–20 and 522, docs 958 and 964.

33 On this collection see Marilena Mosco, 'Maria Maddalena of Austria. Amber', in *The Museo degli Argenti: Collections and Collectors*, ed. Marilena Mosco and Ornella Casazza, 5th edn (Florence, 2007), pp. 96–107.

34 Georg Laue, 'Bernsteinarbeiten aus Königsberg für die Kunstkammern Europas: Der Meister Georg Schreiber und seine Werkstatt', in *Bernstein für Thron und Altar: das Gold des Meeres in fürstlichen Kunst- und Schatzkammern*, ed. Wilfried Seipel, exh. cat., Kunsthistorisches Museum, Vienna (Milan, 2005), pp. 23–7.

35 Fynes Moryson, *An Itinerary Written by Fynes Moryson Gent. First in the Latine Tongue, and Then Translated by Him into English* (London, 1617), p. 50.

36 On his ambers in general, see Francesco Scarabelli and Paolo Maria Terzago, *Museo ò galeria adunata dal sapere, e dallo studio del signore canonico Manfredo Settala* (Tortona, 1666), pp. 56–61. My translation, with kind assistance from Cristina Cappellari.

37 Lodovico Dolce, *Libri tre; ne i quali si tratta delle diverse sorti delle gemme, che produce la natura* (Venice, 1565), pp. 86–7.

38 Kirsten Aschengreen-Piacenti, 'Due altari in ambra al Museo degli Argenti', *Bolletino d'Arte*, iv/51 (1966), pp. 163–6.

39 Rachel King, '"The Beads with Which We Pray Are Made from It: Devotional Ambers in Early Modern Italy', in *Religion and the Senses in Early Modern Europe*, ed. Wietse de Boer and Christine Göttler (Leiden, 2013), pp. 153–75, here p. 173.

40 'Simonis Grunovii, Monachi Ordinis Praedicatorum Tolkemitani Chronici', in P. J. Hartmann, *Succini Prussici physica et civilis historia* (Frankfurt, 1677), pp. 154–64, here pp. 156–7. My translation.

41 Rachel King, 'Whose Amber? Changing Notions of Amber's Geographical Origin', www. kunsttexte.de (2014).

42 This commission discussed extensively in Amy Goldenberg, 'Polish Amber Art', PhD thesis, University of Indiana, 2004.

43 Kerstin Hinrichs, 'Bernstein "das Preußische Gold in Kunst- und Naturalienkammern und Museen des 16.–20. Jahrhunderts', PhD thesis, Humboldt University, Berlin, 2006, pp. 167–70.

44 Jacek Bielak, 'Mecenat miasta Gdańska wobec bursztynnictwa. Przyczynek do semantyki wyrobów rzemiosła w podarunkach dyplomatycznych nowożytnego miasta', in *Bursztyn jako dobro turystyczne basenu Morza Bałtyckiego*, ed. Janusz Hochleitner (Elbląg, 2008), pp. 39–60. My translation.

45 Karl Gottfried Hagen, 'Geschichte der Verwaltung des Börnsteins in Preußen . . . Von der Zeit des Ordens bis zur Regierung König Friedrich i', *Beiträge zur Kunde Preussens*, vi/1 (1824),

pp. 1–41, here p. 35; and *Studien zum diplomatischen Geschenkwesen am brandenburgisch-preußischen Hof im 17. und 18. Jahrhundert* (Berlin, 2006), p. 73.

46 Lorenzo Legati, *Museo Cospiano annesso a quello del famoso Ulisse Aldrovandi e donato alla sua patria dall'illustrissimo signor Ferdinando Cospi* (Bologna, 1677), pp. 48–50.

47 Rachel King, 'The Puzzle of the Amber Lace Frame from Malbork', *Bursztynisko*, xlii (2018), pp. 8–10.

48 'Wycieczka do Gdańsku' (1858), cited in English in Jadwiga Łuszczewska, *Polish Amber* (Warsaw, 1983), pp. 34–5.

49 Johann Georg Keyssler, *Travels through Germany, Bohemia, Hungary, Switzerland, Italy, and Lorrain* (London, 1756/7), vol. i, p. 432.

50 Nehemiah Grew, *Musaeum regalis societatis; or, A Catalogue and Description of the Natural and Artificial Rarities Belonging to the Royal Society, and Preserved at Gresham Colledge* (London, 1685), pp. 178–9.

51 R. Smirnov and E. Petrova, trans., *The Baltic Amber from the Collection in the State Hermitage Museum* (St Petersburg, 2007); Larissa A. Jakolewna, 'Bernstein in der Petrinischen Kunstkammer', in *Palast des Wissens. Die Kunst- und Wunderkammer Zar Peters des Grossen*, ed. Brigitte Buberl and Michael Dueckershoff (Munich, 2006), pp. 259–63; and *Objets d'Art in Amber from the Collection of the Catherine Palace Museum, 17th–20th Centuries* (St Petersburg, 1990).

52 W. A. Buffum, *The Tears of the Heliades; or, Amber as a Gem* (London, 1896). See Kristina Preussner, 'The Tears of the Heliades: The William Arnold Buffum Collection of Amber', ma thesis, Bard College, New York, 2009.

53 Adam Koperkiewicz and Joanna Grążawska, eds, *Muzeum Bursztynu: Nowy Oddział – Muzeum Historycznego Miasta Gdańska* (Gdańsk, 2007); Renata Adamowicz and Katarzyna Żelazek, *Bursztynowe art déco. O bursztynie w dwudziestoleciu międzywojennym*, exh. cat., Muzeum Bursztynu Oddział Muzeum Gdańska, Gdańsk (Gdańsk, 2018).

54 *Bernstein, Sigmar Polke, Amber*, exh. cat., Michael Werner Gallery (New York, 2007).

八　消逝的琥珀

1 Yvonne Shashoua et al., 'Raman and atr–ftir Spectroscopies Applied to the Conservation of Archaeological Baltic Amber', *Journal of Raman Spectroscopy*, xxxvii/10 (2006), pp. 1221–7.

2 Johann Georg Keyssler, *Travels through Germany, Bohemia, Hungary, Switzerland, Italy and Lorrain* (London, 1756/7), vol. i, p. 432.

3 Linda Martino, 'Le ambre Farnese del Museo di Capodimonte', in *Ambre: trasparenze*

dall'antico, ed. Maria Luisa Nava and Antonio Salerno, exh. cat., Museo archaeologico nazionale, Naples (Milan, 2007), pp. 32–7, here p. 32, citing the letter dated 9 May 1756 from Giovanni Maria della Torre.

4 See for example Gianluca Pastorelli, 'Archaeological Baltic Amber: Degradation Mechanisms and Conservation Measures', PhD thesis, University of Bologna, 2009.

5 For a particularly recent discussion relating to specimens, see E.-M. Sadowski et al., 'Conservation, Preparation and Imaging of Diverse Ambers and their Inclusions', *Earth-Science Reviews*, ccxx (2021), unpaginated.

6 C. Scott-Clark and A. Levy, *The Amber Room: The Fate of the World's Greatest Lost Treasure* (New York, 2004); Maurice Remy, *Mythos Bernsteinzimmer* (Munich, 2006).

7 Sabine Haag, 'Einblicke in die Bernsteinsammlung des Kunsthistorischen Museums', in *Bernstein für Thron und Altar: das Gold des Meeres in fürstlichen Kunst- und Schatzkammern*, ed. Wilfried Seipel, exh. cat., Kunsthistorisches Museum, Vienna (Milan, 2005), pp. 15–21, here p. 19.

8 Andreas Aurifaber, *Succini historia. Ein kurtzer: gründlicher Bericht woher der Agtstein oder Börnstein ursprünglich komme* (Königsberg, 1551). My translation.

9 Letter from Ernst of Saxony to Elector Frederick William, 1651, cited in *Studien zum diplomatischen Geschenkwesen am brandenburgisch-preußischen Hof im 17. und 18. Jahrhundert* (Berlin, 2006), p. 270. My translation.

10 'Amber Room: Priceless Russian Treasure Stolen by Nazis "Discovered by German Researchers', www.independent.co.uk, 19 October 2017.

11 *Verlustdokumentation der Gothaer Kunstsammlungen* (Wechmar, 1997), vol. i.

12 Stiftung Schloss Friedenstein, Press Release no. 14108, Exhibition: 'Das Gold des Nordens. Die Rückgewinnung eines Bernsteinkästchens', 7 December 2008–1 March 2009.

13 See www.lostart.de.

14 Johann Wigand, *Vera historia de succino Borussica* (Jena, 1590), f. 30v.

15 M. T. W. Payne, 'An Inventory of Queen Anne of Denmark's "Ornaments, Furniture, Householde Stuffe, and Other Parcells at Denmark House, 1619', *Journal of the History of Collections*, xiii/1 (2001), pp. 23–44; and O. Millar, 'The Inventories and Valuations of the King's Goods, 1649–1651', *Volume of the Walpole Society*, xliii (1970), pp. iii–458.

16 See inventory reproduced in Paola Barocchi and Giovanna Gaeta Bertelà, *Collezionismo mediceo e storia artistica* (Florence, 2005), vol. ii, pp. 558–688, f. 25v. My translation.

17 Richard Lassels, *The Voyage of Italy; or, A Compleat Journey through Italy* (Paris, 1670), pp. 167–8.

18 Keyssler, *Travels through Germany, Bohemia, Hungary, Switzerland, Italy and Lorrain*, vol. i, p. 431.

19 Otto Pelka, *Bernstein* (Berlin, 1920), p. 46.

20 See Susanne Netzer, 'Bernsteingeschenke in der Preussischen Diplomatie des 17. Jahrhunderts', *Jahrbuch der Berliner Museen*, xxxv (1993), pp. 227–46, here p. 232; and Jeanette Falcke, *Studien zum diplomatischen Geschenkwesen am brandenburgisch-preußischen Hof im 17. und 18. Jahrhundert* (Berlin, 2006), pp. 242–3.

21 My translation. For a brief summary of what is known about Redlin, see most recently Kevin E. Kandt and Gerd-Helge Vogel, 'Christoph Maucher in Danzig: Episodes from the Life of a Baroque Wanderkünstler in Central Europe and Some Observations on the Social Status of Artists during the Early Modern Period', *Ikonotheka*, xxii (2010), pp. 181–207 nn. 72 and 89.

22 Gisela Reineking von Bock, *Bernstein, das Gold der Ostsee* (Munich, 1981), pp. 122–3, figs 186–7.

23 Susanne Netzer, 'Neuerwerbung: Ein Bernsteinrahmen für das Kunstgewerbemuseum', *Museums-Journal*, i/6 (1992), pp. 38–9.

24 William Bray, ed., *Diary and Correspondence of John Evelyn, f.r.s.* (London, 1850), vol. ii, p. 329.

25 Payne, 'An Inventory', pp. 23–44.

26 Michaela Kusok, 'Prunkspiegel in Epitaphform', in *SchatzKunst, 800–1800. Kunsthandwerk und Plastik der Staatlichen Museen Kassel im Hessischen Landesmuseum*, ed. Ekkehard Schmidberger, Thomas Richter and Michaela Kalusok (Wolfratshausen, 2001), pp. 170–71, cat. no. 68.

27 Falcke, *Studien zum diplomatischen Geschenkwesen*, p. 122.

28 Pelka, *Bernstein*, p. 51.

29 Jadwiga Łuszczewska, *Polish Amber* (Warsaw, 1983), p. 16.

30 Falcke, *Studien zum diplomatischen Geschenkwesen*, pp. 108–22; Wilfried Seipel, ed., *Bernstein für Thron und Altar: das Gold des Meeres in fürstlichen Kunst- und Schatzkammern*, exh. cat., Kunsthistorisches Museum, Vienna (Milan, 2005), pp. 76–84, cat. nos 53–61; Netzer, 'Bernsteingeschenke', pp. 233–5; and Winfried Baer, 'Ein Bernsteinstuhl für Kaiser Leopold i: ein Geschenk des Kurfürsten Friedrich Wilhelm von Brandenburg', *Jahrbuch der Kunsthistorischen Sammlungen in Wien*, lxxviii (1982), pp. 91–138.

31 Joachim Müllner, *Drechsler-Kunst. Von Ihrem Uhrsprung Alterthum Wachsthum Aufnahm und hohen Nutzbarkeit* (Nuremberg, 1653). My translation.

32 Kandt and Vogel, 'Christoph Maucher in Danzig'.

33 Seipel, ed., *Bernstein für Thron und Altar*, pp. 88–99, cat. nos 65–72.

34 Angelika Ehmer, *Die Maucher. Eine Kunsthandwerkerfamilie des 17. Jahrhunderts aus Schwäbisch Gmünd* (Schwäbisch Gmünd, 1992), pp. 21–7.

35 Jutta Kappel, 'Der grosse Bernsteinschrank', in *Bernsteinkunst aus dem Grünen Gewölbe*, ed. Jutta Kappel (Dresden, 2005), pp. 26–37. My translation.

36 Norbert Wichard and Wilfried Wichard, 'Nathanael Sendel (1686–1757). Ein Wegbereiter der der paläobiologischen Bernsteinforschung', *Palaeodiversity*, i (2008), pp. 93–102.

37 Kerstin Hinrichs, 'Bernstein "das Preußische Gold in Kunst- und Naturalienkammern und Museen des 16.–20. Jahrhunderts', PhD thesis, Humboldt University, Berlin, 2006, pp. 287–9.

38 Ibid., pp. 291–3.

39 Paul M. Barrett and Zerina Johanson, 'Myanmar Amber Fossils: A Legal as Well as Ethical Quagmire', www.nature.com, 27 October 2020.

40 Joshua Sokol, 'Troubled Treasure', www.sciencemag.org, 23 May 2019.

41 'On Burmese Amber and Fossil Repositories: svp Members' Cooperation Requested!', www.vertpaleo.org, 21 April 2020. See also 'Further Information on Myanmar Amber Mining, Human Rights Violations, and Amber Trade', www.vertpaleo.org, 22 July 2020, and 'Further Information on Myanmar Amber, Mining, Human Rights Violations, and Amber Trade', www.vertpaleo.org (August 2020). A summary and critique of literature is included in 'Ethics, Science and Conflict in the Amber Mines', a special edition of the *Journal of Applied Ethical Mining of Natural Resources and Paleontology (pmf Journal)*, i (2020). See also accessible media treatments by Lucas Joel, 'Some Palaeontologists Seek Halt to Myanmar Amber Fossil Research', www.nytimes.com, 11 March 2020; Graham Lawton, 'Blood Amber', *New Scientist*, ccxlii (2019), pp. 38–43. Counterarguments are produced in George Poinar and Sieghard Ellenberger, 'Burmese Amber Fossils, Mining, Sales and Profits', *Geoconservation Research*, iii/1 (2020) pp. 12–16.

42 Marvin T. Smith, Elizabeth Graham and David M. Pendergast, 'European Beads from Spanish-Colonial Lamanai and Tipu, Belize', *beads: Journal of the Society of Bead Researchers*, vi/6 (1994), pp. 55–60.

43 Samuel Meredith Wilson, *Hispaniola: Caribbean Chiefdoms in the Age of Columbus* (Tuscaloosa, al, 1990), p. 65. Gisela Reineking von Bock, *Bernstein, das Gold der Ostsee* (Munich, 1981), p. 14.

44 For a bibliography see Manuel A. Iturralde-Vinent and Ross D. E. Macphee, 'Remarks on the Age of Dominican Amber', *Palaeoentomology*, ii/3 (2019), pp. 236–40.

45 Johann Heinrich Zedler, *Grosses vollständiges Universal Lexicon aller Wissenschafften und Künste*, vol. xiv: *Indianischer Bornstein* (Halle and Leipzig, 1739).

46 Paul Wheatley, *The Golden Khersonese: Studies in the Historical Geography of the Malay Penninsula before a.d. 1500* (Kuala Lumpur, 1961), p. 322.

47 Carl Walrond, 'Kauri Gum and Gum Digging', in *Te Ara: The Encyclopedia of New Zealand*, www.teara.govt.nz.

48 Reproduced in Otto Pelka 'Die Meister der Bernsteinkunst', in *Anzeiger und Mitteilungen des Germanischen Nationalmuseums in Nürnberg* (Leipzig, 1918), p. 116. My translation.

49 'International Palaeoentomological Society Statement', *Palaeoentomology*, iii/3 (2020), pp. 221–2.

精选书目

Aurifaber, Andreas, *Succini historia. Ein kurtzer: gründlicher Bericht woher der Agtstein oder Börnstein ursprünglich komme* (Königsberg, 1551)

Bandy, M. C., and J. A. Bandy, trans., *Georgius Agricola: De natura fossilium (Textbook of Mineralogy)* (New York, 1955)

Beck, C. W., and Stephen Shennan, *Amber in Prehistoric Britain* (Oxford, 1991)

Bock, Friedrich Samuel, *Versuch einer kurzen Naturgeschichte des Preußischen Bernsteins und einer neuen wahrscheinlichen Erklärung seines Ursprunges* (Königsberg, 1767)

Causey, Faya, *Amber and the Ancient World* (Los Angeles, ca, 2012)

—, *Ancient Carved Ambers in the J. Paul Getty Museum* (Los Angeles, ca, 2012), epub 2nd edn, www.getty.edu

Eichholz, D. E., trans., *Pliny: Natural History*, Loeb Classical Library (London and Cambridge, ma, 1962)

Erichson, Ulf, ed., *Die Staatliche Bernstein-Manufaktur Königsberg: 1926–1945* (Ribnitz-Damgarten, 1998)

'Ethics, Science and Conflict in the Amber Mines', a special edition of the *Journal of Applied Ethical Mining of Natural Resources and Paleontology (pmf Journal)*, i (2020)

Falabella, Rosanna, 'Imitation Amber Beads of Phenolic Resin from the African Trade', *beads: Journal of the Society of Beads Researchers*, xxviii (2016), pp. 3–15

Falcke, Jeanette, *Studien zum diplomatischen Geschenkwesen am brandenburgisch- preußischen Hof im 17. und 18. Jahrhundert* (Berlin, 2006)

Fraquet, Helen, *Amber* (London, 1987)

Ganzelewski, M., and R. Slotta, eds, *Bernstein. Tränen der Götter*, exh. cat., Deutsches Bergbau-Museum (Bochum, 1996)

Göbel, Severin, Sr, *Historj vnd Eigendtlicher bericht von herkommen ursprung und vielfeltigen brauch des Börnsteins* (Königsberg, 1566)

Grimaldi, David A., *Amber: Window to the Past* (New York, 1996)

—, et al., 'Forgeries of Fossils in "Amber": History, Identification and Case Studies', *Curator*, xxxvii (1994), pp. 251–74

Hinrichs, Kerstin, 'Bernstein "das Preußische Gold" in Kunst- und Naturalienkammern und Museen des 16.–20. Jahrhunderts', PhD thesis, Humboldt University, Berlin, 2006

Iturralde-Vinent, Manuel A., and Ross D. E. Macphee, 'Remarks on the Age of Dominican Amber', *Palaeoentomology*, ii/3 (2019), pp. 236–40

Kappel, Jutta, ed., *Bernsteinkunst aus dem Grünen Gewölbe* (Dresden, 2005)

King, Rachel, 'Bernstein. Ein deutscher Werkstoff ?', in *Ding, Ding, Ting: Objets médiateurs de culture, espaces germanophone, néerlandophone et nordique*, ed. Kim Andringa et al. (Paris, 2016), pp. 101–20

—, 'Collecting Nature within Nature: Animal Inclusions in Amber in Early Modern Collections', in *Collecting Nature*, ed. Andrea Gáldy and Sylvia Heudecker (Newcastle upon Tyne, 2014), pp. 1–18

—, 'Rethinking "the Oldest Surviving Amber in the West"', *Burlington Magazine*, clv/1328 (2013), pp. 756–63

—, '"To Counterfeit Such Precious Stones as You Desire": Amber and Amber Imitations in Early Modern Europe', in *Fälschung, Plagiat, Kopie: künstlerische Praktiken in der Vormoderne*, ed. Birgit Ulrike Münch (Petersburg, 2014), pp. 87–97

Langenheim, Jean H., *Plant Resins, Chemistry, Evolution, Ecology, and Ethnobotany* (Portland, or, 2003)

Laufer, Berthold, *Historical Jottings on Amber in Asia: Memoirs of the American Anthropological Association* (Lancaster, pa, 1907), vol. i, part 3

Lowe, Lynneth S., 'Amber from Chiapas: A Gem with History', *Voices of Mexico*, xviii/72 (2005), pp. 49–53

Maran, Joseph, 'Bright as the Sun: The Appropriation of Amber Objects in Mycenaean Greece', in *Mobility, Meaning and the Transformations of Things*, ed. Hans Peter Hahn and Hadas Weiss (Oxford and Oakville, ct, 2013), pp. 147–69

Mierzwińska, Elżbieta, *The Great Book of Amber* (Malbork, 2002)

Mukerjee, Anna J., et al., 'The Qatna Lion: Scientific Confirmation of Baltic Amber in Late Bronze Age Syria', *Antiquity*, lxxxii (2008), pp. 49–59

Nava, Maria Luisa, and Antonio Salerno, eds, *Ambre: trasparenze dall'antico*, exh. cat., Museo archaeologico nazionale, Naples (Milan, 2007)

Netzer, Susanne, 'Bernsteingeschenke in der Preussischen Diplomatie des 17. Jahrhunderts', *Jahrbuch der Berliner Museen*, xxxv (1993), pp. 227–46

Orsini, Beatrice, ed., *Le lacrime delle ninfe. Tesori d'ambra nei musei dell'Emilia- Romagna* (Bologna, 2010)

Pastorelli, Gianluca, 'Archaeological Baltic Amber: Degradation Mechanisms and Conservation Measures', PhD thesis, University of Bologna, 2009

Penney, David, and David I. Green, *Fossils in Amber: Remarkable Snapshots of Prehistoric Fossil*

Life (Manchester, 2011)

Penney, David, ed., *Biodiversity of Fossils in Amber from the Major World Deposits* (Manchester, 2010)

Poinar, George, and Roberta Poinar, *The Amber Forest: A Reconstruction of a Vanished World* (Princeton, nj, 1999)

—, *The Quest for Life in Amber* (Reading, ma, 1994)

—, *What Bugged the Dinosaurs? Insects, Disease and Death in the Cretaceous* (Princeton, nj, 2009)

Reineking von Bock, Gisela, *Bernstein, das Gold der Ostsee* (Munich, 1981)

Riddle, John M., 'Amber: An Historical-Etymological Problem', in *Laudatores temporis acti: Studies in Memory of Wallace Everett Caldwell*, ed. Gyles Mary Francis and Davis Eugene Wood (Chapel Hill, nc, 1964), pp. 110–20

—, 'Amber and Ambergris in Materia Medica during Antiquity and the Middle Ages', PhD thesis, University of Carolina, 1965

—, 'Pomum ambrae: Amber and Ambergris in Plague Remedies', *Sudhoffs Archiv für Geschichte der Medizin und der Naturwissenschaften*, xlviii/2 (1964), pp. 111–22

Rippa, Alessandro, and Yi Yang, 'The Amber Road: Cross-Border Trade and the Regulation of the Burmite Market in Tengchong, Yunnan', *trans: Trans-Regional and -National Studies of Southeast Asia*, v/2 (2017), pp. 243–67

Rohde, Alfred, *Bernstein: Ein deutscher Werkstoff. Seine künstlerische Verarbeitung vom Mittelalter bis zum 18. Jahrhundert* (Berlin, 1937)

Ross, Andrew, *Amber: The Natural Time Capsule*, 2nd edn (London, 2010)

—, and Alison Sheridan, *Amazing Amber* (Edinburgh, 2013)

Santiago-Blay, Jorge A., and Joseph B. Lambert, 'Amber's Botanical Origins Revealed', *American Scientist*, xcv/2 (2007), pp. 150–57

Scott-Clark, C., and A. Levy, *The Amber Room: The Fate of the World's Greatest Lost Treasure* (New York, 2004)

Seipel, Wilfried, ed., *Bernstein für Thron und Altar: das Gold des Meeres in fürstlichen Kunst- und Schatzkammern*, exh. cat., Kunsthistorisches Museum, Vienna (Milan, 2005)

Serpico, Margaret, 'Resins, Amber and Bitumen', in *Ancient Egyptian Materials and Technology*, ed. P. T. Nicholson and I. Shaw (Cambridge, 2000), pp. 430–74

Smirnov, R., and E. Petrova, trans., *The Baltic Amber from the Collection in the State Hermitage Museum* (St Petersburg, 2007)

So, Jenny F., 'Scented Trails: Amber as Aromatic in Medieval China', *Journal of the Royal Asiatic Society*, xxiii/1 (2013), pp. 85–101

Sun, Zhixin Jason, 'Carved Ambers in the Collection of the Metropolitan Museum of Art', *Arts of*

Asia, xlix/2 (2019), pp. 70–77

Till, Barry, *Soul of the Tiger: Chinese Amber Carvings from the Reif Collection* (Victoria, bc, 1999)

Trusted, Marjorie, *Catalogue of European Ambers in the Victoria and Albert Museum* (London, 1985)

Vávra, Norbert, 'The Chemistry of Amber – Facts, Findings and Opinions', *Ann. Naturhist. Mus. Wien*, cxi (2009), pp. 445–74

Veil, Stephen, et al., 'A 14,000-Year-Old Amber Elk and the Origins of Northern European Art', *Antiquity*, lxxxiii/333 (2012), pp. 660–73

Volchetskaya, T. S., H. M. Malevski and N. A. Rener, 'The Amber Industry: Development, Challenges and Combating Amber Trafficking in the Baltic Region', *Baltic Region*, ix/4 (2017), pp. 87–96

Xiaodong Xu, 中国古代琥珀艺术 (*Zhongguo gu dai hu po yi shu/Chinese Ancient Amber Art*) (Beijing, 2011)

Zherikhin, V. V., and A. Ross, 'A Review of the History, Geology and Age of Burmese Amber (Burmite)', *Bulletin of the Natural History Museum, London (Geology)*, lvi (2000), pp. 3–10

致　谢

在此，我想表达我对迈克尔·利曼（Michael Leaman）和里克申出版有限公司（Reaktion Books）的衷心感谢，是他们委托我写作《琥珀千年》这部著作，令我倍感荣幸，在写作过程中，我遇到了一些困难和挑战，他们都十分理解，尤其是两座主要博物馆的再开发、几次搬家、家庭的添丁进口以及新冠大流行。亚历克斯·乔巴努（Alex Ciobanu）、弗贝·科莱（Phoebe Colley）以及其他团队成员都慷慨地为我花费了他们宝贵的时间，贡献了难得的专业知识。我还要对基尔·库克（Jill Cook）博士和这本书的许多不留姓名的读者表达诚挚的谢意。他们不吝赐教，慷慨对本书提出了意见，这些意见字字珠玑，敏锐而又极具洞见。当然，本书的所有谬误均由作者本人自负。

我还要向苏珊娜·B.巴特斯（Suzanne B. Butters）表达我最深的谢意，并将永远怀念她。正是她确定了我对本书主题的研究方法，这些对于我都是无价之宝。但令我悲痛的是，在本书杀青之前，她就不幸离开了人世。汤姆·拉斯穆森（Tom Rasmussen）、戴维·奥康纳（David O' Conner）和卢卡·莫拉（Luca Mola）他们几位在本书的最初阶段就参与了研究工作，我也要向他们表示真诚的感谢。多纳尔·库珀（Donal Cooper）和安妮·麦奇特（Anne Matchette）十分热情地鼓励我开展这个领域的工作。多年来，太多的人们人无私地支持我、鼓励我，但我无法一一列举他们的名字，在此一并表达我发自内心的感激。我还要万分感谢伊丽丝·鲍尔迈斯特（Iris Bauermeister）、克里斯蒂娜·卡佩拉里（Cristina Cappellari）、法亚·考西（Faya Causey）、伯努瓦·肖万（Benoît Chauvin）、基尔·库克、斯皮罗斯·登德里诺斯（Spyros Dendrinos）、克里斯托夫·达芬（Christopher Duffin）、戈弗雷·埃文斯（Godfrey Evans）、萨拉·福克斯（Sarah Faulks）、亚历山德拉·格林（Alexandra Green）、J. D. 希尔（J. D. Hill）、J. L. 金（J. L. King）和 S. J. 金（S. J. King）、亚历山德拉·利宾斯卡（Aleksandra Lipińska）、伊里纳·波利雅科娃（Irina Polyakova）、埃娃·拉琼（Ewa Rachoń）、詹姆斯·罗宾逊（James Robinson）、安德鲁·罗斯（Andrew Ross）、朱迪·鲁多伊（Judy Rudoe）、苏珊·罗素（Susan Russell）、安娜·索贝茨卡（Anna Sobecka）、伊娃·斯塔慕罗（Eva Stamoulou）、霍利·特拉斯特德（Holly Trusted）、朱利亚·韦伯（Julia Weber）和埃里克·韦格霍夫（Erik Wegerhoff）。柏林、波士顿、爱丁堡、佛罗伦萨、格但斯克、格拉斯哥、卡塞尔、加里宁格勒、伦敦、曼彻斯特、慕尼黑、纽约和罗马等地的博物馆的同事和同行们给了我很多的支持和帮助，上述城市的图书馆和档案馆的工作人员也为我的写作提供了多种协助，我向他们表达我真挚的谢意。在新冠大流行期间，徐晓冬非常热心地帮助了我，向我发送了她所做研究工作的详细情况。另外，在参加各种会议、研讨会和工作室的过程中，我很荣幸有机会来检验我的很多观点。其中有一些演讲稿得以出版，借此机会，我向所有倾听过我的演讲、评点过、修正过我的观点并帮助我进一步完善我的很多想法的人们表示真诚的谢意。作者对琥珀的研究超过了 15 年，在这么多年当中我对琥珀进行了很多思考，这些想法全都凝聚到了这本书中。

克雷格·威廉姆斯（Craig Williams）是我的同事，他才华横溢，为这部书的插图作出了巨大贡献，我要万分感激他天才般的创作。我曾经向许多博物馆、拍卖行、大学和影像馆提出了关于影像和影像许可的需求，那里许许多多的专家无微不至地协助我，满足我的要求，我向他们表达的感激之情是发自内心的。还有些友好人士从他们私人的藏品中与我分享影像，提供有价值的建议，并代表我与他人进行联络，对于他们的帮助，我的感激无法用语言来形容，这些人群中给我帮助最大的是约恩·巴福德（Jörn Barfod）、亚历克斯·乔巴努、萨拉·戴维斯（Sarah Davis）、理查德·埃弗谢德（Richard Evershed）、罗莎娜·法拉贝拉（Rosanna Falabella）、苏珊娜·弗朗科娃（Zuzana Francová）、耶尔·戈德曼（Yale Goldman）、斯蒂芬·汉森（Stephen Hanson）、赫尔曼·赫尔姆森、米卡尔·科肖尔（Michał Kosior）、阿利斯泰尔·麦凯（Alistair Mackie）、卡洛斯·奥德里奥索拉（Carlos Odriozola）、彼得·普菲尔兹纳（Peter Pfaelzner），伊里纳·波利雅科娃（Irina Polyakova）、简·罗咖洛（Jan Rogalo）、艾奥娜·谢泼德（Iona Shepherd）、马尔戈西娅·休达克（Małgosia Siudak）、安娜·索贝茨卡（Anna Sobecka）、埃琳娜·斯特鲁科娃（Elena Strukova）、洛尔·特罗阿朗（Lore Troalen）和阿斯特丽德·尤宾克（Astrid Ubbink）。

本书的研究得益于艺术与人文学科理事会（Arts and Humanities Research Council）、德国柏林众议院研究基金会（The Studienstiftung des Abgeordnetenhauses Berlin）、罗马的英国学校（The British School at Rome）、文艺复兴研究学会（The Society for Renaissance Studies）和英国博物馆学者出版基金会（The British Museum Scholarly Publication Fund）的大力支持，使得作者的研究更加丰富充实。

最后，我要感谢我的家庭和好友们，是他们的宽容和大度使我的这部书得以顺利完成。

图片致谢

作者和出版商希望对以下插图材料的来源和/或复制许可表示感谢：

Alamy Stock Photo: 16 (incamerastock), 30 and 31 (Artokoloro), 69 (Rupert Sagar-Musgrave), 78 (Arterra Picture Library/Marica van der Meer), 85 (Karsten Eggert), 91 (dpa Picture Alliance Archive); ArtSzok Tomasz Pisanko, Gdańsk: 74; Ming Bai, Chinese Academy of Sciences (cas), Beijing: 7, 53, 54; Bayerisches Nationalmuseum, Munich, photos Bayerisches Nationalmuseum: 15 (Inv.-Nr. r 2757; photo Marianne Stöckmann), 75 (Inv.-Nr. ma 2478); photo Muriel Bendel (cc by-sa 4.0): 11; photo Francesco Bini/Sailko (cc by 3.0): 14; Bodleian Libraries, University of Oxford (cc by-nc 4.0): 102 (ms Arch. Selden. a. 1, fol. 47r); photo bpk: 57; from Georg Braun and Franz Hogenberg, *Civitates orbis terrarum*, vol. ii (Cologne, 1575), photo The National Library of Israel, Jerusalem (The Eran Laor Cartographic Collection, Shapell Family Digitization Project and The Hebrew University of Jerusalem, Department of Geography – Historic Cities Research Project): 39; Burgerbibliothek, Bern, photo Codices Electronici ag/ www.e-codices.ch (cc by-nc 4.0): 34 (Mss.h.h.i.1, p. 304); from Johann Amos Comenius, *Orbis sensualium pictus*, part ii (Nuremberg, 1754), photo Staatsbibliothek zu Berlin – Preußischer Kulturbesitz: 37 (b xvi, 7 r; http:// resolver.staatsbibliothek-berlin.de/sbb00019b6700000000); from H. Conwentz, *Monographie der baltischen Bernsteinbäume: vergleichende Untersuchungen über die Vegetationsorgane und Blüten* . . . (Gdańsk, 1890), photo Universitäts- und Landesbibliothek Münster: 10 (rb 245); © Cordy's Auctions, Auckland, New Zealand: 103; courtesy Rosanna Falabella: 70; photo Alex 'Florstein' Fedorov (cc by-sa 4.0): 93; Geheimes Staatsarchiv Preußischer Kulturbesitz, Berlin- Dahlem: 36 (xx. ha, Etatsministerium 16a 15, fol. 46); Geowissenschaftliche Museum der Universität Göttingen, photo gzg Museum/G. Hundertmark: 23 (gzg.bst.10002 [old no. 58-002]); from Conrad Gessner, *De rerum fossilium, lapidum et gemmarum maxim, figuris & similitudinibus liber* (Zürich, 1565), photo Zentralbibliothek, Zürich (ff 1264; https://doi.org/10.3931/e-rara-4176): 49; photo Yale Goldman: 41; Grünes Gewölbe, Staatliche Kunstsammlungen, Dresden, photo bpk/Staatliche Kunstsammlungen Dresden/Jürgen Karpinski: 67 (iii 88 ii/1); from Christoph Hartknoch, *Alt- und Neues Preussen Oder Preussischer Historien Zwey Theile, in derer erstem von desz Landes vorjähriger Gelegenheit und Nahmen* . . . (Frankfurt and Leipzig, 1684), photo Elbląska Biblioteka Cyfrowa, Elbląg (Pol.7.iii.69): 9; from Philipp Jacob Hartmann, *Succini Prussici Physica & civilis historia: cum demonstratione ex autopsia & intimiori*

259

rerum experientia deducta (Frankfurt, 1677), photos Zentralbibliothek, Zürich (ng 1909; https://doi.org/10.3931/e-rara-30618): 35, 40; from Daniel Hermann, *De Rana et Lacerta* (Krakow, 1583), photo Sächsische Landesbibliothek – Staats- und Universitätsbibliothek (slub), Dresden (Lit.Lat. rec.a.380, misc. 23; http://digital. slub-dresden.de/id428250165): 52; courtesy Heritage Auctions, ha.com: 73; Herman Hermsen: 56; Hofer Antikschmuck, Berlin: 55; The Israel Museum, Jerusalem, photo The Israel Museum/Yair Hovav: 95 [received through jrso (Jewish Restitution Successor Organisation), Wiesbaden collecting point number 5428, b50.02.1315 149/074]; The J. Paul Getty Museum, Los Angeles: 90; photo © Kaliningrad Regional Amber Museum: 46 (кмя 1 No. 4210); Det Kongelige Bibliotek, Copenhagen: 19 (gks 1633 4, fol. 6r); Michał Kosior, Amber Experts, Gdańsk: 1; Kunsthalle zu Kiel, photo Kunsthalle zu Kiel/Sönke Ehlert: 62 (Inv.- Nr. 239); Kunsthistorisches Museum, Vienna, photo khm-Museumsverband: 77 (Schatzkammer, Kap 274); Kupferstichkabinett, Staatliche Museen zu Berlin, photo bpk/Kupferstichkabinett, smb/Jörg P. Anders: 98 (Inv.-Nr. 3135); courtesy Landesamt für Denkmalpflege im Regierungspräsidium Stuttgart: 27; Library of Congress, Prints and Photographs Division, Washington, dc: 94; Alastair Mackie, courtesy of rs&a and All Visual Arts, London: 89; photo Ludmila Maslova (cc by-sa 4.0): 43; The Metropolitan Museum of Art, New York: 26, 59, 104; Musée du Louvre, Paris, photo rmn-Grand Palais (musée du Louvre)/ Daniel Arnaudet: 66 (oa7071); Museum für Naturkunde, Berlin, photos bpk/ Museum für Naturkunde/Carola Radke: 51, 101; Museum Het Valkhof, Nijmegen, photo Museum Het Valkhof: 20 (pdb.1988.7.ulp.1982.411.la); Museum of Fine Arts, Boston, photos 2022 Museum of Fine Arts, Boston: 63 (bequest of William Arnold Buffum, 02.224), 71 (bequest of William Arnold Buffum, 02.91); Museumslandschaft Hessen Kassel, photos Museumslandschaft Hessen Kassel: 84 (Inv.-Nr. kp b vi/i.53), 97 (Inv.-Nr. kp b vi/i.14); Muzeum Bursztynu – Muzeum Gdańska, photo © Muzeum Gdańska/M. Jabłoński: 48 (acquired with the support of the Kronenberg Foundation Citi Handlowy, mhmg/b/108); Múzeum mesta Bratislavy, photo mmb/Ľudmila Mišurov: 76 (Inv. No. f-355); Nationalmuseet, Copenhagen (cc by-sa 4.0), photos Roberto Fortuna and Kira Ursem: 21 (a48088), 25 (b1482); Nationalmuseet, Copenhagen (cc by-sa 4.0), photo Arnold Mikkelsen: 22 (a54499); National Museums Scotland: 32 (x.fc.8); Carlos P. Odriozola and Jos Ángel Garrido Cordero: 44; Die Österreichische Bernsteinstraße: 29; from Johann Posthius, *Germershemii Tetrasticha in Ovidii Metam. lib. xv . . .* (Frankfurt, 1563), photos Getty Research Institute, Los Angeles: 12, 13; photo S. Rae (cc by 2.0): 3; Luisa Ricciarini/ Bridgeman Images: 17; Rijksmuseum, Amsterdam: 92 (sk-a-4298); Rosenborg Castle – The Royal Danish Collection, Copenhagen: 79; Royal Collection Trust/ Her Majesty Queen Elizabeth ii 2022: 65 (rcin 70715, 70716); Royal Saskatchewan Museum (rsm), Regina/photo R.C. McKellar: 6; from Wilhelm Runge, *Der Bernstein in Ostpreussen: Zwei Vorträge* (Berlin, 1868), photo Biblioteka Uniwersytecka w Toruniu, Toruń (09624/55-56): 38; photo Jan Rygało, reproduced with permission of the artist: 88; © Science Museum/Science & Society Picture Library, all rights reserved: 58; from Nathanael Sendel, *Historia succinorum corpora aliena involventium et naturae opere pictorum et caelatorum* (Leipzig, 1742), photo Gemological Institute of America (gia) Library, Carlsbad, ca: 45; Shōsō-in Treasure, Tōdai-ji Temple, Nara, photo © Shōsō-in Treasure House, Nara/Imperial Household Agency, Tokyo: 100 (North Section 42); courtesy Siegelson, New York: 61; courtesy Skinner, Inc, www.skinnerinc.com: 60; private collection, courtesy Sotheby's: 64; Marc Steinmetz/visum: 24; Stiftung Preußische Schlösser und Gärten Berlin-Brandenburg, photo bpk/spsg Berlin- Brandenburg/Wolfgang Pfauder: 96 (Inv.-Nr. viii 1277); photo Elena Strukova: 33; Tesoro dei Granduchi (formerly Museo degli Argenti), Palazzo Pitti, Florence, photo akg-images/Rabatti & Domingie: 87 (Inv. No. 158); Tesoro dei Granduchi, Palazzo Pitti, Florence, photos Gabinetto Fotografico delle Gallerie degli Uffizi: 68 (photo Antonio Quattrone), 82 (Inv. Bg. 1917 no. 94); Tesoro dei Granduchi, Palazzo Pitti, Florence, photos 2022 Scala, Florence – courtesy of the Ministero Beni e Att. Culturali e del Turismo: 81 (Inv. Bg. 1917 no. 75), 83 (Inv. Bg. 1917 (i) no. 95); from Emil Treptow, Fritz Wüst and Wilhelm Borchers, *Bergbau und Hüttenwesen: Für weitere Kreise dargestellt* (Leipzig, 1900), photo Biblioteka Główna Akademii Górniczo-Hutniczej (agh), Krakow: 42; Dr Lore Troalen: 5; The Trustees of the British Museum, London: 8; Veneranda Biblioteca Ambrosiana, Milan, photo Veneranda Biblioteca Ambrosiana/ Mondadori Portfolio Fotoriproduzione: 50 (ms z 389 sup., fol. 32r); Victoria and Albert Museum, London: 72 (m.12 to b-1950), 80 (a.11-1950), 99 (a.61-1925); Craig Williams: 2, 4, 28, 47; Würth Collection, Germany, photo Philipp Schönborn, Munich: 86 (Inv. 4098); from Martin Zeiller, *Topographia electorat, Brandenburgici et ducatus Pomerani . . .* (Frankfurt, 1652), photo Getty Research Institute, Los Angeles: 18.

索 引